(Lokale) Agenda 21

Europäische Hochschulschriften

Publications Universitaires Européennes
European University Studies

Reihe II
Rechtswissenschaft

Série II   Series II
Droit
Law

Bd./Vol. 4181

PETER LANG

Frankfurt am Main · Berlin · Bern · Bruxelles · New York · Oxford · Wien

Marc Saturra

(Lokale) Agenda 21

Rechtliche Auswirkungen,
Umsetzungsmöglichkeiten und -grenzen,
insbesondere auf kommunaler Ebene

PETER LANG
Europäischer Verlag der Wissenschaften

Bibliografische Information Der Deutschen Bibliothek
Die Deutsche Bibliothek verzeichnet diese Publikation in der
Deutschen Nationalbibliografie; detaillierte bibliografische
Daten sind im Internet über <http://dnb.ddb.de> abrufbar.

Zugl.: Köln, Univ., Diss., 2004

Gedruckt auf alterungsbeständigem,
säurefreiem Papier.

D 38
ISSN 0531-7312
ISBN SBN 3-631-53743-3

© Peter Lang GmbH
Europäischer Verlag der Wissenschaften
Frankfurt am Main 2005
Alle Rechte vorbehalten.

Printed in Germany 1 2 3 4 5   7

www.peterlang.de

Meinen Eltern

Vorwort

Die hier veröffentlichte Abhandlung hat der Rechtswissenschaftlichen Fakultät der Universität zu Köln im Wintersemester 2004/2005 als Dissertation vorgelegen.

Herrn Prof. Dr. Muckel danke ich für seine hilfreiche und wertvolle Begleitung der Arbeit als Erstgutachter. Bei Herrn Prof. Dr. Röger bedanke ich mich für seinen vielfältigen Rat, seine kostbaren Anregungen und die umfassende Betreuung der Arbeit.

Den im Rahmen der Arbeit befragten Städten und Institutionen spreche ich meinen Dank dafür aus, dass sie mir umfangreiches Informationsmaterial zur Verfügung gestellt haben.

Pulheim, im Januar 2005

Marc Saturra

Inhaltsverzeichnis

Literaturverzeichnis

Battis, Ulrich / Krautzberger, Michael / Löhr, Rolf-Peter	Baugesetzbuch 8. Auflage, Müchen 2002
Bauersch, Dominik	Die Umsetzung der lokalen Agenda 21 in Nordrhein-Westfalen unter besonderer Berücksichtigung der Städte und Gemeinden des ländlich geprägten Raumes Sechtem 2000
Behrens, Fritz	Rechtsgrundlagen der Umweltpolitik der Europäischen Gemeinschaften Berlin 1976
Beyerlin, Ulrich	Rio-Konferenz 1992: Beginn einer neuen globalen Umweltrechtsordnung? ZaöRV 1994, 124
Beyerlin, Ulrich	Umweltvölkerrecht München 2000
Birk, Dieter / Wernsmann, Rainer	Volksgesetzgebung über Finanzen - Zur Reichweite der Finanzausschlussklauseln in den Landesverfassungen DVBl. 2000, 669
Bleckmann, Albert	Die Zulässigkeit des Volksentscheides nach dem Grundgesetz JZ 1978, 217
Blümel, Willi	Gemeinden und Kreise vor den öffentlichen Aufgaben der Gegenwart VVDStRL 36 (1978), 171
Brunold, Andreas	Zur Akzeptanz der Lokalen Agenda 21 in Deutschland Die Neue Verwaltung 2001, 25
Bückmann, Walter / Lee, Yeong Heui / Simonis, Udo Ernst	Das Nachhaltigkeitsgebot der Agenda 21 und seine Umsetzung in das Umwelt- und Planungsrecht UPR 2002, 168
Bundesministerium für Umwelt, Naturschutz und Reaktorsicherheit (Hrsg.)	Nachhaltige Entwicklung in Deutschland - Entwurf eines umweltpolitischen Schwerpunktprogramms Bonn 1998
Bundesministerium für Umwelt, Naturschutz und Reaktorsicherheit (Hrsg.)	Schritte zu einer nachhaltigen, umweltgerechten Entwicklung Tagungsband zur Zwischenbilanzveranstaltung am 13.06.1997 Meckenheim 1997

Bundesministerium für Umwelt, Naturschutz und Reaktorsicherheit (Hrsg.)

Umweltpolitik - Agenda 21
2. Auflage, Bonn 1997

Bundesministerium für Umwelt, Naturschutz und Reaktorsicherheit (Hrsg.)

Umweltpolitik - Ergebnisse der UN-Sondergeneralversammlung zur Überprüfung der Umsetzung der Rio-Ergebnisse
Bonn 1997

Bundesministerium für Umwelt, Naturschutz und Reaktorsicherheit / Umweltbundesamt (Hrsg.)

Lokale Agenda 21 im europäischen Vergleich
Bonn / Berlin 1999

Bundesministerium für Umwelt, Naturschutz und Reaktorsicherheit / Umweltbundesamt (Hrsg.)

Lokale Agenda 21 und nachhaltige Entwicklung in deutschen Kommunen -
10 Jahre nach Rio: Bilanz und Perspektiven
Weidhausen 2002

Bundesministerium für Umwelt, Naturschutz und Reaktorsicherheit / Umweltbundesamt / Kuhn, Stefan (Hrsg.)

Umweltpolitik - Handbuch Lokale Agenda 21
Wege zur nachhaltigen Entwicklung in den Kommunen
Berlin 1998

Bundesregierung (Hrsg.)

Perspektiven für Deutschland -
Unsere Strategie für eine nachhaltige Entwicklung
Baden-Baden 2002

Bunzel, Arno

Nachhaltigkeit - ein neues Leitbild für die kommunale Flächennutzungsplanung. Was bringt das novellierte Baugesetzbuch?
NuR 1997, 583

Burmeister, Joachim

Verfassungstheoretische Neukonzeption der kommunalen Selbstverwaltungsgarantie
München 1977

caf/Agenda-Transfer

Agenda Tops - Methoden der BügerInnen-Beteiligung
Bonn 1999

caf/Agenda-Transfer

Lokale-Agenda-21-Prozesse in Nordrhein-Westfalen
Bonn 2001

Calliess, Christian

Die neue Querschnittsklausel des Art. 6 ex 3 c EGV als Instrument zur Umsetzung des Grundsatzes der nachhaltigen Entwicklung
DVBl. 1998, 559

Calliess, Christian

Die Umweltkompetenzen der EG nach dem Vertrag von Nizza - Zum Handlungsrahmen der europäischen Umweltgesetzgebung
ZUR Sonderheft 2003, 129

Calliess, Christian / Ruffert, Matthias (Hrsg.)	Kommentar zu EU-Vertrag und EG-Vertrag 2. Auflage, Neuwied / Kriftel 2002
Chilla, Tobias / Stephan, Alexander / Röger, Ralf / Radtke, Ulrich	Fassadenbegrünung als Instrument einer nachhaltigen Stadtentwicklung - Rechtsfragen und Perspektiven ZUR 2002, 249
Degenhart, Christoph	Staatsrecht I - Staatsorganisationsrecht 19. Auflage, Heidelberg 2003
Ebsen, Ingwer	Abstimmungen des Bundesvolkes als Verfassungsproblem AöR 110 (1985), 2
Einig, Klaus / Spieker, Margarete	Die rechtliche Zulässigkeit regionalplanerischer Mengenziele zur Begrenzung des Siedlungs- und Verkehrsflächenwachstums ZUR Sonderheft 2002, 150
Engeli, Christian / Haus, Wolfgang (Bearb.)	Quellen zum modernen Gemeindeverfassungsrecht in Deutschland Stuttgart 1975
Epiney, Astird	Umweltrecht in der Europäischen Union Köln / Berlin / Bonn / München 1997
Epiney, Astird	Zu den Anforderungen der Aarhus-Konvention an das europäische Gemeinschaftsrecht ZUR Sonderheft 2003, 176
Erzbischöfliches Seelsorgeamt Köln (Hrsg.)	Die Enzyklika Leos XIII. Rerum novarum und Die Enzyklika Pius' XI. Quadragesimo anno Düsseldorf 1946
Fiedler, Klaus	Zur Umsetzung der Agenda 21 in den Staaten und Kommunen in: Stefan Kuhn / Gottfried Suchy / Monika Zimmermann (Hrsg.), Lokale Agenda 21 Deutschland - Kommunale Strategien für eine zukunftsbeständige Entwicklung, S. 53 ff. Berlin / Heidelberg 1998
Finkelnburg, Klaus / Ortloff, Karsten-Michael	Öffentliches Baurecht Band I - Bauplanungsrecht 5. Auflage, München 1998
Forum Umwelt und Entwicklung (Hrsg.)	Lokale Agenda 21 - Ein Leitfaden Bonn 1997
Frenz, Walter	Deutsche Umweltgesetzgebung und Sustainable Development ZG 1999, 143
Frenz, Walter	Europäisches Umweltrecht München 1997

Frotscher, Werner	Selbstverwaltung und Demokratie in: Albert von Mutius (Hrsg.), Selbstverwaltung im Staat der Industriegesellschaft - Festgabe zum 70. Geburtstag von Georg Christoph von Unruh, S. 127 ff. Heidelberg 1983
Gabriel, Oscar	Das Volk als Gesetzgeber: Bürgerbegehren und Bürgerentscheide in der Kommunalpolitik aus der Perspektive der empirischen Forschung ZG 1999, 299
Gädtke, Horst / Böckenförde, Dieter / Temme, Heinz-Georg / Heintz, Detlef	Landesbauordnung Nordrhein-Westfalen 9. Auflage, Düsseldorf 1998
Glaeser, Hans-Joachim	Umwelt als Gegenstand einer Gemeinschaftspolitik in: Hans-Werner Rengeling (Hrsg.), Europäisches Umweltrecht und europäische Umweltpolitik, S. 1 ff. Köln / Berlin / Bonn / München 1988
Grawert, Rolf	Gemeinden und Kreise vor den öffentlichen Aufgaben der Gegenwart VVDStRL 36 (1978), 277
Gurlit, Elke	Konturen eines Informationsverwaltungsrechts DVBl. 2003, 1119
Hartmann, Bernd	Volksgesetzgebung in Ländern und Kommunen DVBl. 2001, 776
Hatje, Armin	Verwaltungskontrolle durch die Öffentlichkeit - eine dogmatische Zwischenbilanz zum Umweltinformationsanspruch EuR 1998, 734
Hauff, Volker	Erfolge, Defizite, Perspektiven - Resümee von Johannesburg und Perspektiven für die Umsetzung der Nachhaltigkeitsstrategie in Deutschland in: Friedrich-Ebert-Stiftung, Landesbüro Berlin (Hrsg.), Wie geht es nach dem Weltgipfel für Nachhaltige Entwicklung in Johannesburg weiter? Tagungsdokumentation, S. 3 ff. Berlin 2002
Hauff, Volker (Hrsg.)	Unsere gemeinsame Zukunft - Der Bericht der Weltkommission für Umwelt und Entwicklung Greven 1987
Herdegen, Matthias	Völkerrecht 3. Auflage, München 2004

Hermann, Winfried / Winkler, Gabriele	Lokale Agenda - Beitrag zu einer neuen politischen Kultur in: Winfried Hermann / Eva Proschek / Richard Reschl (Hrsg.), Lokale Agenda 21 - Anstöße zur Zukunftsbeständigkeit, S. 166 ff. Stuttgart / Berlin / Köln 2000
Hipp, Ludwig / Rech, Burghard / Turian, Günther	Das Bundesbodenschutzgesetz Berlin / München 2000
Hohmann, Harald	Ergebnisse des Erdgipfels von Rio NVwZ 1993, 311
Homann, Karl	Sustainability: Politikvorgabe oder regulative Idee? Vortrag, auszugsweise abgedruckt in: Christian Hey / Ruggero Schleicher-Tappeser (hrsg. von der Enquête-Kommission "Schutz des Menschen und der Umwelt" des 13. Deutschen Bundestages), Nachhaltigkeit trotz Globalisierung, S. 13 f. Berlin / Heidelberg / New York 1998
Hoppe, Werner	Umweltschutz in den Gemeinden DVBl. 1990, 609
Hoppe, Werner / Beckmann, Martin / Kauch, Petra	Umweltrecht 2. Auflage, München 2000
Ipsen, Knut	Völkerrecht 5. Auflage, München 2004
Isensee, Josef / Kirchhof, Paul (Hrsg.)	Handbuch des Staatsrechts der Bundesrepublik Deutschland Band I - Grundlagen von Staat und Verfassung 2. Auflage, Heidelberg 1997 Band II - Demokratische Willensbildung: Die Staatsorgane des Bundes 2. Auflage, Heidelberg 1998 Band IV - Finanzverfassung - Bundesstaatliche Ordnung Heidelberg 1990 (Die hier aufgeführte Zuordnung Band - Titel entspricht der bis 2003/2004 aufgelegten Einteilung der Bände)
Jarass, Hans D. / Pieroth, Bodo	Grundgesetz für die Bundesrepublik Deutschland 6. Auflage, München 2002
Ketteler, Gerd	Der Begriff der Nachhaltigkeit im Umwelt- und Planungsrecht NuR 2002, 513
Kloepfer, Michael	Umweltrecht 2. Auflage, München 1998

Klotz, Erhard

Kommunalpolitik und Lokale Agenda 21 aus der Sicht der politischen Verwaltung
in: Winfried Hermann / Eva Proschek / Richard Reschl (Hrsg.), Lokale Agenda 21 - Anstöße zur Zukunftsbeständigkeit, S. 10 ff.
Stuttgart / Berlin / Köln 2000

Knitsch, Peter

Die Rolle des Staates im Rahmen der Produktinformation
ZRP 2003, 113

Knopp, Günther-Michael

Die Umsetzung der Wasserrahmenrichtlinie im deutschen Wasserrecht
ZUR 2001, 368

Köck, Wolfgang

Boden- und Freiraumschutz durch Flächenhaushaltspolitik
ZUR Sonderheft 2002, 121

Krämer, Ludwig

Einheitliche Europäische Akte und Umweltschutz: Überlegungen zu einigen neuen Bestimmungen im Gemeinschaftsrecht
in: Hans-Werner Rengeling (Hrsg.), Europäisches Umweltrecht und europäische Umweltpolitik, S. 137 ff.
Köln / Berlin / Bonn / München 1988

Krautzberger, Michael

Die Bodenschutzklausel des § 1 a Abs. 1 BauGB: Regelungsgehalt und Wirkungen
ZUR Sonderheft 2002, 135

Landesregierung Nordrhein-Westfalen (Hrsg.)

Agenda Konferenzen 2002 - Dokumentation
Köln 2002

Landschaftsverband Rheinland (Hrsg.)

Agenda 21 als Führungsinstrument für zukunftsorientiertes Verwaltungshandeln - Kongressbericht
Köln 2001

Mangoldt, Hermann von / Klein, Friedrich / Starck, Christian

Das Bonner Grundgesetz
Band 2 (Art. 20 - 78)
4. Auflage, München 2000

Marr, Simon / Oberthür, Sebastian

Die Ergebnisse der 6. und 7. Klimakonferenz von Bonn und Marrakesch
NuR 2002, 573

Maunz, Theodor / Dürig, Günter / Herzog, Roman / Scholz, Rupert

Grundgesetz - Kommentar
Band II (Art. 12 - 20) und Band III (Art. 20a - 53)
Stand: Februar 2003

Maunz, Theodor / Zippelius, Reinhold

Deutsches Staatsrecht
30. Auflage, München 1998

Menzel, Hans-Joachim	Das Konzept der "nachhaltigen Entwicklung" - Herausforderung an Rechtssetzung und Rechtsanwendung ZRP 2001, 221
Muckel, Stefan	Bürgerbegehren und Bürgerentscheid - wirksame Instrumente unmittelbarer Demokratie in den Gemeinden? NVwZ 1997, 223
Müller-Christ, Georg	Die Gestaltung eines beteiligungsorientierten Agendaprozesses in: Georg Müller-Christ (Hrsg.), Nachhaltigkeit durch Partizipation - Bürgerbeteiligung im Agendaprozess, S. 141 ff. Berlin 1998
Münch, Ingo von / Kunig, Philipp (Hrsg.)	Grundgesetz-Kommentar Band 1 (Art. 1-20), 4. Auflage, München 1992 Band 2 (Art. 21-69), 3. Auflage, München 1995
Murswiek, Dietrich	"Nachhaltigkeit" - Probleme der rechtlichen Umsetzung eines umweltpolitischen Leitbildes NuR 2002, 641
Murswiek, Dietrich	Staatsziel Umweltschutz (Art. 20 a GG) NVwZ 1996, 222
Parlamentarischer Rat	Verhandlungen des Hauptausschusses, Stenografischer Bericht Bonn 1948/49
Partsch, Christoph J.	Das Gesetz zur Förderung der Informationsfreiheit in Berlin LKV 2001, 98
Peters, Hans	Geschichtliche Entwicklung und Grundfragen der Verfassung Berlin / Heidelberg / New York 1969
Rehbinder, Eckard	Das deutsche Umweltrecht auf dem Weg zur Nachhaltigkeit NVwZ 2002, 657
Rehn, Erich	Repräsentative Demokratie und bürgerschaftliche Mitwirkung in der Kommunalverwaltung in: Albert von Mutius (Hrsg.), Selbstverwaltung im Staat der Industriegesellschaft - Festgabe zum 70. Geburtstag von Georg Christoph von Unruh, S. 305 ff. Heidelberg 1983
Rengeling, Hans-Werner (Hrsg.)	Handbuch zum europäischen und deutschen Umweltrecht Köln / Berlin / Bonn / München 1998

Reschl, Richard

Lokale Agenda 21 - Bürgerbeteiligung versus Gemeinderat?
in: Winfried Hermann / Eva Proschek / Richard Reschl (Hrsg.),
Lokale Agenda 21 - Anstöße zur Zukunftsbeständigkeit,
S. 178 ff.
Stuttgart / Berlin / Köln 2000

Reschl, Richard / Proschek,
Eva / Hermann, Winfried

Agenda 21 und Lokale Agenda
in: Winfried Hermann / Eva Proschek / Richard Reschl (Hrsg.),
Lokale Agenda 21 - Anstöße zur Zukunftsbeständigkeit, S. 1 ff.
Stuttgart / Berlin / Köln 2000

Richter, Gerd-Jürgen

Verfassungstheoretische Neukonzeption der kommunalen
Selbstverwaltungsgarantie?
DVBl. 1978, 783

Röger, Ralf

Rechtsfragen der Abfallentsorgung im Spannungsfeld zwischen
Ökologie und Ökonomie
Köln / Berlin / Bonn / München 2001

Röger, Ralf

Umweltinformationsgesetz
Köln / Berlin / Bonn / München 1995

Röger, Ralf

Zur Entwicklung des europäischen Umweltrechts im allgemeinen und den in der Bundesrepublik durch die Umweltinformationsrichtlinie ausgelösten Irritationen im besonderen
in: Winfried Kluth (Hrsg.), Die Europäische Union nach dem
Amsterdamer Vertrag, S. 131 ff.
Baden-Baden 1999

Rösler, Cornelia

Deutsche Städte auf dem Weg zur Lokalen Agenda 21
Berlin 1997

Rösler, Cornelia

Lokale Agenda in deutschen Städten auf Erfolgskurs
Berlin 1999

Rösler, Cornelia

Lokale Agenda 21
Berlin 1996

Roters, Wolfgang

Kommunale Spitzenverbände und funktionales Selbstverwaltungsverständnis
DVBl. 1976, 359

Sachs, Michael (Hrsg.)

Grundgesetz - Kommentar
3. Auflage, München 2003

Sanden, Joachim

Umweltrecht
Baden-Baden 1999

Scheuner, Ulrich

Zur Neubestimmung der kommunalen Selbstverwaltung
AfK 1973, 1

Schlichter, Otto / Stich, Rudolf	Berliner Schwerpunkte-Kommentar zum BauGB 1998 Köln / Berlin / Bonn / München 1998
Schliesky, Utz	Die Weiterentwicklung von Bürgerbehren und Bürgerentscheid ZG 1999, 91
Schmalholz, Michael	Zur rechtlichen Zulässigkeit handelbarer Flächenausweisungsrechte ZUR Sonderheft 2002, 158
Schmidt-Aßmann, Eberhard (Hrsg.)	Besonderes Verwaltungsrecht 12. Auflage, Berlin 2003
Schmidt-Bleibtreu, Bruno / Klein, Franz	Kommentar zum Grundgesetz 9. Auflage, Neuwied / Kriftel 1999
Schmitt Glaeser, Walter	Grenzen des Plebiszits auf kommunaler Ebene DÖV 1998, 824
Schomerus, Thomas / Schrader, Christian / Wegener, Bernhard	Umweltinformationsgesetz - Handkommentar 2. Auflage, Baden-Baden 2002
Schröder, Meinhard	"Nachhaltigkeit" als Ziel und Maßstab des deutschen Umweltrechts WiVerw 1995, 65
Schröder, Meinhard	Sustainable Development - Ausgleich zwischen Umwelt und Entwicklung als Gestaltungsaufgabe der Staaten AVR 34 (1996), 251
Schulte, H.	Buchbesprechung: Verfassungstheoretische Neukonzeption der kommunalen Selbstverwaltungsgarantie DVBl. 1978, 825
Seidl-Hohenveldern, Ignaz / Stein, Torsten	Völkerrecht 10. Auflage, Köln / Berlin / Bonn / München 2000
Stein, Heinrich Friedrich Karl Freiherr vom und zum	Briefe und Amtliche Schriften Bearbeitet von Erich Botzenhart, neu herausgegeben von Walther Hubatsch, Band II/1. Teil (neu bearbeitet von Peter G. Thielen), Nr. 354, 1959
Stein, Lorenz von	Die Verwaltungslehre I, 2. Band 2. Auflage, Stuttgart 1869
Stern, Klaus	Das Staatsrecht der Bundesrepublik Deutschland Band I, 2. Auflage, München 1983 Band II, München 1980
Stollmann, Frank	Das Informationsfreiheitsgesetz NRW (IFG NRW) NWVBl. 2002, 216

Stollmann, Frank	Informationsfreiheitsgesetze in den Ländern VR 2002, 309
Streinz, Rudolf	Bürgerbegehren und Bürgerentscheid Verw 16 (1983), 293
Streinz, Rudolf	Europarecht 6. Auflage, Heidelberg 2003
Strenge, Irene	Plebiszite in der Weimarer Zeit ZRP 1994, 271
Troge, Andreas / Hülsmann, Wulf / Burger, Andreas	Ziele und Handlungsansätze einer flächensparenden Siedlungs- politik DVBl. 2003, 85
Ünsal, Demet	Die Ausnahmen von der Meistbegünstigungsklausel zugunsten der Entwicklungsländer im Rahmen des GATT München 1999
Unruh, Georg Christoph von	Gebiet und Gebietskörperschaften als Organisationsgrundlagen nach dem Grundgesetz der Bundesrepublik Deutschland DVBl. 1975, 1
Vitzthum, Wolfgang Graf (Hrsg.)	Völkerrecht Berlin / New York 1997
Vogelsang, Martin	Vom Nachbarrecht zum Umweltrecht: der Wandel des Um- weltvölkerrechts UPR 1992, 419
Wassermann, Rudolf (Gesamtherausgeber)	Kommentar zum Grundgesetz für die Bundesrepublik Deutsch- land - Reihe Alternativkommentare Band 1 (Art. 1-37), 2. Auflage, Neuwied 1989
Wolff, Nina	Die Ergebnisse des Weltgipfels über nachhaltige Entwicklung in Johannesburg: Zusammenfassung und Wertung mit Blick auf die Entwicklung des Umweltvölkerrechts NuR 2003, 137
Zimmermann, Monika	Deutsche Kommunen im internationalen Vergleich in: Stefan Kuhn / Gottfried Suchy / Monika Zimmermann (Hrsg.), Lokale Agenda 21 Deutschland - Kommunale Strate- gien für eine zukunftsbeständige Entwicklung, S. 67 ff. Berlin / Heidelberg 1998

Einleitung

Im Juni 1992 fand in Rio de Janeiro die Konferenz der Vereinten Nationen für Umwelt und Entwicklung (United Nations Conference for Environment and Development, UNCED) statt. Zu diesem Zeitpunkt waren die drängendsten weltweiten Probleme in Form von steigenden Bevölkerungszahlen, größer werdender Armut in den südlichen trotz Wirtschaftswachstums in den nördlichen Ländern und fortschreitender Schädigung der Ökosysteme derart stark ins Bewusstsein gelangt, dass die Staatengemeinschaft Handlungsbedarf sah.

Die Ergebnisse der Konferenz haben sich in fünf Dokumenten niedergeschlagen: Neben der Klimakonvention, der Konvention über Biologische Vielfalt, der Wald-Grundsatzerklärung und der Rio-Deklaration haben fast 180 Staaten der Welt die so genannte Agenda 21 verabschiedet. Dabei handelt es sich um ein umfangreiches Aktionsprogramm für das 21. Jahrhundert, in dem ein Konzept für eine nachhaltige oder zukunftsbeständige Entwicklung der Erde entworfen wird. Dieses letztgenannte Rio-Dokument[1] und das in ihm zum Ausdruck kommende Leitbild der nachhaltigen Entwicklung sind Gegenstand der vorliegenden Arbeit.

A. Leitgedanken der Agenda 21 im Überblick

Bemerkenswert an der Agenda 21 ist, dass sie sowohl inhaltlich-thematisch als auch verfahrenstechnisch-organisatorisch Neuland betritt: Inhaltlich geht es darum, die Verbesserung der ökonomischen und sozialen Lebensbedingungen der Menschen und die langfristige Sicherung der natürlichen Lebensgrundlagen miteinander in Einklang zu bringen. Die Agenda 21 geht dabei davon aus, dass die Themenfelder Ökologie, Ökonomie und Soziales aufeinander bezogen und voneinander abhängig sind und gleichgewichtige Bestandteile der weiteren Entwicklung sein müssen. Diese Bereiche sollen deshalb nicht mehr isoliert nebeneinander betrachtet, sondern zusammen gedacht und integrativ behandelt werden[2]. Sie sollen auf das eine Ziel der nachhaltigen[3] Entwicklung als dem zentralen Leitgedanken der Agenda 21 ausgerichtet werden. Darunter versteht man eine Entwicklung, die den Bedürfnissen der heutigen Generati-

---

[1] Abgedruckt in: Bundesministerium für Umwelt, Naturschutz und Reaktorsicherheit (nachfolgend BMU), Umweltpolitik, Agenda 21. Im Anhang zu der vorliegenden Arbeit findet sich angesichts des Umfangs der Agenda 21 lediglich ein Auszug in Gestalt von Kapitel 28; darauf wird im späteren Verlauf der Arbeit überwiegend Bezug genommen, da sich dieses Kapitel mit den Kommunen beschäftigt, die im Weiteren im Vordergrund stehen sollen.
[2] Reschl/Proschek/Hermann, Agenda 21 und Lokale Agenda, S. 1.
[3] So die mittlerweile gängige Übersetzung des englischen Ursprungsbegriffs „sustainable".

on entspricht, ohne die Möglichkeit künftiger Generationen zu gefährden, ihre eigenen Bedürfnisse zu befriedigen und ihren Lebensstil zu wählen[4].

Der Rio-Konferenz liegt die Erkenntnis zugrunde, dass weltweite Armut, Umweltzerstörung und die westlich geprägten Formen von Konsum und Produktion keine getrennten Phänomene sind, sondern sich wechselseitig beeinflussen und verstärken. Von dieser Erkenntnis ausgehend hat die Konferenz mit der Agenda 21 ein Dokument verabschiedet, dessen Leitmotiv ein ganzheitliches Konzept nachhaltiger Entwicklung ist, das ökologische, ökonomische und soziale Aspekte einschließt und miteinander verknüpft. In 40 Kapiteln werden darin die grundlegenden Ziele und Leitgedanken für die Lösung der vorgefundenen öko-sozialen Probleme abgesteckt und für wesentliche Bereiche der Umwelt- und Entwicklungspolitik Handlungsaufträge formuliert.

Verfahrenstechnisch soll die Zusammenschau der genannten Themenfelder dadurch erreicht werden, dass nicht nur die Unterzeichnerstaaten auf staatlicher (Regierungs)Ebene (politisch) verpflichtet werden, für die Bereiche Ökologie, Ökonomie und Soziales nationale Strategien für eine nachhaltige Entwicklung zu erarbeiten und umzusetzen. Vielmehr richten sich die Handlungsaufträge an alle politischen und gesellschaftlichen Institutionen auf globaler (UN), nationaler (Staatsregierungen) und lokaler Ebene (Regionen, Kommunen). Dabei sollen alle relevanten Gruppen in die Gestaltung der weiteren Entwicklung aktiv mit einbezogen werden und an entsprechenden Entscheidungsfindungsprozessen mit teilhaben. Deshalb wird sogenannten Nichtregierungsorganisationen und anderen Gruppen wie Bürgerinitiativen, Umweltverbänden, kirchlichen Institutionen und schließlich den Kommunen eine besondere Bedeutung beigemessen. Die Agenda 21 geht demnach davon aus, dass eine Grundvoraussetzung für nachhaltige Entwicklung die umfassende Beteiligung der Öffentlichkeit an Entscheidungsfindungen ist und sich dabei auch die Notwendigkeit neuer Formen der Partizipation ergibt[5].

In den beiden vorgenannten zentralen Prinzipien der Agenda 21 – also Integration unterschiedlicher Themengebiete und Partizipation verschiedener Beteiligter – liegt das eigentlich Neuartige und Bedeutsame dieses UN-Dokumentes, das in den Folgejahren in internationalen und nationalen Vorschriften aufgegriffen worden ist, so beispielsweise im Jahre 1996 in der – schon der Name belegt es – IPPC-Richtlinie der EG (Integrated Polution Prevention and Control, RL 96/61/EG vom 24.09.1996[6]): Die Agenda 21 formuliert mit dem Schlagwort der nachhaltigen Entwicklung durch innovative Verknüpfung von Ökologie, Ökonomie und Sozialem nicht nur ein inhaltliches Ziel und überlässt dessen Umsetzung dann allein den staatlichen Ebenen; das UN-Dokument gibt vielmehr auch die Verfahrensweise vor, indem es die aktive Einbindung und Mitwirkung aller Institutionen der Gesellschaft und der Bürgerschaft fordert.

---

[4] Reschl/Proschek/Hermann, Agenda 21 und Lokale Agenda, S. 2.
[5] Forum Umwelt und Entwicklung, Lokale Agenda 21 – Ein Leitfaden, S. 10, 11.
[6] ABl. L 257 vom 10.10.1996.

B. Rechtliche Relevanz der Agenda 21

Während die Agenda 21 aufgrund ihrer neuen Ideen (gesellschafts-)politisch zunächst auf staatlicher, dann auch auf nichtstaatlicher Ebene einiges an Aufmerksamkeit auf sich gezogen hat, ist sie in ihren rechtlichen Konsequenzen zum Teil nur in Ausschnitten, zum Teil auch noch gar nicht erfasst. So hat zwar das Prinzip der Nachhaltigkeit Eingang insbesondere in das Umweltrecht gefunden[7], die rechtlichen Konturen dieses Prinzips und seine praktische Umsetzbarkeit scheinen aber lediglich in Ansätzen vorhanden. Des weiteren sind beispielsweise Möglichkeiten und Grenzen der konkreten rechtlichen Ausgestaltung der Partizipation der Bürgerschaft an (agenda-bezogenen) Entscheidungsprozessen noch wenig durchdacht. Ebenso wenig ist geklärt, ob und inwieweit die offensichtlich in der Agenda 21 angelegten plebiszitären Elemente mit dem in der Bundesrepublik Deutschland geltenden Prinzip der repräsentativen, parlamentarischen Prinzip Demokratie des Grundgesetzes in Einklang zu bringen sind.

Interessant ist ferner, die Leitgedanken der Agenda 21 in der rechtshistorischen Entwicklung zu betrachten; hier ist im Hinblick auf das Prinzip der Themenintegration zum Beispiel der Perspektivenwechsel weg von der Annahme eines Gegensatzes und einer Ungleichgewichtung zwischen Ökologie und Ökonomie hin zu einer verknüpfenden und gleichberechtigten Betrachtungsweise zu nennen. Bei dem Prinzip der Beteiligtenpartizipation ist beispielsweise an die offenbar allgemeine und auf allen politischen Ebenen zu beobachtende Tendenz zu denken, auch von Vorhaben nicht direkt Betroffenen bestimmte Informations- und Teilhaberechte einzuräumen.

Diese und im Folgenden noch weiterhin aufzuwerfende Fragen nach der Vereinbarkeit der Leitgedanken der Agenda 21 mit der deutschen Rechtsordnung sowie die Tatsache, dass das Dokument trotz seiner nunmehr schon über zehnjährigen Existenz und seines Bevölkerungsbezuges in der breiten Öffentlichkeit weitgehend unbekannt ist, lassen es als sinnvoll und geboten erscheinen, sich mit diesem Dokument in der vorliegenden Arbeit zu beschäftigen. Diese erhält besondere Aktualität dadurch, dass die Weltgemeinschaft auf dem Weltgipfel für Nachhaltige Entwicklung (World Summit on Sustainable Development, WSSD) in Johannesburg im Spätsommer 2002 – also zehn Jahre nach der Rio-Konferenz – Bilanz gezogen und sich zur Agenda 21, deren Prinzipien und ihrer Umsetzung bekannt hat.

Die vorliegende Arbeit beschäftigt sich in ihrem ersten Teil mit der Frage, was unter der Agenda 21 im einzelnen zu verstehen und wie sie völkerrechtlich zu qualifizieren ist. Ursprung, Inhalt und Ziele der Agenda 21 werden ebenso behandelt wie die Frage nach ihrer rechtlichen Bindung. Weiterhin wird geklärt, welche Rolle den Kommunen in der Agenda 21 zugedacht ist und was in diesem Zusammenhang eine so genannte Lokale Agenda darstellt.

---

[7] Vgl. z.B. § 1 BWaldG, § 1 BBodSchG.

Im zweiten, empirischen Teil wird exemplarisch untersucht, welchen Umsetzungs-stand die (Lokale) Agenda 21 in den Kommunen mittlerweile erreicht hat. Dabei wird insbesondere der Frage nachgegangen, auf welche Art und Weise und in welchem Umfang sich bestimmte Kommunen an der Erstellung einer Lokalen Agenda beteili-gen. Dazu werden zum einen bereits vorliegende Daten analysiert und ausgewertet. Zum anderen hat der Verfasser in mehreren Städten Umfragen durchgeführt, und zwar in einer kreisfreien Großstadt (Köln), in einer kreisfreien Kleinstadt (Leverkusen), in einer größeren kreisangehörigen Stadt (Neuss) und in einer kleineren kreisangehörigen Stadt (Pulheim). Die entsprechenden Erhebungen sollen einen Eindruck über den Stand, die Schwerpunkte und die Schwierigkeiten bei der Umsetzung der Agenda 21 vor Ort vermitteln.

Im dritten Teil werden – ausgehend von den Ergebnissen der Umfragen – die rechtlich relevanten Fragen zur (Lokalen) Agenda 21 und dem Nachhaltigkeitsprinzip entwi-ckelt, problematisiert und einer möglichen Lösung zugeführt. Dies erfolgt in verschie-denerlei Hinsicht: Zum einen wird untersucht, welche rechtlichen Auswirkungen die Agenda 21 und deren Leitgedanken bislang gehabt haben, indem die positivrechtlichen Ausprägungen des Prinzips der Themenintegration und damit der Nachhaltigkeit ins-besondere im Umweltbereich ausfindig gemacht und analysiert werden. Zum anderen steht die Prüfung der Vereinbarkeit der Idee der Beteiligtenpartizipation mit dem Ver-fassungs- und dem Kommunalverfassungsrecht im Mittelpunkt. Dabei werden Bezüge zu weiteren Rechtsgebieten hergestellt, und zwar sowohl „nach oben" im Verhältnis zu höherrangigem Recht (Völker- und Europarecht) als auch „nach unten" über das (ein-fachgesetzliche) Besondere Verwaltungsrecht (zum Beispiel Bau- und Umweltrecht) bis hin zum Satzungsrecht der Gemeinden.

Eine kurze zusammenfassende Betrachtung mit einem Fazit zu den gefundenen Ergeb-nissen und einem Ausblick auf die mögliche weitere Entwicklung bilden den Ab-schluss der Arbeit.

1. Teil: Agenda 21 und Lokale Agenda

In diesem Kapitel soll geklärt werden, was unter der Agenda 21 im einzelnen zu verstehen und wie sie völkerrechtlich zu qualifizieren ist. Als wesentlicher Bestandteil der Agenda 21 spielt in diesem Zusammenhang der Handlungsauftrag an die Kommunen zur Erstellung einer Lokalen Agenda eine zentrale Rolle.

A. Agenda 21

In der Präambel der Agenda 21 werden Hintergrund und Anlass für die Verabschiedung dieses Dokumentes ebenso deutlich wie seine Inhalte und Ziele. Dort heißt es: „Die Menschheit steht an einem entscheidenden Punkt ihrer Geschichte. Wir erleben eine zunehmende Ungleichheit zwischen Völkern und innerhalb von Völkern, eine immer größere Armut, immer mehr Hunger, Krankheit und Analphabetentum sowie eine fortschreitende Schädigung der Ökosysteme, von denen unser Wohlergehen abhängt. Durch eine Vereinigung von Umwelt- und Entwicklungsinteressen und ihre stärkere Beachtung kann es uns jedoch gelingen, die Deckung der Grundbedürfnisse, die Verbesserung des Lebensstandards aller Menschen, einen größeren Schutz und eine bessere Bewirtschaftung der Ökosysteme und eine gesicherte, gedeihliche Zukunft zu gewährleisten. Das vermag keine Nation allein zu erreichen, während es uns gemeinsam gelingen kann: in einer globalen Partnerschaft, die auf eine nachhaltige Entwicklung ausgerichtet ist"[8].

Die Präambel beschreibt mit wenigen Worten nicht nur eindrucksvoll, aus welcher Motivationslage heraus die Konferenz im Jahre 1992 im Bewusstsein der vorgefundenen, weltweit vernetzten Probleme Handlungsbedarf gesehen hat; sie legt – in einer Art vorweggenommener Zusammenfassung der nachfolgenden Kapitel – auch gleich die zu erreichenden Ziele und die Instrumente fest, mit denen die Zielvorgaben umgesetzt werden sollen. Die beiden Leitgedanken Themenintegration und Beteiligtenpartizipation kommen bereits an dieser Stelle in Wendungen wie „Vereinigung von Umwelt- und Entwicklungsinteressen" und „globale Partnerschaft" für „eine nachhaltige Entwicklung" zum Ausdruck. Schon die Präambel spannt damit den Bogen von der vorgefundenen Ausgangslage über die Inhalte des Gesamtdokumentes bis hin zu den zu erreichenden Zielvorgaben.

---

[8] BMU, Umweltpolitik, Agenda 21, S. 9.

1. Ausgangslage: Globale Probleme ökologischer, ökonomischer und sozialer Art

Schon zur Zeit der Rio-Konferenz im Jahre 1992 beeinflussten bestimmte Faktoren die Situation von Mensch und Umwelt, die auch heute ihre weitere Entwicklung prägen. Dies sind in erster Linie das ständig steigende Bevölkerungswachstum mit einer zunehmenden Verstädterung sowie ein Wirtschaftswachstum, das einhergeht mit einem technischen Wandel.

Während die Weltbevölkerung im Jahre 1980 noch auf 4,4 Mrd., 1992 auf 5,5 Mrd. und 1995 auf 5,8 Mrd. Menschen geschätzt wurde, bevölkern heute schon über sechs Milliarden Menschen die Erde; pro Tag nimmt die Weltbevölkerung um rund 260.000 Menschen zu. Davon leben über 75 % in den unterentwickelten Ländern. Dieses Bevölkerungswachstum geht weltweit einher mit einer Abwanderung der Landbevölkerung in die großen Städte. Während im Jahre 1950 in den stärker entwickelten Regionen lediglich etwa 53 % der Bevölkerung in städtischen Zentren wohnten, waren es im Jahre 2000 bereits über 75 %[9]. Diese Entwicklung stellt vor allem die Städte der so genannten „Dritten Welt" vor fast unlösbare Probleme: Sie fressen sich in die Landschaft und sind Orte der Armut und Kriminalität; Umweltprobleme wie Luftbelastung, Wasserverschmutzung und Bodenerosion nehmen zu. Oftmals fehlt es an den Grundversorgungen im Gesundheitssystem und im Bildungswesen; Arbeitsplätze sind Mangelware. Die Wohnungsversorgung und das Rechtssystem sind häufig ebenfalls nicht oder nur unzureichend ausgebaut[10].

Die rasch anwachsende Weltbevölkerung und der daraus folgende erhöhte Bedarf an Nahrungsmitteln, Wirtschaftsgütern und Dienstleistungen lassen ein weltweites Wirtschaftswachstum erwarten. Infolgedessen wird sich der Verbrauch an Energie erhöhen und die entsprechenden Rohstoffquellen werden reduziert. Der Rückgang von Waldbeständen sowie land- und forstwirtschaftlichen Flächen einerseits und die Zunahme von Kohlendioxid-Konzentrationen und ozonabbauenden Chemikalien in der Atmosphäre andererseits ziehen eine Klimaverschlechterung nach sich. Hinzu kommt ein technisch-wirtschaftlicher Wandel, der zusätzliche Umweltgefährdungen mit sich bringt. So wirken sich zum Teil umweltbelastendere Änderungen der Produktionstechniken und Konsumgewohnheiten insbesondere in den Industrieländern über das „normale" Wachstum der Emissionen hinaus zusätzlich negativ auf die Umwelt aus[11]. Hier sind der Verbrauch von Energie und natürlichen Ressourcen und der damit verbundene Ausstoß von Abfällen und Schadstoffen pro Kopf rund fünf- bis zehnfach so hoch wie in weniger entwickelten Ländern. Darüber hinaus wachsen die Wohnraum- und Mobilitätsansprüche ständig mit der Folge eines stetig steigenden Individualverkehrs und eines hohen Flächenverbrauchs. So werden in der Bundesrepublik Deutschland trotz

---

[9] Hoppe/Beckmann/Kauch, Umweltrecht, § 1 Rdnr. 12, 13, 14.
[10] Reschl/Proschek/Hermann, Agenda 21 und Lokale Agenda, S. 3.
[11] Hoppe/Beckmann/Kauch, Umweltrecht, § 1 Rdnr. 15, 16, 22.

stagnierender Bevölkerungszahlen täglich rund 120 ha Fläche für Straßen, Gebäude und Infrastruktur zugebaut[12].

Insgesamt zeichnet sich aufgrund des zu erwartenden Bevölkerungs- und Wirtschaftswachstums eine Entwicklung der Umwelt ab, die zum einen durch das Abholzen großer Waldgebiete, die Erosion wertvoller Böden, die Verwüstung und Versteppung weiter Landschaftsteile und regionale Wasserknappheit sowie zum anderen durch die Verschmutzung von Boden, Luft und Wasser durch Schadstoffe und den Verlust zahlreicher Tier- und Pflanzenarten gekennzeichnet ist[13]. Darüber hinaus nehmen unter den Menschen soziale Segregation und soziale Spannungen – nicht zuletzt aufgrund von Arbeitslosigkeit – zu; hinzu kommen ungelöste Fragen einer multiethnischen und multikulturellen Gesellschaft und der damit verbundenen Konsequenzen im sozial- und bildungspolitischen Bereich. Die Kluft zwischen Arm und Reich scheint zu wachsen, ebenso das Missverhältnis zwischen einer ständig wachsenden älteren und einer insoweit zahlenmäßig nicht ausreichend nachkommenden jüngeren Generation. Das alles vollzieht sich vor dem Hintergrund knapper Finanzen und gesellschaftlicher Veränderungen. Insgesamt gilt es demnach, den demographischen Wandel, strukturelle Veränderungen in der Wirtschaft und ökologische Erfordernisse in Einklang zu bringen[14]. Dies weltweit zu bewerkstelligen, ist ein zentrales Anliegen der Rio-Konferenz im Allgemeinen und der Agenda 21 im Besonderen.

2. Die Entwicklung des internationalen und europäischen Umweltrechts bis zur Konferenz von Rio de Janeiro im Jahre 1992

Bei der Rio-Konferenz im Jahre 1992 stellte sich die Frage, wie das Ziel einer ganzheitlichen und globalen Lösung der vorgefundenen öko-sozialen Probleme am effektivsten erreicht werden konnte. Bis zu diesem Zeitpunkt war die Erkenntnis von den wechselseitigen Beeinflussungen und Verflechtungen von Ökonomie, Ökologie und Sozialem noch nicht sehr weit gereift. Vielmehr wurden insbesondere Wirtschaft- und Umweltinteressen bislang eher als gegenläufig, widersprüchlich und ungleichwertig angesehen.

a) Bis Anfang der 70er Jahre: Nur rudimentäre Ansätze eines völker- und europarechtlichen Umweltschutzes

Während Wirtschaftsinteressen in der internationalen Politik schon immer einen festen Platz hatten, spielte der Umweltschutz bis in die Anfänge der 70er Jahre weder im Völkerrecht noch bei der Gründung und in den Anfangsjahren der Europäischen Gemeinschaften eine bedeutende Rolle.

---

[12] Reschl/Proschek/Hermann, Agenda 21 und Lokale Agenda, S. 3.
[13] Hoppe/Beckmann/Kauch, Umweltrecht, § 1 Rdnr. 19.
[14] Reschl/Proschek/Hermann, Agenda 21 und Lokale Agenda, S. 3.

Bezeichnend für das damals noch wenig entwickelte Umweltbewusstsein ist, dass die UN-Charta von 1945 den Vereinten Nationen weder die Bekämpfung der Umweltverschmutzung noch die Erhaltung der natürlichen Ressourcen ausdrücklich als Aufgabe zuweist. Zwar gab es vereinzelt auch früher schon internationale Übereinkommen zum Artenschutz oder zum Schutz internationaler Binnengewässer; so beinhalteten zum Beispiel der Jay-Vertrag aus dem Jahre 1794 und der Webster-Ashburton-Vertrag von 1842 zwischen den Vereinigten Staaten und Großbritannien Regelungen über die Großen Seen[15]. Ebenso gab es in der Zeit nach dem Zweiten Weltkrieg Abkommen, die zumindest mittelbare Bezüge zu einzelnen Umweltmedien aufwiesen, so beispielsweise das auf der Ersten Genfer Seerechtskonferenz angenommene Übereinkommen über die Fischerei und die Erhaltung der biologischen Reichtümer der Hohen See vom 29.04.1958[16] oder das Übereinkommen über die Haftung der Inhaber von Reaktorschiffen vom 25.05.1962[17].

Die Abkommen dieser Zeit waren aber weniger aus der Erkenntnis heraus geschlossen worden, dass die Umwelt als eigenständiges Schutzgut um ihrer selbst Willen zum Gegenstand internationaler vertraglicher Vereinbarungen gemacht werden müsste. Vielmehr waren die Verträge zum einen dadurch gekennzeichnet, dass durch sie die bis dahin geltenden Prinzipien der absoluten territorialen Souveränität und Integrität überwunden werden sollten. Beide Prinzipien entspringen dem die internationalen Rechtsbeziehungen bestimmenden Grundsatz der Souveränität der Staaten und besagen folgendes: Auf der einen Seite erlaubt ein verabsolutierender Souveränitätsbegriff jedem Staat, das eigene Territorium nach Belieben für seine Zwecke zu nutzen, auch wenn dabei (Umwelt-)Schäden jenseits der Staatsgrenzen verursacht werden. Auf der anderen Seite folgt aus dem Gedanken der territorialen Souveränität auch der Anspruch auf territoriale Integrität, wonach Gebietsbeeinträchtigungen von außen zu unterbleiben haben[18].

Bereits diese kurze Darstellung verdeutlicht, dass die territoriale Souveränität denklogisch durch die territoriale Integrität relativiert wird. Aufgrund der aus ihrem gemeinsamen Ursprung resultierenden gegenseitigen Wechselbeziehung kann deshalb keines der Prinzipien den alleinigen Vorrang beanspruchen. Das wurde zunehmend erkannt, so dass sich in den internationalen Beziehungen die Prinzipien der beschränkten oder relativen territorialen Souveränität und Integrität herausbildeten[19].

Während entsprechende Bestrebungen demnach ursprünglich den Ausgleich konkurrierender Nutzungsinteressen im Verhältnis (unmittelbar) benachbarter Staaten zum Ziel hatten, nahmen im Zuge der Industrialisierung auch weiterreichende grenzüberschreitende Auswirkungen und Probleme zu. Deshalb weitete sich vor dem Hinter-

---

[15] Beyerlin, Umweltvölkerrecht, § 2 Rdnr. 8, 9; Heintschel von Heinegg in: Ipsen, Völkerrecht, 14. Kapitel Rdnr. 1.
[16] BGBl. 1972 II, 1089.
[17] BGBl. 1975 II, 977.
[18] Vogelsang, UPR 1992, 419 (ebenda).
[19] Heintschel von Heinegg in: HBEUDUR, § 23 Rdnr. 2.

grund der Erkenntnis, dass diese in gegenseitiger Rücksichtnahme und nachbarschaftlicher Kooperation effektiver gelöst werden konnten, der Anwendungs- und Regelungsbereich des völkerrechtlichen Nachbarrechts ständig aus. Zudem wurde in zahlreichen Verträgen eine Pflicht zur gegenseitigen Information und Warnung über grenzüberschreitende Risiken vereinbart. Als Folge begann sich ein eigenständigen Recht der grenzüberschreitenden Umweltbeeinträchtigungen zu entwickeln, das sich zunehmend vom eigentlichen Nachbarrecht löste, aber immer noch vom Souveränitätsgrundsatz beherrscht war.

Zum anderen war ein wesentliches Merkmal der völkerrechtlichen Übereinkommen dieser Zeit, dass nicht „die" natürliche Umwelt umfassend und unmittelbar Schutzgut war. Vielmehr wurden nur einzelne Umweltmedien und diese lediglich mittelbar insoweit geschützt, als sie für die menschliche Gesundheit, für Sachgüter oder für (wirtschaftliche) Nutzungsinteressen von Bedeutung waren[20].

Auch in den Gründungsjahren der Europäischen Gemeinschaften war Umweltpolitik nicht Gegenstand des gemeinschaftlichen Handelns. Sowohl die mit Vertrag vom 18.04.1951 gegründete Europäische Gemeinschaft für Kohle und Stahl als auch die mit Vertrag vom 25.03.1957 gegründete Europäische Atomgemeinschaft und Europäische Wirtschaftsgemeinschaft waren in erster Linie wirtschaftlich ausgerichtet[21]. Während dies bei der letztgenannten Gemeinschaft schon aus dem Namen hervorgeht, ergibt sich gleiches hinsichtlich der anderen beiden Gemeinschaften aus den Vertragszwecken und den entsprechenden gemeinschaftlichen Aufgaben[22]. Ebenso erweisen sich die in der älteren Literatur[23] vereinzelt genannten, vermeintlich ersten umweltschützenden Gemeinschaftsakte in den 50er und 60er Jahren, so zum Beispiel die „Richtlinie der Europäischen Atomgemeinschaft zur Festlegung der Grundnormen für den Gesundheitsschutz der Bevölkerung und der Arbeitskräfte gegen die Gefahren ionisierender Strahlen" vom 02.02.1959, bei näherer Betrachtung als dem Gesundheitsschutz der Menschen und nicht dem Schutz der Umwelt dienende Maßnahmen[24].

Während sich demnach weder in den Gründungsverträgen noch in den ersten gemeinschaftlichen Maßnahmen eine umweltpolitische Komponente oder überhaupt umweltrelevante Aspekte fanden, wurde ein spärlicher Ansatz für ein Tätigwerden der Gemeinschaft auf dem Gebiet des Umweltschutzes erst durch eine Mitteilung der Kommission im Juni 1971 eingeleitet. Während diese Mitteilung die Möglichkeit und Notwendigkeit von umweltpolitischen Aktionen der Gemeinschaft als Institution unter-

---

[20] Heintschel von Heinegg in: HBEUDUR, § 23 Rdnr. 4; ders. in: Ipsen, Völkerrecht, 14. Kapitel Rdnr. 4; Beyerlin, Umweltvölkerrecht, § 1 Rdnr. 9.
[21] Röger, Zur Entwicklung des europäischen Umweltrechts im allgemeinen und den in der Bundesrepublik durch die Umweltinformationsrichtlinie ausgelösten Irritationen im besonderen, S. 132, 133; Glaesner, Umwelt als Gegenstand einer Gemeinschaftspolitik, S. 1.
[22] Vgl. Art. 1 und 2 EGKS-Vertrag sowie Art. 1 S. 2 und Art. 2 EAG-Vertrag.
[23] Vgl. z.B. Behrens, Rechtsgrundlagen der Umweltpolitik der Europäischen Gemeinschaften, S. 25.
[24] Röger, Rechtsfragen der Abfallentsorgung im Spannungsfeld zwischen Ökologie und Ökonomie, S. 3 f.

suchte, stellte ein im Zuge der dadurch ausgelösten Diskussion verfasstes Memorandum der französischen Regierung vom Januar 1972 auf eine zwischenstaatliche Zusammenarbeit der Mitgliedstaaten ab. Wohl auch aus diesem Grunde ergriff die Kommission erneut die Initiative und befasste den Rat mit einer weiteren Mitteilung der Kommission über ein Umweltschutzprogramm der Gemeinschaft vom 24.03.1972[25].

b)   Erster Wandel ab 1972: Stockholmer UN-Konferenz und Pariser EG-Gipfel

Aus seinem bisherigen Schattendasein trat der Umweltschutz sowohl auf völker- als auch auf europarechtlicher Ebene erst im Jahre 1972 heraus.

In diesem Jahr markiert die Konferenz der Vereinten Nationen über die Umwelt des Menschen, die vom 05. bis zum 15.06.1972 in Stockholm stattfand, den Beginn eines Umweltvölkerrechts in dem Sinne, dass die natürliche Umwelt als solche dem Kreis der anerkannten Rechts- und Schutzgüter der internationalen Rechtsbeziehungen zugerechnet werden muss. Erstmals wurden auf einer universellen Konferenz der Schutz und die Verbesserung der Umwelt als dringliche Anliegen und Pflicht aller Staaten bezeichnet. Gleichzeitig wurde anerkannt, dass nicht allein die Industrialisierung, sondern auch die Unterentwicklung für Umweltbeeinträchtigungen ursächlich ist. Des weiteren fand in dem hervorzuhebenden Prinzip 21 der – rechtlich unverbindlichen – Schlusserklärung der Konferenz, der so genannten Stockholmer Deklaration, der Grundsatz Anerkennung, dass die Staaten „durch Tätigkeiten innerhalb ihres Hoheits- oder Kontrollbereichs der Umwelt in anderen Staaten oder in Gebieten außerhalb ihres Hoheitsgebietes" keinen Schaden zufügen dürfen. Auch wenn in Prinzip 21 daneben das „souveräne Recht der Staaten zur Ausbeutung ihrer eigenen Hilfsquellen" betont wird, verdeutlicht es doch, dass nicht mehr allein die territoriale Integrität anderer Staaten, sondern auch die Umwelt des Menschen als solche zu den völkerrechtlich geschützten Rechtsgütern zu zählen ist[26].

Im Anschluss an die Stockholmer Konferenz entwickelte sich der internationale Umweltschutz sowohl in institutionell-organisatorischer als auch in materiell-rechtlicher Hinsicht weiter. So wurde am 15.12.1972 durch die Resolution 2997 der UN-Generalversammlung das Umweltprogramm der Vereinten Nationen („United Nations Environment Programme", UNEP) ins Leben gerufen, dessen Direktorium seinen Sitz in Nairobi hat. Damit wurde erstmals im System der Vereinten Nationen eine Institution errichtet, die sich primär den Umweltschutz zur Aufgabe machen sollte. UNEP obliegt im wesentlichen die Koordination der verschiedenen internationalen Anstrengungen zum Umweltschutz sowie die Vorbereitung und Ausarbeitung völkerrechtlicher Verträge und bestimmter Verhaltenskodizes[27].

---

[25] Glaesner, Umwelt als Gegenstand einer Gemeinschaftspolitik, S. 2.

[26] Heintschel von Heinegg in: HBEUDUR, § 23 Rdnr. 5; ders. in: Ipsen, Völkerrecht, 14. Kapitel Rdnr. 5.

[27] Beyerlin, Umweltvölkerrecht, § 3 Rdnr. 20; Heintschel von Heinegg in: Ipsen, Völkerrecht, 14. Kapitel Rdnr. 6.

In rechtlicher Hinsicht verdichtete sich zum einen das Netz von bi- und multilateralen Umweltschutzübereinkommen. Dabei wurden nunmehr auch einige bis dahin mehr oder minder ungeregelt gebliebene Umweltbereiche zum Gegenstand völkerrechtlicher Abkommen gemacht; das Washingtoner Übereinkommen über den internationalen Handel mit gefährdeten Arten freilebender Tiere und Pflanzen vom 03.03.1973[28] und das Genfer Übereinkommen über weiträumige grenzüberschreitende Luftverunreinigung vom 13.11.1979[29] sind nur zwei Beispiele dafür. Trotzdem blieben Schutzlücken, da die materiellen Schutznormen vieler damaliger Übereinkommen nur wenig rechtliche Substanz aufwiesen und die Vertragsparteien ihren Pflichten in der Praxis häufig nicht genügend nachkamen[30].

Zum anderen bildeten sich nach der Konferenz zahlreiche umweltvölkerrechtliche Grundsätze heraus. So anerkennen die Staaten seither ihre gemeinsame, wenn auch nach ihren jeweiligen Möglichkeiten differenzierte Verantwortung für den Erhalt der natürlichen Umwelt. Daraus folgte angesichts der grenzübergreifenden und globalen Dimension dieser Aufgabe zugleich die Verpflichtung zur internationalen Zusammenarbeit. Darüber hinaus besteht ein Verbot, der natürlichen Umwelt in fremden oder herrschaftsfreien Gebieten erhebliche Schäden zuzufügen. Der Grundsatz der fairen und gerechten Aufteilung gemeinsamer natürlicher Ressourcen ist durch zum Teil weitreichende Verfahrenspflichten ergänzt worden. Insbesondere in Westeuropa und Nordamerika begann sich eine Pflicht zur Umweltverträglichkeitsprüfung herauszubilden[31].

Schließlich setzte sich in Bezug auf die Seegebiete jenseits küstenstaatlicher Vorzugsrechte, den Weltraum und die Antarktis das Konzept des common heritage / concern of mankind durch. Dieser Rechtsstatus ist Folge und Ausdruck einer sich fortentwickelnden globalen Umweltkooperation, die auch die weltweiten Naturressourcen betrifft, und besagt, dass für diese Bereiche und Ressourcen eine globale Bewirtschaftung, ein weltweiter Schutz und eine internationale „Überwachungskommission" notwendig werden. Das bedeutet konkret, dass der Staat, in dessen Grenzen sich die Ressource befindet, zum Wächter der Weltgemeinschaft für den Erhalt der Ressource wird, während die übrigen Staaten zur Unterstützung dieses Staates verpflichtet sind. Damit kann auch ein unbeteiligter Staat, der selber durch Verstöße gegen die internationalen Schutzpflichten keinen Schaden erleidet, sich im Interesse der Weltgemeinschaft gegen dieses schädliche Verhalten des anderen Staates wehren und unter Umständen gegen diesen Repressalien ergreifen[32].

Auch hinsichtlich der Entwicklung und der Bedeutung des Umweltschutzes auf der Ebene der Europäischen Gemeinschaften markiert das Jahr 1972 einen einschneidenden Wendepunkt. Auf der Gipfelkonferenz der Staats- und Regierungschefs am 19.

---

[28] BGBl. 1975 II, 773.
[29] BGBl. 1982 II, 373.
[30] Beyerlin, Umweltvölkerrecht, § 3 Rdnr. 22.
[31] Heintschel von Heinegg in: Ipsen, Völkerrecht, 14. Kapitel Rdnr. 6, 7.
[32] Hohmann, NVwZ 1993, 311 (313).

und 20.10.1972 in Paris wurde erstmalig die Bedeutung eines zukünftigen umweltpolitischen Handelns der Europäischen Wirtschaftsgemeinschaft als der von ihren Zielen her umfassendsten der drei Gemeinschaften betont. Die Organe der Gemeinschaft wurden aufgefordert, bis zum 31.07.1973 ein mit einem genauen Zeitplan versehenes Aktionsprogramm für den Umweltschutz auszuarbeiten[33]. Das diese Aufforderung umsetzende erste Aktionsprogramm der Gemeinschaft vom 22.11.1973[34] sah umweltpolitische Maßnahmen bis zum Jahr 1977 vor. Weitere Aktionsprogramme für die Zeiträume von 1977 bis 1981[35] und 1982 bis 1986[36] folgten.

Alle diese Programme sahen – entsprechend der anfänglich parallel verlaufenden, schon skizzierten Entwicklung im Umweltvölkerrecht – Maßnahmen zum Schutz der Umwelt jedoch noch nicht um ihrer selbst und des in ihr lebenden Menschen Willen vor, sondern verknüpften Umweltschutz mit der wirtschaftlichen Betätigung der Gemeinschaft. Umweltpolitik war kein eigenständiges und den wirtschaftlichen Interessen ebenbürtiges Handlungsfeld, sondern war als Mittel der Wirtschaftspolitik konzipiert[37]. So heißt es in den Erwägungsgründen der ersten drei Aktionsprogramme dann auch, dass die nach § 2 EWG-Vertrag der Gemeinschaft obliegende Förderung „einer harmonischen Entwicklung des Wirtschaftslebens innerhalb der Gemeinschaft sowie einer beständigen und ausgewogenen Wirtschaftsausweitung ... künftig ohne eine wirksame Bekämpfung der Umweltverschmutzung und der Umweltbelastungen, ohne eine Verbesserung der Lebensqualität und ohne Umweltschutz nicht denkbar"[38] sei. Umweltschutz stand also ganz im Dienste der Wirtschaftspolitik[39].

Dieser Annexbedeutung entsprach auch die weitgehende Verankerung der Umweltpolitik in den Aktionsprogrammen als bloßen politischen Absichtserklärungen. Soweit tatsächlich einmal Maßnahmen auf der Grundlage einer verbindlichen Rechtsnorm ergriffen werden sollten, vermied man ein detailliertes Eingehen auf die Frage der rechtlichen Zuständigkeiten. Meist berief man sich mangels ausdrücklicher umweltrechtlicher Kompetenz der Gemeinschaft und im Hinblick auf die per se angenommene Subordination der Umwelt- unter die Wirtschaftspolitik auf eine extensive Auslegung der Kompetenztitel zur Herbeiführung eines gemeinsamen Marktes, also auf Art 100 und 235 EWG-Vertrag[40]. Diese Praxis war allerdings umstritten. Kritiker sprachen der Gemeinschaft insbesondere die Zuständigkeit ab, eine allgemeine, umfassende und

---

[33] Röger, Zur Entwicklung des europäischen Umweltrechts im allgemeinen und den in der Bundesrepublik durch die Umweltinformationsrichtlinie ausgelösten Irritationen im besonderen, S. 133; ders., Rechtsfragen der Abfallentsorgung im Spannungsfeld zwischen Ökologie und Ökonomie, S. 5.

[34] ABl.EG Nr. C 112 vom 20.12.1973, S. 1.

[35] ABl.EG Nr. C 139 vom 13.06.1977, S. 1.

[36] ABl.EG Nr. C 46 vom 17.02.1983, S. 1.

[37] Röger, Zur Entwicklung des europäischen Umweltrechts im allgemeinen und den in der Bundesrepublik durch die Umweltinformationsrichtlinie ausgelösten Irritationen im besonderen, S. 133, 134.

[38] So der 4. Erwägungsgrund des ersten Aktionsprogramms.

[39] Röger, Rechtsfragen der Abfallentsorgung im Spannungsfeld zwischen Ökologie und Ökonomie, S. 6.

[40] Röger, Zur Entwicklung des europäischen Umweltrechts im allgemeinen und den in der Bundesrepublik durch die Umweltinformationsrichtlinie ausgelösten Irritationen im besonderen, S. 134.

zusammenhängende Umweltpolitik auf Gemeinschaftsebene zu konzipieren und durch Verordnungen und Richtlinien abzusichern; allenfalls punktuelle Maßnahmen sollten danach erlaubt sein[41].

c)   Ab 1982 bzw. 1986: Umwelt als eigenständiges und gleichwertiges Schutzgut

Der endgültige „Durchbruch" in dem Sinne, dass die Umwelt neben der Wirtschaft als eigenständiges und gleichwertiges schützenswertes Rechtsgut anerkannt wurde, gelang dem Umweltschutz auf internationaler (UN-)Ebene im Jahre 1982 und auf europäischer (EG-)Ebene im Jahre 1986.

1982 verabschiedeten der UNEP-Rat im Mai das Programm von Montevideo und die UN-Generalversammlung im Oktober die World Charter for Nature. In dem Programm steckte der UNEP-Rat die umweltpolitischen Ziele seiner künftigen Tätigkeit ab und erklärte die Weiterentwicklung des internationalen Umweltrechts speziell in drei Problembereichen für besonders dringlich: Bekämpfung der Meeresverschmutzung vom Lande aus, Schutz der Ozonschicht und Kontrolle der Behandlung und des Transportes gefährlicher Abfälle. Die World Charter for Nature legte dann erstmals die Betonung auf den Schutz der Natur als solcher. Beide Dokumente haben auf die nachfolgende zwischenstaatliche Vertragspraxis eine erhebliche Gestaltungswirkung ausgeübt[42].

In Europa markiert das Jahr 1986 mit der Verabschiedung der Einheitlichen Europäischen Akte vom 28.02.1986[43] einen weiteren Einschnitt. Durch Einführung eines aus den Art. 130 r bis 130 t bestehenden Titels VII unter der Überschrift „Umwelt" in den Dritten Teil des EWG-Vertrages („Die Politik der Gemeinschaft")[44] verlor die europäische Umweltpolitik ihre Stellung als bloßer Annex zur Wirtschaftspolitik und wurde zu einem selbständigen europäischen Politikfeld mit einer eigenen vertraglich festgelegten Handlungsermächtigung der Gemeinschaft. Die europäische Umweltpolitik wurde damit nicht nur von der Wirtschaftspolitik entkoppelt und verselbständigt, sondern durch Schaffung eigener Rechtsgrundlagen auch aus dem Bereich bloßer politischer Absichtserklärungen oder extensiv interpretierter vermeintlicher Wirtschaftskompetenzen in den Status eines rechtlich eindeutig durchsetzbaren Vertragszieles erhoben[45].

Dies hatte zum einen zur Folge, dass nunmehr auch wirtschaftliche Entwicklung und Interessen zugunsten von umweltpolitischen Maßnahmen beschränkt werden konnten.

---

[41] Krämer, Einheitliche Europäische Akte und Umweltschutz: Überlegungen zu einigen neuen Bestimmungen im Gemeinschaftsrecht, S. 138.
[42] Beyerlin, Umweltvölkerrecht, § 3 Rdnr. 25, 26; Hohmann, NVwZ 1993, 311 (312).
[43] ABl.EG Nr. L 169, S. 1.
[44] Art. 174 – 176 EGV i.d.F. des Amsterdamer Vertrages vom 02.10.1997, BGBl. II, 269.
[45] Röger, Zur Entwicklung des europäischen Umweltrechts im allgemeinen und den in der Bundesrepublik durch die Umweltinformationsrichtlinie ausgelösten Irritationen im besonderen, S. 135.

Zum anderen entstand auf der neuen Kompetenzgrundlage eine Reihe von Verordnungen und Richtlinien, die jetzt auf den unmittelbaren Schutz von Umweltmedien abzielten, so zum Beispiel die Richtlinie über kommunale Abwässer oder die Ozonrichtlinie. Schließlich wurde in dem für den Zeitraum von 1987 bis 1992 geltenden vierten Aktionsprogramm vom 19.10.1987[46] folgerichtig nicht mehr auf die harmonische Entwicklung des Wirtschaftslebens, sondern auf die „Entwicklung und die Durchführung einer gemeinschaftlichen Umweltpolitik" abgestellt und von einem „neuen Bewusstsein" bezüglich der Bedeutung des Umweltschutzes gesprochen.

Als Folge dieses neuen europäischen Umweltbewusstseins fand sich in dem Programm auch erstmals die Forderung nach einem verbesserten Zugang zu umweltbezogenen Informationen als einem zur Verstärkung des Umweltschutzes geeigneten Instrument. Man erkannte, dass der Zugang zu Informationen ein Element zum besseren Schutz von Mensch und Umwelt bedeutet und insbesondere der Rechtswahrung dienen könne mit der Folge, dass fortan auf die mit der Unterrichtung der Bevölkerung einhergehende Steigerung von Transparenz und Akzeptanz der (Umwelt-)Politik besonderen Wert gelegt wurde[47]. Dieser Gedanke sollte sich auch später in ähnlicher Form bei der Agenda 21 im Hinblick auf die Ausgestaltung des Prinzips der Partizipation wiederfinden, so dass darauf in diesem Zusammenhang noch genauer eingegangen werden wird.

Sechs Jahre nach der Einheitlichen Europäischen Akte brachte der Maastrichter Vertrag vom 07.02.1992[48] dann eine weitere Stärkung des Umweltschutzes auf der Ebene des Europäischen Primärrechts: So wurde u.a. die bisher nur im Dritten Teil des E(W)G-Vertrages als „Politik der Gemeinschaft" verankerte Umweltpolitik nun auch im Ersten Teil des EG-Vertrages durch Einfügung von Art. 3 lit. k EGV als ein „Grundsatz" gemeinschaftlichen Handelns festgeschrieben; konsequenterweise wurde in Art. 2 EGV das Wirtschaftswachstum unter den Vorbehalt der Umweltverträglichkeit gestellt. Diese Neuerung verdeutlicht am eindrucksvollsten die Entwicklung der Umweltpolitik vom bloßen Annex und Mittel der Wirtschaftspolitik zum eigenständigen und gleichberechtigten Politikfeld – mehr noch: Ökonomie und Ökologie stehen nicht mehr in einem Vor- und Nachrang-Verhältnis zueinander, sondern ihr Verhältnis ist nun von einem gleichberechtigten Neben- und zuweilen auch Gegeneinander gekennzeichnet mit der Folge, dass Wirtschaftsinteressen sogar hinter Umweltschutzaspekten zurücktreten können, wenn das Gebot der Umweltverträglichkeit dies erfordert[49].

---

[46] ABl.EG Nr. C 328 vom 07.12.1987, S. 1.

[47] Röger, Zur Entwicklung des europäischen Umweltrechts im allgemeinen und den in der Bundesrepublik durch die Umweltinformationsrichtlinie ausgelösten Irritationen im besonderen, S. 135, 136.

[48] BGBl. II, 1253.

[49] Röger, Zur Entwicklung des europäischen Umweltrechts im allgemeinen und den in der Bundesrepublik durch die Umweltinformationsrichtlinie ausgelösten Irritationen im besonderen, S. 137; ders., Rechtsfragen der Abfallentsorgung im Spannungsfeld zwischen Ökologie und Ökonomie, S. 8 f.

3. Rio-Konferenz und Agenda 21 im Zeichen des Konzepts der nachhaltigen Entwicklung

An der Konferenz der Vereinten Nationen über Umwelt und Entwicklung vom 03. bis zum 14.06.1992 in Rio de Janeiro nahmen mehr als 30.000 Teilnehmer aus 176 Staaten teil, darunter 103 Staats- und Regierungschefs und eine große Anzahl von Vertretern von so genannten Nichtregierungsorganisationen (Non-Governmental Organizations, NGOs), wie zum Beispiel Greenpeace, World Wide Fund for Nature oder Earth Watch. Nie zuvor hatten die Vereinten Nationen eine Konferenz dieser Größenordnung abgehalten[50].

Den Beschluss zur Einberufung der Konferenz hatte die UN-Generalver-sammlung mit ihrer Resolution 44/228 vom 22.12.1989 gefasst. Sie folgte damit einem Vorschlag der „Word Commission on Environment and Development" aus dem Jahre 1987. Diese so genannte „Brundtland"-Kommission war 1983 von der UN-Generalversammlung eingesetzt und von der norwegischen Regierungschefin Gro Harlem Brundtland geleitet worden. Das Gremium setzte vor allem mit seinem Bericht „Our Common Future"[51] von 1987 entscheidende Impulse für die programmatische Ausrichtung der Rio-Konferenz, indem es neue Formen der internationalen Zusammenarbeit in den Bereichen Umwelt und Entwicklung vorschlug, ein UN-Programm zu „sustainable development" (bestandsfähige, dauerhafte oder nachhaltige Entwicklung) entwarf – darauf wird später noch genauer einzugehen sein – und eine Reihe von rechtlichen und institutionellen Fragestellungen erarbeitete. Mit dem eigentlichen Vorbereitungsprozess für die Konferenz betraute die Generalversammlung das eigens hierfür eingerichtete UNCED Preparatory Committee, das sich erstmals im März 1990 zu einer organisatorischen Sitzung und danach zwischen August 1990 und Mai 1992 zu vier regulären Sitzungen traf[52].

Die Konferenz selbst war – wie schon der gesamte Vorbereitungsprozess – durch das zähe Ringen der Staatsvertreter um Überwindung der Interessengegensätze zwischen den verschiedenen Staatengruppen geprägt. Dabei spiegelte sich das problematische Nord-Süd-Verhältnis, dessen Merkmale oben unter 1.) bereits skizziert worden sind, auch in Rio wider: Auf der einen Seite zeigten die Industriestaaten wenig Bereitschaft, der Forderung der so genannten Entwicklungsländer nach einer besseren Verteilungsgerechtigkeit nachzugeben und ihr eigenes Konsum- und Produktionsverhalten zu ändern. Auf der anderen Seite widersetzten sich die Entwicklungsländer ihrerseits dem Verlangen der Industriestaaten, für eine Demokratisierung ihrer Gesellschaften zu sorgen und mit ihren natürlichen Ressourcen schonender umzugehen[53].

---

[50] Beyerlin, Umweltvölkerrecht, § 4 Rdnr. 29.
[51] Text abgedruckt in: Hauff, Unsere gemeinsame Zukunft.
[52] Beyerlin, Umweltvölkerrecht, § 3 Rdnr. 27, § 4 Rdnr. 29.
[53] Beyerlin, Umweltvölkerrecht, § 4 Rdnr. 30.

Die Ausgangslage für die Rio-Konferenz war demnach durch eine Reihe von verschiedenen Interessenschwerpunkten und Gegensätzen gekennzeichnet, die es zu überwinden, zu integrieren und auszugleichen galt: Ökologie und Ökonomie, Nord und Süd, Arm und Reich. Dies sollte durch eine Mischung aus dem Aufgreifen und Weiterentwickeln von schon existierenden erfolgversprechenden Lösungsansätzen und der Schaffung und innovativen Verknüpfung von neuen inhaltlichen Leitbildern und institutionellen Einrichtungen geschehen.

a) Die Dokumente von Rio im Überblick

Die Ergebnisse der Beratungen in Rio haben sich in fünf Dokumenten niedergeschlagen, und zwar in

- dem Übereinkommen zum Klimaschutz,
- dem Übereinkommen über die biologische Vielfalt,
- der Wald-Grundsatzerklärung,
- der Rio-Deklaration und
- der Agenda 21.

Die beiden erstgenannten Übereinkommen sind kein eigentliches Produkt des Rio-Gipfels. Sie waren schon zuvor von speziellen zwischenstaatlichen Verhandlungsausschüssen (Intergovernmental Negotiating Committees) erarbeitet und im Mai 1992 in New York bzw. Nairobi angenommen worden. In Rio wurden sie dann aber erst von jeweils mehr als 150 Staaten und der Europäischen Gemeinschaft unterzeichnet.

Das Übereinkommen zum Klimaschutz („United Nations Framework Convention on Climate Change", Klimakonvention)[54] ist am 21.03.1994 in Kraft getreten und hat den Charakter eines Rahmenvertrages, der späterer inhaltlicher Ausfüllung bedarf. Langfristiges Ziel dieser Konvention und der nachfolgend von Vertragsstaatenkonferenzen zu beschließenden Rechtsinstrumente soll es gemäß Art. 2 sein, „die Stabilisierung der Treibhausgaskonzentrationen in der Atmosphäre auf einem Niveau zu erreichen, auf dem eine gefährliche anthropogene Störung des Klimasystems verhindert wird". Auch die Konvention über die biologische Vielfalt („Convention on Biological Diversity")[55], die am 29.12.1993 in Kraft getreten ist, gibt den Vertragsstaaten nur einen ausfüllungsbedürftigen Rahmen für ihre Bemühungen zur Verfolgung folgender in Art. 1 aufgeführter Ziele vor: Erhaltung der biologischen Vielfalt, nachhaltige Nutzung ihrer Bestandteile, ausgewogene und gerechte Aufteilung der sich aus der Nutzung der genetischen Ressourcen ergebenden Vorteile.

Die Wald-Grundsatzerklärung („Non-legally Binding Authoritative Statement of Prinzipels for a Global Consensus on the Management, Conservation and Sustainable De-

---

[54] BGBl. 1993 II, 1784.
[55] BGBl. 1993 II, 1742.

16

velopment of All Types of Forrests"), die sich selbst ausdrücklich als „authoritative", aber rechtlich unverbindlich bezeichnet, enthält erstmals 15 weltweit beachtliche Grundsätze zur Bewirtschaftung, Erhaltung und nachhaltigen Entwicklung der Wälder. So wird einmal das souveräne Recht der Staaten auf Nutzung ihrer Waldressourcen zum Wohl ihrer Bürger und zur Entwicklung ihres Landes festgeschrieben, wobei die sozialen, ökonomischen, ökologischen, kulturellen und geistigen Bedürfnisse gegenwärtiger und künftiger Generationen beachtet werden sollen. Des weiteren betont die Erklärung die Notwendigkeit einer umfassenden Waldbewirtschaftung, zu der auch Aufforstungsprogramme, Waldbewertungen und Waldinventuren gehören sollen. Schließlich wird die Notwendigkeit finanzieller und technischer Kooperation der internationalen Gemeinschaft erkannt, um Programme zur Erhaltung von Wäldern und zu deren umweltgerechter Bewirtschaftung durchführen zu können[56].

Die Rio-Deklaration („Rio Declaration on Environment und Development") richtet sich – wie schon die Stockholmer Deklaration von 1972 – mit einem Katalog von 27 Empfehlungen bzw. Prinzipien an die Staaten. Diese Empfehlungen sind von dem Leitbild der – schon des öfteren erwähnten – nachhaltigen Entwicklung geprägt. Prinzip 1 erklärt die Menschen zum Mittelpunkt aller Bemühungen um nachhaltige Entwicklung und betont deren Recht auf ein gesundes und produktives Leben im Einklang mit der Natur. Prinzip 3 enthält das Bekenntnis zur „intergenerational equity" als Leitlinie für die Bestrebungen, den Entwicklungs- und Umweltbedürfnissen der heutigen und künftigen Generationen gerecht zu werden. Folgerichtig verlangt Prinzip 4 die Einbeziehung des Umweltschutzes als integralen Bestandteil des Entwicklungsprozesses.

Neben diesen eher programmatischen Empfehlungen finden sich in der Rio-Deklaration auch solche, die entweder schon bestehende Regeln des Völkergewohnheitsrechts bekräftigen oder auf erst im Entstehen begriffene Regeln dieser Art hinweisen. Zur ersten Kategorie zählen beispielsweise das Verbot grenzüberschreitender Umweltbeschädigung (Prinzip 2) und die gegenseitige Informations- und Warnpflicht (Prinzipien 18 und 19). Der zweiten Kategorie zuzurechnen sind die Forderungen nach einer nationalen Öffentlichkeitsbeteiligung in Umweltfragen in Form der Gewährung des Zugangs zu Umweltinformationen (Prinzip 10) und der Durchführung einer nationalen Umweltverträglichkeitsprüfung bei potentiell umweltbeeinträchtigenden Vorhaben (Prinzip 17)[57].

b)   Inhalt und Ziele der Agenda 21

Das umfangreichste Dokument und Kernstück der Rio-Konferenz ist die Agenda 21[58]. Diese ist sowohl in inhaltlich-thematischer als auch in verfahrenstechnisch-organi-

---

[56] Vgl. Hohmann, NVwZ 1993, 311 (316).
[57] Vgl. Beyerlin, Umweltvölkerrecht, § 4 Rdnr. 39 sowie oben 2.) b) und c).
[58] Abgedruckt in: BMU, Umweltpolitik, Agenda 21 und auszugsweise im Anhang.

satorischer Hinsicht ein Novum und hebt sich schon allein aus diesem Grunde von allen bisher beschlossenen Dokumenten ab. Ausgehend von der mittlerweile gereiften Erkenntnis, dass weltweite Armut, Umweltzerstörung und die westlich geprägten Formen von Konsum und Produktion keine getrennten Phänomene sind, sondern sich wechselseitig beeinflussen und verstärken, verfolgt die Agenda 21 einen thematisch umfassenden und integrativen Ansatz: Ökonomie, Ökologie und Soziales werden nicht mehr als separate, in einem Vor- und Nachrang-Verhältnis stehende Bestandteile der zukünftigen Entwicklung betrachtet, sondern als aufeinander bezogene, voneinander abhängige und gleichgewichtige Dimensionen. Diese Themenfelder sollen deshalb nicht mehr isoliert nebeneinander, sondern zusammen gedacht und integrativ behandelt werden[59].

Zwar gab es auch vor der Rio-Konferenz und der Agenda 21 schon Ansätze, die auf einen Zusammenhang zwischen Umwelt und Entwicklung hindeuteten; so hielten die Prinzipien 8 bis 11 der schon mehrfach erwähnten Stockholmer Deklaration von 1972 die Staaten – sehr verhalten – dazu an, bei allen ihren Umweltschutzmaßnahmen das gegenwärtige und künftige Entwicklungspotential der Entwicklungsländer nicht zu gefährden und auf die Schaffung besserer Lebensbedingungen für alle hinzuwirken. Ebenso war der Umweltschutz auch schon vor der Rio-Konferenz – wie unter 2.) c) dargestellt – bereits zum gleichberechtigten, jedoch bislang (vermeintlich) „antagonistischen" Partner bzw. Gegenspieler der Wirtschaftspolitik aufgestiegen.

Die neue Konzeption der Agenda 21 geht aber über diese Ansätze hinaus: Aus der Erkenntnis der vielfältigen Wechselwirkungen und Verflechtungen zwischen Umweltschutz und wirtschaftlich-sozialer Entwicklungspolitik heraus wird erstmals in aller Deutlichkeit betont, dass Umwelt und Entwicklung gleichwertige und sich wechselseitig bedingende Komponenten eines unteilbaren, integrierten und zukunftsbezogenen Politikziels bilden müssen. Dieses eine umfassende Ziel, auf das nach der Idee der Agenda 21 alle künftigen Bestrebungen ausgerichtet werden müssen, findet in dem ganzheitlichen Leitbild der nachhaltigen Entwicklung seinen Ausdruck.

Darunter versteht man in Anlehnung an die in dem schon erwähnten Brundtland-Bericht „Our Common Future" geprägte und inzwischen wohl gängigste Definition eine Entwicklung, die den Bedürfnissen der heutigen Generation entspricht, ohne die Möglichkeiten künftiger Generationen zu gefährden, ihre eigenen Bedürfnisse zu befriedigen und ihren Lebensstil zu wählen[60]. Mit der starken Betonung der Zielrichtung, die Erhaltung intakter natürlicher Lebensgrundlagen und die Befriedigung der wirtschaftlichen und sozial-kulturellen Bedürfnisse (auch) künftiger Generationen zu gewährleisten, schreibt die Agenda 21 die wesensnotwendigen Elemente der „nachhaltigen Entwicklung", nämlich die zukunftssichernde Dauerhaftigkeit und Bestandsfähigkeit einer künftig integrativen Umwelt- und Entwicklungspolitik, erstmals in dieser innovativen Verknüpfung und Deutlichkeit fest.

---

[59] Reschl/Proschek/Hermann, Agenda 21 und Lokale Agenda, S. 1.
[60] Reschl/Proschek/Hermann, Agenda 21 und Lokale Agenda, S. 2.

Bei der Agenda 21 handelt es sich im Hinblick auf die konkrete Ausgestaltung der festgelegten Zielvorgaben um ein dynamisches umwelt- und entwicklungspolitisches Aktionsprogramm für das 21. Jahrhundert. Es dient insofern der Umsetzung der Rio-Deklaration, in der das Leitbild der nachhaltigen Entwicklung eher programmsatzartig-theoretisch angelegt ist, sowie der Implementierung dieses Konzepts in der Praxis. Dazu versucht die Agenda 21, das in dem Leitbild der nachhaltigen Entwicklung zunächst angelegte Spannungsverhältnis zwischen Umweltschutz und Entwicklungsförderung auszubalancieren und in operable Handlungskonzepte umzusetzen. In vier Teilen mit insgesamt 40 Kapiteln werden dementsprechend die grundlegenden Leitgedanken für die Lösung der vorgefundenen öko-sozialen Probleme und die grundsätzlichen Ziele auf dem Weg zu einer weltweit nachhaltigen Entwicklung abgesteckt sowie für wesentliche Bereiche der Umwelt- und Entwicklungspolitik relativ konkrete Handlungsaufträge formuliert[61].

Schon anhand der thematischen Gliederung des Dokuments wird dabei das Bestreben nach einer Verknüpfung von Umweltschutz und Entwicklungsförderung und einem Ausgleich von ökologischen, ökonomischen und sozialen Interessen deutlich: Von der in dieser Hinsicht allumfassenden Präambel (Kapitel 1) war ganz zu Beginn dieses Teils der Arbeit bereits die Rede. Während Teil I (Kapitel 2-8) sich unter der Überschrift „Soziale und wirtschaftliche Dimension" zunächst mit eher entwicklungspolitisch geprägten Themen wie Armutsbekämpfung (Kapitel 3), Veränderung der Konsumgewohnheiten (Kapitel 4) und Förderung einer nachhaltigen Siedlungsentwicklung (Kapitel 7) befasst, folgt in Teil II (Kapitel 9-22) dann die Beschäftigung mit der eher umweltpolitisch ausgerichteten „Erhaltung und Bewirtschaftung der Ressourcen für die Entwicklung". Hier werden Handlungsempfehlungen gegeben u.a. für die Bereiche Schutz der Erdatmosphäre (Kapitel 9), Bekämpfung der Entwaldung, der Wüstenbildung und der Dürren (Kapitel 11, 12), Schutz der Ozeane und der Süßwasserressourcen (Kapitel 17, 18), umweltverträglicher Umgang mit Abfällen (Kapitel 20-22)[62].

Jedes Kapitel ist dabei so aufgebaut, dass für so genannte „Programmbereiche" zunächst jeweils eine „Handlungsgrundlage" skizziert wird, die als eine Art Beschreibung des Ist-Zustandes die Ausgangsbasis darstellt. Darauf folgt unter der Überschrift „Ziele" eine Auflistung von Vorgaben, die in Zukunft erreicht werden sollen. Diese werden dann im weiteren durch bestimmte zu ergreifende „Maßnahmen" konkretisiert. Am Ende des Programmbereichs finden sich „Instrumente zur Umsetzung".

In Teil III (Kapitel 23-32) der Agenda 21 kommt neben der beschriebenen neuartigen inhaltlich-thematischen Konzeption besonders die verfahrenstechnisch-organisatorische Innovation dieses Dokuments zum Ausdruck: Dort ist von der „Stärkung der Rolle wichtiger Gruppen" die Rede. Insbesondere in diesem Teil wird deutlich, dass die Agenda 21 ihre Handlungsanweisungen und damit einhergehend die zentrale For-

---

[61] Forum Umwelt und Entwicklung, Lokale Agenda 21 – Ein Leitfaden, S. 10; Beyerlin, Umweltvölkerrecht, § 4 Rdnr. 41.
[62] BMU, Umweltpolitik, Agenda 21, S. 10-216.

derung, die weitere Entwicklung dauerhaft, zukunftsbeständig und nachhaltig zu gestalten, nicht nur an die Unterzeichnerstaaten richtet, sondern alle globalen, nationalen, regionalen und lokalen Ebenen anspricht. Die internationalen Institutionen des UN-Systems sollen sich ebenso an der Umsetzung des Aktionsprogramms beteiligen wie die nationalen Regierungen und der nichtstaatliche Sektor. Letzteres bezieht sich auf die Einbindung der Nichtregierungsorganisationen und die umfassende Beteiligung der Öffentlichkeit, also aller gesellschaftlichen Gruppen und der Bürgerschaft. Alle sollen in das Verfahren zur Umsetzung der Agenda 21 und damit in die Gestaltung der weiteren Entwicklung aktiv mit einbezogen werden und an entsprechenden Entscheidungsprozessen mit teilhaben[63].

In der Präambel (Kapitel 23) zu Teil III heißt es dann auch, dass „ein wesentlicher Faktor für die wirksame Umsetzung der Ziele, Maßnahmen und Mechanismen, die von den Regierungen in allen Programmbereichen der Agenda 21 gemeinsam beschlossen worden sind, ... das Engagement und die echte Beteiligung aller gesellschaftlichen Gruppen" ist, und weiter: „Eine der Grundvoraussetzungen für die Erzielung einer nachhaltigen Entwicklung ist die umfassende Beteiligung der Öffentlichkeit an der Entscheidungsfindung. Darüber hinaus hat sich im spezifischeren umwelt- und entwicklungspolitischen Zusammenhang die Notwendigkeit neuer Formen der Partizipation ergeben"[64]. Bei diesem Befund allein bleibt es allerdings nicht; dem Charakter der Agenda 21 als „Aktions"-Programm entsprechend werden vielmehr in den weiteren Kapiteln einzelne zu aktivierende und in den angestoßenen Prozess einzubeziehende relevante Gruppen konkret benannt: So ist die Rede von einem globalen Aktionsplan für Frauen (Kapitel 24), von Kindern und Jugendlichen (Kapitel 25), von der Anerkennung der indigenen Völker (Kapitel 26), von den Nichtregierungsorganisationen als Partner für eine nachhaltige Entwicklung (Kapitel 27), von der Initiative der Kommunen zur Unterstützung der Agenda 21 (Kapitel 28) sowie von der Stärkung der Rolle der Arbeitnehmer und ihrer Gewerkschaften, der Privatwirtschaft, der Wissenschaft und Technik und der Bauern (Kapitel 29-32)[65].

Teil IV (Kapitel 33-40) befasst sich schließlich mit den „Möglichkeiten der Umsetzung" des Dokuments, indem er in erster Linie instrumentelle und institutionelle Rahmenbedingungen absteckt. Hierbei geht es z.B. um finanzielle Ressourcen (Kapitel 33), internationale institutionelle Strukturen (Kapitel 38) sowie internationale Rechtsinstrumente und -mechanismen (Kapitel 39)[66].

Insgesamt zeigt sich, dass die Agenda 21 sowohl von der inhaltlichen Spannbreite der Themenfelder her (integrativer Ansatz) als auch im Hinblick auf den umfassenden Kreis der Adressaten und deren verfahrenstechnische Einbindung (partizipativer Ansatz) eine vollkommen neuartige, weil erstmals ganzheitliche Konzeption zukünftiger Politik entwirft. Diese Politik wird unter Beteiligung aller staatlichen und nichtstaatli-

---

[63] Forum Umwelt und Entwicklung, Lokale Agenda 21 – Ein Leitfaden, S. 10, 11.

[64] BMU, Umweltpolitik, Agenda 21, S. 217.

[65] BMU, Umweltpolitik, Agenda 21, S. 218-243.

[66] BMU, Umweltpolitik, Agenda 21, S. 244-285.

chen Akteure auf allen Ebenen unteilbar und integrativ auf das eine umfassende Ziel und Leitbild der nachhaltigen Entwicklung ausgerichtet. Die Agenda 21, von 176 Staaten der Erde unterzeichnet, ist – auch nach ihrem eigenen Verständnis – Ausdruck eines globalen Konsens, einer globalen Partnerschaft und einer Verpflichtung auf höchster Ebene zur Zusammenarbeit. Im Hinblick auf das dokumentierte Problembewusstsein, die ganzheitlichen Lösungsansätze und die gewählte Form eines Aktionsprogramms mit konkreten Handlungsaufträgen lässt sich die Agenda 21 als eine Aufforderung an Politik, Wirtschaft und Gesellschaft verstehen, die öko-sozialen Probleme als Herausforderung für engagiertes, zukunftsorientiertes und „nachhaltiges" Handeln auf allen Ebenen zu betrachten.

c) Ursprung und Bedeutung des Begriffs der Nachhaltigkeit

Eine erste Definition des Begriffs der „nachhaltigen Entwicklung" ist gerade unter b) schon gegeben worden. Um sich das weitreichende Ausmaß der dem Ausdruck zugrundeliegenden Idee jedoch ausmalen zu können, erscheint eine genauere Analyse der Herkunft und Bedeutung des englischen Ursprungsbegriffs „sustainable development" angebracht.

Das dem Adjektiv „sustainable" korrespondiere Substantiv „sustainability" setzt sich zusammen aus der Wendung „ability to be sustained" und kann am nächsten wohl mit dem Begriff „Aufrechterhaltbarkeit" übersetzt werden. Gebräuchlich sind im deutschen die Übersetzungen „Dauerhaftigkeit", „Tragfähigkeit", „Zukunftsfähigkeit", „Zukunftsbeständigkeit" oder eben – und dies scheint die geläufigste Formulierung geworden zu sein – „Nachhaltigkeit"[67]. Alle Übersetzungen dokumentieren – auch und gerade in Verbindung mit dem Begriff der Entwicklung, der an sich bereits Ausdruck eines zeitlichen Verlaufs bzw. dynamischen Prozesses ist – die Zukunftsorientierung der dem Ausdruck zugrundeliegenden Leitidee.

Dabei kommt in der kombinierten Formulierung „nachhaltige Entwicklung" der enge Zusammenhang und die bewusste Verknüpfung zwischen Umwelt und Entwicklung zum Ausdruck. Während die „Entwicklung" – der im Hinblick auf den „Dreiklang" von Ökologie, Ökonomie und Sozialem die Attribute „wirtschaftlich" und „sozial" sozusagen „immanent" sind – als eine der beiden Begriffskomponenten des Leitbildes explizit erscheint, kommt der Umweltschutzaspekt als die andere Komponente in dem Attribut „nachhaltig" eher verschlüsselt zum Ausdruck. Dass die „Nachhaltigkeit" wenn auch nicht ausschließlich, so doch auch auf den Umweltschutz bezogen ist, lässt sich jedoch sowohl an Ursprung und Entwicklung dieses Terminus als auch an dem Umstand ablesen, dass das darauf beruhende Konzept – was an späterer Stelle noch zu zeigen sein wird – das klare Leitmotiv insbesondere der nachfolgenden internationalen und nationalen Umweltpolitik und Umweltrechtsetzung bildet.

---

[67] Vgl. Bauersch, Die Umsetzung der lokalen Agenda 21 in NRW unter besonderer Berücksichtigung der Städte und Gemeinden des ländlich geprägten Raumes, S. 13.

Der Begriff der „Nachhaltigkeit" an sich ist nicht neu. Seinen Ursprung hat er bereits im Jahre 1713 in der Forstwirtschaft. Damals beschrieb der sächsische Oberberghauptmann von Carlowitz das Prinzip einer nachhaltigen Forstwirtschaft in seinem Buch „Sylvicultura Oeconomica". Danach beruhte eine solche auf dem Grundsatz, dass man nur so viel an Holz einschlagen dürfe, wie durch Neuanpflanzung an Bäumen nachwachsen würde, um auf Dauer sowie nach Art und Menge etwa gleichbleibende Erträge zu sichern[68]. Auch im Reichswaldgesetz aus den dreißiger Jahren und im Bundeswaldgesetz aus dem Jahre 1975 (§ 1 Nr. 1 BWaldG) taucht das Wort „nachhaltig" im Sinne der Definition des Oberberghauptmanns auf.

In der breiten internationalen Debatte findet sich der Begriff verstärkt erst seit etwa 1980. In diesem Jahr stellten UNEP und die World Conservation Union das von ihnen erarbeitete Aktionsprogramm „World Conservation Strategy" vor, auf das der Terminus „sustainable development" in dieser Kombination zurückgeht. Im Jahre 1982 forderte dann die bereits erwähnte World Charter for Nature die Staaten schon zu einzelnen Aktionen „nachhaltiger Entwicklung" auf. Besondere Beachtung und allgemeine Anerkennung fand die Charakterisierung der „nachhaltigen Entwicklung" schließlich in dem schon erwähnten Brundtland-Bericht „Our Common Future" aus dem Jahre 1987 als eine Entwicklung, die den Bedürfnissen der heutigen Generation gerecht wird, ohne die Möglichkeiten künftiger Generationen zu gefährden, ihre eigenen Bedürfnisse zu befriedigen[69]. In diesem Sinne verstanden schaffte das Leitbild der nachhaltigen Entwicklung im Jahre 1992 seinen endgültigen „Durchbruch" und fand in den Rio-Dokumenten, insbesondere in der Agenda 21, seinen vielfältigen Niederschlag.

d) Wesen und Charakteristika des Leitbildes der nachhaltigen Entwicklung

Die unter b) genannte Definition ist weitestgehend anerkannt. Daraus wird auf der einen Seite geschlussfolgert, durch die Agenda 21 sei das Leitbild der nachhaltigen Entwicklung derart konkretisiert worden, dass es weitgehend bereits für die tägliche politische Arbeit Maßstäbe setze[70]. Auf der anderen Seite wird demgegenüber das Fehlen eines Konsenses sowohl über konkrete Zielsetzungen als auch über die Operationalisierung der Ziele konstatiert[71]. Ferner wird festgestellt, dass über Inhalt, Umfang und Ausmaß des Begriffs der nachhaltigen Entwicklung noch keine hinreichende Klarheit bestehe, dem Anliegen dieses Prinzips indessen durch eine Begriffsklärung auch nur sehr bedingt beizukommen sei[72]. Vereinzelt wird sogar die Undefinierbarkeit des Terminus angenommen, dies allerdings aus aufschlussreichen Gründen und mit zunächst unerwarteten Konsequenzen: „Es gibt bisher keine zureichende Definition von Sustainability. Es kann sie auch nicht geben, weil die Suche danach schon verfehlt ist. Was Sustainabiltiy ist bzw. was darunter verstanden werden kann, werden wir erst am Ende

---

[68] Zitiert nach Ketteler, NuR 2002, 513 (517).
[69] Vgl. Beyerlin, Umweltvölkerrecht, § 4 Rdnr. 35, 36; Hauff, Unsere gemeinsame Zukunft, S.46.
[70] Hohmann, NVwZ 1993, 311 (318).
[71] Sanden, Umweltrecht, § 4 Rdnr. 7.
[72] Schröder, AVR 34 (1996), 251 (252).

eines jahrzehntelangen Such-, Lern- und Erfahrungsprozesses genauer, wenn auch nie definitiv wissen. Ebenso wenig wie ein Arzt vor Beginn der Therapie eine operationale Definition von Gesundheit braucht, ebenso wenig ist eine operationale Definition von Sustainability Voraussetzung von Politik"[73].

Interessanter- und – wie sich sogleich ergeben wird – auch logischerweise und folgerichtig führt die in der zitierten Passage festgestellte Undefinierbarkeit des Begriffs der Nachhaltigkeit nicht zur Ablehnung des entsprechenden Prinzips. Denn der angegebene Grund für die angenommene Undefinierbarkeit verdeutlicht zwar einerseits die Schwierigkeit, eine abschließende und operationale Definition zu finden; andererseits bringt er aber einleuchtend das zum Ausdruck, was das Wesen der nachhaltigen Entwicklung ausmacht und was für sie charakteristisch ist: Bei der nachhaltigen Entwicklung handelt es sich nicht um einen festgelegten und schon erreichten Zustand, sondern um einen dynamischen (Such-, Lern- und Erfahrungs-) Prozess, eine langfristige Perspektive und um ein zukunftsorientiertes Leitbild, die erst im weiteren Verlauf und erst durch Konkretisierung und eine bestimmte Verdichtung klarere Konturen gewinnen können[74].

Wenn man sich demnach zum einen vor Augen hält, dass es sich bei der nachhaltigen Entwicklung um ein in die Zukunft weisendes „Leitbild" handelt, wenn man zum anderen ein „Leitbild" versteht als eine visionäre Idealvorstellung von der zukünftigen Gestalt, Struktur und Entwicklung eines bestimmten Lebensraumes, auf die (erst) hingearbeitet wird[75], dann wird deutlich, dass es die von der Rio-Deklaration und der Agenda 21 bereitgestellten Zielvorgaben und Leitgedanken selbst sein müssen und sind, die den Weg der Umsetzung der „Idealvorstellung" vorzeichnen und die Konturen des Leitbildes erkennbar machen. Die wesensnotwendigen und charakteristischen Elemente einer nachhaltigen Entwicklung oder – um im oben zitierten Bild zu bleiben – die Bausteine der „Therapie" auf dem Weg zur „Gesundheit" sind in den Dokumenten selbst also bereits angelegt.

Demnach beinhalten viele „Prinzipien" der Rio-Deklaration und „Programmbereiche" der Agenda 21 in Verbindung mit deren Handlungsaufträgen elementare Bestandteile und damit wichtige Orientierungspunkte zur Konkretisierung des „sustainable development" – Leitbildes. Während Inhalt und Ziele der Agenda 21 unter b) bereits genauer analysiert worden sind, sollen nachfolgend die wichtigsten und in Bezug auf die bisherigen Ausführungen aussagekräftigsten Prinzipien der Rio-Deklaration näher betrachtet werden. Dieses Dokument ist – wie an anderer Stelle bereits erwähnt – die programmatische Grundlage, in der das Leitbild einer nachhaltigen Entwicklung – eher theoretisch – entworfen wird, und kann deshalb zur Klärung der Frage nach Wesen und Charakter der Nachhaltigkeit in besonderem Maße beitragen.

---

[73] So Homann in einem Vortrag „Sustainability: Politikvorgabe oder regulative Idee?" anlässlich einer Tagung am 19./20.03.1996 in Freiburg, zitiert nach und auszugsweise abgedruckt in: Hey/Schleicher-Tappeser, Nachhaltigkeit trotz Globalisierung, S. 13 f.
[74] Schröder, AVR 34 (1996), 251 (252); Sanden, Umweltrecht, § 4 Rdnr. 7.
[75] BMU/Umweltbundesamt (UBA)/Kuhn, Handbuch Lokale Agenda 21, S. 103.

Die Perspektive der Rio-Deklaration ist anthropozentrisch, d.h. im Mittelpunkt aller Bemühungen um eine nachhaltige Entwicklung stehen der Mensch und sein Recht auf ein gesundes (soziale Komponente) und produktives (ökonomische Komponente) Leben im Einklang mit der Natur (ökologische Komponente). Schon an diesem Prinzip 1 werden damit die innere Verknüpfung und die Zusammenschau von Umweltschutz und sozialer und wirtschaftlicher Entwicklung deutlich. Nach Prinzip 3 ist das Recht so zu erfüllen, dass den Entwicklungs- und Umweltbedürfnissen gegenwärtiger und künftiger Generationen in gerechter Weise entsprochen wird. In der Sache bedeutet das die Anerkennung des Anliegens einer Bedarfsdeckung, die am Maßstab der intergenerationellen Gerechtigkeit orientiert ist und durch eine auch „in Zukunft Bestand habende", eben „zukunftsbeständige" Bewirtschaftung erfolgen soll. Es gibt deshalb kein Recht auf beliebige Entwicklung, das eine Verschwendung und Erschöpfung der Ressourcen nicht ausschlösse, sondern nur ein durch ausgewogene und bestandsfähige Nutzung der natürlichen Lebensgrundlagen begrenztes Entwicklungsrecht[76]. Insbesondere an diesem Prinzip wird die ressourcenökonomische und zukunftsorientierte Ausrichtung des Leitbildes der Nachhaltigkeit erkennbar.

Gleichzeitig wird jedoch deutlich, dass das Ziel der nachhaltigen Entwicklung nicht allein und auch nicht vorrangig auf Belange des Umweltschutzes bezogen ist. Zu ihm gehört nicht nur das generationen- und umweltschützende Element, sondern auch das Recht auf Entwicklung im Sinne einer Gewährleistung der individuellen und kollektiven sozial-kulturellen und wirtschaftlichen Entwicklung aller Menschen, Völker, Staaten und Regionen. Über das Verhältnis der Komponenten geben die Prinzipien 4 und 5 Auskunft: Nach Prinzip 4 erfordert eine nachhaltige Entwicklung, dass der Umweltschutz integraler Bestandteil des Entwicklungsprozesses ist und von diesem nicht getrennt werden darf. Darin kommt einmal mehr die Leitidee von der inneren Einheit zwischen der ökologischen, ökonomischen und sozialen Dimension der weiteren Entwicklung zum Ausdruck, die die einzelnen Faktoren nicht voneinander abspaltet oder gegeneinander ausspielt. Prinzip 5 verknüpft dann die Forderung nach einer solchen Entwicklung mit dem Ziel der Beseitigung von Armut, Verteilungsungerechtigkeiten und ungleichen Lebensbedingungen: Eine gerechte und nachhaltige Entwicklung soll allen Menschen gleichermaßen und überall zu Teil werden[77].

Hieran sowie an den Prinzipien 6 und 7 wird gleichzeitig die Sonderstellung sichtbar, die die Rio-Deklaration den so genannten Entwicklungsländern einräumt: Nach Prinzip 6 gebührt der besonderen Situation und den besonderen Bedürfnissen dieser Länder der Vorrang in Fragen von Entwicklung und Umwelt. Damit hat die aus dem Wirtschaftsvölkerrecht bekannte Vorstellung endgültig auch das Umweltvölkerrecht erreicht, nach der die Ungleichheit in der Ausgangslage dieser Länder durch eine bevorzugte, vorwiegend wirtschaftlich-fördernde Behandlung ausgeglichen werden müsse. So normieren insbesondere Art. XVIII und Teil IV (Art. XXXVI bis XXXVIII) GATT Ausnahmen von dem in Art. I GATT festgelegten Grundsatz der Meistbegünstigung,

---

[76] Schröder, AVR 34 (1996), 251 (256).
[77] Schröder, AVR 34 (1996), 251 (257 f).

nach dem jeder GATT-Vertragsstaat bei der Erhebung von Zöllen gleich zu behandeln ist und ihm gleich günstige Bedingungen zu gewähren sind. Die genannten Vorschriften räumen den Entwicklungsländern demgegenüber beispielsweise die Möglichkeit ein, unterschiedliche handelbeschränkende oder exportsteigernde Maßnahmen zu ergreifen, um damit die eigene wirtschaftliche Entwicklung zu fördern[78].

Diese Gedanken aus dem Wirtschaftsvölkerrecht aufgreifend, wird in Prinzip 7 der Rio-Deklaration der Sonderstatus der Entwicklungsländer durch die Festlegung einer im Verhältnis zu den Industriestaaten unterschiedlichen Verantwortung für globale Umweltbelastungen konkretisiert. Hintergrund ist die Erkenntnis, dass der Norden mit weniger als 20 % der Weltbevölkerung für 80 % der Gesamtemissionen verantwortlich ist, während umgekehrt der Süden mit mehr als 80 % der Weltbevölkerung nur 20 % der Gesamtemissionen „beisteuert"[79]. Insbesondere an der bevorzugten Behandlung der Entwicklungsländer zeigt sich, dass es bei dem Leitbild der nachhaltigen Entwicklung nicht nur um die zukunftsbezogene „zeitliche" Gerechtigkeit zwischen den Generationen geht, sondern auch um den aktuellen „räumlichen" Ausgleich zwischen den reichen Industriestaaten des Nordens und den armen Entwicklungsländern des Südens.

Nach alledem kann „sustainable development" als Ziel und Maßstab dessen verstanden werden, was künftig unter gesundem und produktivem Leben im Einklang mit der Natur zu verstehen ist: Ausgehend von der ungleichen Verteilung der natürlichen Ressourcen und der Finanzen auf der Welt, der damit zusammenhängenden Armut in den Entwicklungs- und der technologisch und wirtschaftlich bedingten Dominanz der Industrieländer sowie den sich daraus ergebenden Umweltschäden soll eine Entwicklung angestrebt und erreicht werden, die den Ausgleich herstellt zwischen Ökonomie und Ökologie, im intergenerationellen Verhältnis und zwischen Nord und Süd[80]. Das Leitbild der nachhaltigen Entwicklung zielt dementsprechend darauf ab, wirtschaftliche Leistungsfähigkeit, soziale Verantwortung und Umweltschutz zusammenzuführen, um faire Entwicklungschancen für alle Menschen und Staaten zu gewährleisten und die natürlichen Lebensgrundlagen für künftige Generationen zu bewahren[81].

Wesensnotwendige und charakteristische Merkmale für die nachhaltige Entwicklung sind demnach die enge Verflechtung und gegenseitige Abhängigkeit der Politikziele Umwelt und (soziale und wirtschaftliche) Entwicklung sowie die generationen- und raumübergreifende Dimension dieses Konzepts[82]. Der Begriff der nachhaltigen Entwicklung kann folglich nicht in Abänderung, sondern in Präzisierung der bisher gegebenen Erklärung definiert werden als eine Entwicklung, die ökologische, ökonomische und soziale Grundbedürfnisse der Menschen eines bestimmten Ortes befriedigt, ohne dabei die natürlichen, wirtschaftlichen und sozialen Systeme zu gefährden, auf denen

[78] Vgl. zum Ganzen Ünsal, Die Ausnahmen von der Meistbegünstigungsklausel zugunsten der Entwicklungsländer im Rahmen des GATT, S. 50, 55 ff.
[79] Schröder, AVR 34 (1996), 251 (259).
[80] Schröder, AVR 34 (1996), 251 (264).
[81] Sanden, Umweltrecht, § 4 Rdnr. 3.
[82] Beyerlin, Umweltvölkerrecht, § 4 Rdnr. 37.

die Grunddaseinsvorsorge auch künftiger Generationen beruht, und ohne die Chancen für eine gerechte Entwicklung anderer Menschen an anderen Orten und zukünftiger Generationen zu beeinträchtigen[83].

4. Völkerrechtliche Einordnung und Auswirkungen der Agenda 21

Einerseits haben bei der Rio-Konferenz im Jahre 1992 fast 180 Staaten die Agenda 21 unterzeichnet und damit jedenfalls ihren politischen Willen zur Bindung an deren Handlungsaufträge dokumentiert; andererseits scheinen – was nicht zuletzt auch der „Nachfolgegipfel" in Johannesburg im Jahre 2002 gezeigt hat und was später noch zu verdeutlichen sein wird – die Euphorie und der „Geist" von Rio mittlerweile jedoch verflogen zu sein. Deshalb stellt sich die Frage, ob die Unterzeichnerstaaten völkerrechtlich zur Umsetzung des UN-Dokumentes verpflichtet sind und welchen Einfluss die Rio-Konferenz im Allgemeinen und die Agenda 21 im Besonderen sowie das Prinzip der Nachhaltigkeit auf die weitere Entwicklung des Umweltvölkerrechtes sowohl in institutionell-organisatorischer als auch in materiell-rechtlicher Hinsicht ausgeübt haben und ausüben.

a) Völkerrechtliche Qualifizierung

Während es sich bei den beiden Konventionen der Rio-Konferenz zum Klimaschutz und über die biologische Vielfalt klar um völkerrechtliche Verträge, also um rechtlich verbindliche Übereinkommen handelt[84], scheint eine solche Zuordnung sowohl bei der Rio-Deklaration und der Wald-Grundsatzerklärung als auch insbesondere bei der A-genda 21 auf den ersten Blick nicht ganz so eindeutig möglich zu sein. Hierzu erscheint es sinnvoll, zunächst die Merkmale eines völkerrechtlichen Vertrages heranzuziehen.

Das Recht der völkerrechtlichen Verträge zwischen Staaten ist im Wiener Übereinkommen über das Recht der Verträge vom 23.05.1969 (Wiener Vertragsrechtskonvention, WVK)[85] geregelt. Deren Art. 2 Abs. 1 lit. a definiert den Vertrag als „eine in Schriftform geschlossene und vom Völkerrecht bestimmte internationale Übereinkunft zwischen Staaten, gleichviel ob sie in einer oder in mehreren zusammengehörigen Urkunden enthalten ist und welche besondere Bezeichnung sie hat". Danach ist ein völkerrechtlicher Vertrag – unbeschadet seiner Bezeichnung, seiner Form und seines Inhalts – jede zwischen zwei oder mehreren Staaten bzw. anderen vertragsfähigen Völkerrechtssubjekten getroffene Vereinbarung, die dem Völkerrecht unterliegt[86]. Wäh-

---

[83] In Anlehnung an eine vom Internationalen Rat für kommunale Umweltinitiativen (International Council for Local Environmental Initiatives, ICLEI) entwickelte und von Kuhn übernommene Definition, vgl. BMU/UBA/Kuhn, Handbuch Lokale Agenda 21, S. 17.

[84] Beyerlin, ZaöRV 1994, 124 (132); Hohmann, NVwZ 1993, 311 (314).

[85] BGBl. 1985 II, 926.

[86] Ipsen, Völkerrecht, 3. Kapitel § 9 Rdnr. 1.

rend die übrigen Voraussetzungen bezüglich der Agenda 21 und der anderen beiden Erklärungen nicht problematisch sein dürften, könnte das Vorliegen eines Vertrages jedoch an dem Merkmal der Vereinbarung scheitern. Wesentlich ist dafür nämlich, dass der Einigung nach der Absicht der Parteien rechtliche Verbindlichkeit zukommt. Ob eine solche Bindungswirkung nach dem Willen der Parteien gewollt ist, richtet sich nach dem Inhalt der in Frage stehenden Erklärungen und den Umständen ihres Zustandekommens[87].

Unter Zugrundelegung dieser Kriterien bei gleichzeitiger Anwendung der juristischen Auslegungsmethoden kann weder bei der Agenda 21 noch bei der Rio-Deklaration und der Wald-Grundsatzerklärung von verbindlichen Vereinbarungen im Sinne von völkerrechtlichen Verträgen ausgegangen werden. Anhaltspunkte für diesen Befund finden sich bereits im Wortlaut der – hier im Vordergrund stehenden – Agenda 21, und zwar sowohl in deren Präambel als auch in den einzelnen Kapiteln. So heißt es in der Präambel, dass dieses UN-Dokument „Ausdruck eines globalen Konsens und einer politischen Verpflichtung auf höchster Ebene zur Zusammenarbeit im Bereich von Entwicklung und Umwelt"[88] sei. Betont wird also gleich zu Beginn der (lediglich) politische Bindungswille, nicht dagegen ein rechtlicher. Auch in den einzelnen Kapiteln finden sich insbesondere unter den Rubriken „Ziele" und „Maßnahmen" mit Wendungen wie „die Regierungen sollen sich bemühen"[89] und „es sollen folgende Maßnahmen ergriffen werden"[90] immer wieder Formulierungen, die eher für politische Absichterklärungen sprechen als für rechtlich verbindliche Verpflichtungen.

Darüber hinaus kann ebenso wenig vom Inhalt der Agenda 21 sowie von deren Sinn und Zweck her auf einen Rechtsbindungswillen der beteiligten Völkerrechtssubjekte geschlossen werden. Die in der Agenda 21 und in den anderen beiden Dokumenten angesprochenen Themengebiete sind so verschieden und inhaltlich teilweise so weit und abstrakt gefasst, dass von einer verbindlichen Regelung eines konkreten Sachkomplexes nicht die Rede sein kann. Vielmehr sollten Lösungsansätze für die globalen Probleme aufgezeigt und visionenartige Zukunftsperspektiven entworfen werden. Dementsprechend haben die Staaten in den genannten Dokumenten ihre grundsätzlichen politischen Absichten und bestimmte Handlungsempfehlungen zum Ausdruck gebracht, ohne sich rechtlich binden zu wollen.

Dies belegt schließlich auch die historische Situation des Zustandekommens der drei genannten Dokumente. Während die beiden Konventionen zum Klimaschutz und über die biologische Vielfalt – wie oben unter 3.) a) bereits dargestellt – schon vor der Rio-Konferenz von zwischenstaatlichen Verhandlungsausschüssen erarbeitet und angenommen worden waren, waren die Agenda 21, die Rio-Deklaration und die Wald-Grundsatzerklärung, abgesehen von den entsprechenden Vorentwürfen, die eigentlichen Produkte der Konferenz selbst. Und dass sich fast 180 Staaten im Rahmen eines

---

[87] Ipsen, Völkerrecht, 3. Kapitel § 9 Rdnr. 3.
[88] BMU, Umweltpolitik, Agenda 21, S. 9.
[89] BMU, Umweltpolitik, Agenda 21, S. 11.
[90] BMU, Umweltpolitik, Agenda 21, S. 53.

solchen Großgipfels auf rechtsverbindliche Verpflichtungen von so weitreichendem Ausmaß festlegen wollten, ist eher nicht zu erwarten.

Wenn demnach die Agenda 21 und die anderen beiden Erklärungen keine völkerrechtlichen Verträge sind, sondern in ihnen politische Intentionen und Empfehlungen zum Ausdruck kommen, muss es sich bei ihnen um andere völkerrechtliche Erscheinungsformen handeln[91]. Nimmt man dazu neben dem Völkervertragsrecht als einer der drei Rechtsquellen des Völkerrechts auch die weiteren hinzu, d.h. das Völkergewohnheitsrecht und die allgemeinen Rechtsgrundsätze des Völkerrechts, stellt man fest, dass die drei oben genannten Dokumente aufgrund ihrer neuartigen Ideen und Prinzipien zunächst auch keiner der beiden letztgenannten Rechtsquellen zugeordnet werden können. Denn Völkergewohnheitsrecht entsteht erst durch eine länger andauernde Verhaltensweise bzw. allgemeine Übung der Mehrheit der Staaten (objektives Element), wobei diese Praxis von der Rechtsüberzeugung der Staaten getragen sein muss, sich so und nicht anders verhalten zu müssen (subjektives Element). Und allgemeine Rechtsgrundsätze des Völkerrechts sind ihrem Wesen nach übereinstimmende Prinzipien der innerstaatlichen Rechtssysteme und damit Ausdruck gemeinsamer Rechtsüberzeugung der Völker[92].

Wenn die drei Dokumente demnach einerseits zwar keinem der drei Normbereiche, andererseits jedoch zweifellos dem Umweltvölkerrecht angehören, können sie „nur" dem so genannten „soft-law", dem „weichen Völkerrecht" zuzuordnen sein. Dieser Terminus beschreibt den Bereich der internationalen „außerrechtlichen" Regeln, die keine rechtliche Verbindlichkeit beanspruchen, sondern eine internationale politisch-moralisch verpflichtende Wertordnung begründen. Begrifflich spiegelt sich dieser Charakter entsprechender Vereinbarungen in Bezeichnungen wider wie „Empfehlung", „Erklärung", „Deklaration" oder „Resolution". Dabei haben die Normen des Völkerrechts und die internationalen „außerrechtlichen" Regeln ihren Geltungsgrund in den einander ebenbürtigen und sich gegenseitig ergänzenden Wertnormsystemen des Rechts sowie der Politik und Moral. Zwischen beiden Systemen gibt es fließende Übergänge, und zwar vorwiegend dahin gehend, dass aus einer ursprünglich „außerrechtlichen" Regel im Laufe der Zeit eine völkerrechtliche Rechtsquelle erwächst. So kann ein internationales „soft-law"-Instrument beispielsweise den Anstoß für den Abschluss eines völkerrechtlichen Vertrages geben und zugleich dessen inhaltliche Ausgestaltung determinieren. Es kann aber auch – zusammen mit weiteren „soft-law"-Instrumenten – das Heranwachsen von entsprechendem Völkergewohnheitsrecht indizieren[93].

Dass die Rio-Deklaration, die Wald-Grundsatzerklärung und die Agenda 21 zu der Kategorie des „soft-law" gehören, kommt bei den beiden erstgenannten Dokumenten insofern schon in ihrer Bezeichnung zum Ausdruck. Aber auch bei der Agenda 21 lässt

---

[91] Vgl. Ipsen, Völkerrecht, 3. Kapitel § 9 Rdnr. 3.

[92] Hoppe/Beckmann/Kauch, Umweltrecht, § 3 Rdnr. 10, 16, 26.

[93] Hoppe/Beckmann/Kauch, Umweltrecht, § 3 Rndr. 11; Beyerlin, Umweltvölkerrecht, § 9 Rdnr. 134, 135 und Fußnote 135.

sich aus ihrem Charakter als Aktionsprogramm und Handlungsempfehlung ableiten, dass nicht die rechtlich verbindliche Umsetzung der Handlungsaufträge im Vordergrund steht, sondern lediglich eine politisch(-moralische) Verpflichtung begründet wird. Bei der Agenda 21 handelt es sich folglich nicht um ein völkerrechtlich bindendes Dokument, sondern um eine rechtlich unverbindliche, bloße politische Absichtserklärung[94].

Wenn dem so ist, stellt sich die Frage, ob das in der Agenda 21 festlegte Leitbild der nachhaltigen Entwicklung gleichfalls lediglich politisch-programmatische Funktion hat oder ob es normative Wirkungen in dem Sinne zu entfalten vermag, dass aus ihm unmittelbar bestimmte Verhaltenspflichten der Staaten folgen. Letzteres erscheint eher zweifelhaft. Das gleiche gilt für die Frage, ob das Nachhaltigkeitsprinzip in Folge einer länger andauernden Praxis und der entsprechenden Rechtsüberzeugung bereits zu einem Grundsatz des Völkergewohnheitsrechts erstarkt ist. Während diese Fragen in der Literatur vereinzelt recht pauschal bejaht werden in dem Sinne, dass das Prinzip völkerrechtlich nunmehr endgültig „etabliert", „verankert" und „anerkannt" sei[95], stellen andere (teilweise ebenso undifferenziert) fest, dass die Rio-Konferenz den weltweiten Umweltschutz „in rechtsnormativer Hinsicht ... insgesamt nur wenig vorangetrieben" habe[96].

Indessen erscheint eine differenzierende Betrachtungsweise folgerichtiger. Deren Ausgangspunkt muss an der Überlegung anknüpfen, dass es sich bei der nachhaltigen Entwicklung um ein zukunftsweisendes Leitbild handelt, niedergelegt in einem „soft-law"-Dokument. Danach sollen alle künftigen (politischen) Bestrebungen darauf ausgerichtet sein, die zukünftige umwelt-, wirtschafts- und sozialpolitische Entwicklung nachhaltig und zukunftsbeständig zu gestalten. Deshalb wird sich das Verhalten eines Staates in Umwelt- und Entwicklungsfragen zunächst jedenfalls politisch an diesem Postulat und – dem Charakter als „soft-law"-Bestandteil entsprechend – dieser Wertorientierung ausrichten und messen lassen müssen. Gleichzeitig wird das Prinzip der nachhaltigen Entwicklung insbesondere bei der Schaffung neuer internationaler Umweltschutznormen – seinem Charakter als Leitbild entsprechend – als übergeordnete, sich im Laufe der Zeit immer mehr konkretisierende Leit- und Orientierungslinie fungieren, die alle künftigen (vertraglichen und außervertraglichen, rechtlichen und „außerrechtlichen") Aktivitäten im internationalen Umwelt- und Entwicklungsbereich maßgeblich prägen wird[97].

Wenn demnach nicht nur die Agenda 21, sondern auch das Nachhaltigkeitsprinzip als solches rechtlich – noch – unverbindlich ist, könnte sich die Frage stellen, wieso mit

---

[94] Heintschel von Heinegg in: Ipsen, Völkerrecht, 14. Kapitel Rdnr. 11; Hohmann, NVwZ 1993, 311 (314).
[95] Hohmann, NVwZ 1993, 311 (314).
[96] Beyerlin, ZaöRV 1994, 124 (139); ihm folgend Heintschel von Heinegg in: Ipsen, Völkerrecht, 14. Kapitel Rdnr. 11.
[97] Beyerlin, ZaöRV 1994, 124 (140); ders., Umweltvölkerrecht, § 4 Rdnr. 37; Schröder, AVR 34 (1996), 251 (272, 273).

der vorliegenden Arbeit (dennoch) eine juristische Untersuchung dieser Thematik stattfindet. Neben den ganz zu Beginn der Arbeit in der Einleitung bereits angesprochenen offenen Fragen ist hier weiterhin darauf hinzuweisen, dass die Agenda 21 und das Prinzip der nachhaltigen Entwicklung zu völkerrechtlich zwar freiwilligen, aber durch das Rio-Dokument ausgelösten Maßnahmen auf internationaler und nationaler deutscher Ebene geführt haben, die ihrerseits durchaus von rechtlicher Relevanz sind. Hierzu wird sowohl auf die nachfolgenden als auch insbesondere auf die Ausführungen im dritten Teil dieser Arbeit verwiesen.

b) Institutionelle Neuerungen

Auch wenn die Agenda 21 kein bindender völkerrechtlicher Vertrag ist, ist eine ihrer Handlungsanweisungen im institutionellen Bereich recht schnell umgesetzt worden. Auf der Grundlage von Kapitel 38 („Internationale institutionelle Rahmenbedingungen", dort konkret Ziffer 38.11) beschloss der UN-Wirtschafts- und Sozialrat („Economic and Social Council", ECOSOC) in einer Resolution am 12.02.1993 die Errichtung der Kommission für nachhaltige Entwicklung („Commission on Sustainable Development", CSD). Dieses intergouvernementale Gremium soll laut Kapitel 38 Ziffer 38.11 einen wirksamen Folgeprozess der Rio-Konferenz gewährleisten, die internationale Zusammenarbeit verbessern sowie zur Rationalisierung der zwischenstaatlichen Entscheidungskapazität für die Integration von Umwelt- und Entwicklungsfragen und für die Untersuchung des Fortschritts bei der Umsetzung der Agenda 21 auf regionaler, nationaler und internationaler Ebene beitragen. Die CSD setzt sich aus Vertretern von 53 Staaten zusammen, die nach einem bestimmten geographischen Verteilungsschlüssel vom ECOSOC, dem die CSD angegliedert ist, aus dem Kreise der UN-Mitgliedstaaten und UN-Sonderorganisationen für jeweils drei Jahre gewählt werden. Die CSD verfügt über ein Sekretariat, dem das mit Organisations- und Dokumentationsaufgaben betraute Department for Policy Coordination and Sustainable Development (DPCSD) übergeordnet ist[98].

Im Juli 1993 beschloss die CSD ihr erstes fünfjähriges Arbeitsprogramm, das neun Themengruppen aus der Agenda 21 aufgriff, darunter das Gebiet „Land, Wüstenbildung, Wälder und Artenvielfalt". In Erfüllung des Programms und des Auftrages aus Kapitel 11 („Bekämpfung der Entwaldung", dort konkret Ziffer 11.12 e) der Agenda 21, die wirksame Umsetzung der auf der Rio-Konferenz verabschiedeten Wald-Grundsätze zu fördern und zu unterstützen, ist die CSD in den ersten Jahren in erster Linie durch ihr anhaltendes Engagement für den Waldschutz hervorgetreten. Das im Juni 1997 auf der UN-Sondergeneralversammlung beschlossene Anschlussprogramm für die Jahre 1998 bis 2002 sieht als Schwerpunktthemen die Bekämpfung der Armut und die Veränderung der Produktions- und Konsumgewohnheiten vor.

---

[98] Beyerlin, Umweltvölkerrecht, § 10 Rdnr. 153.

Die Sondergeneralversammlung, die fünf Jahre nach der Rio-Konferenz die Umsetzung der Agenda 21 und der anderen Rio-Dokumente überprüfen sollte (dazu ausführlicher nachfolgend unter c), stellte auch Überlegungen zum Verhältnis von UNEP und CSD an, die in den zurückliegenden fünf Jahren noch nicht zu einer überzeugenden arbeitsteiligen Zusammenarbeit gefunden hatten. In ihrem Schlussdokument, dem „Programm zur weiteren Umsetzung der Agenda 21"[99], forderte die Sondergeneralversammlung dann auch, dass UNEP und die CSD künftig besser zusammenarbeiten müssten, um unnötige Doppelarbeit und Reibungsverluste zwischen diesen beiden Institutionen zu vermeiden. Nach dem Programm soll die Rolle von UNEP als wichtigstes und weltweit führendes Gremium der UN im Umweltbereich und als maßgeblicher Sachwalter der globalen Umwelt ausgebaut werden. Dabei soll sich UNEP verstärkt um die Weiterentwicklung des Umweltvölkerrechts kümmern, in Zusammenarbeit mit den jeweiligen Vertragsstaatenkonferenzen für die nötige Kohärenz der verschiedenen Umweltübereinkommen sorgen und die wirksame Durchführung schon bestehender Übereinkommen fördern[100].

Die CSD soll nach den Vorstellungen der Sondergeneralversammlung weiterhin als zentrales Forum fungieren, das den Stand der Umsetzung der Agenda 21 und der sonstigen bei der Rio-Konferenz und auf ihrer Grundlage getroffenen Vereinbarungen überprüft und auf deren weitere Erfüllung drängt. Darüber hinaus soll die CSD Schauplatz einer grundsatzpolitischen Debatte auf hoher Ebene sein, deren Ziel eine Konsensbildung auf dem Gebiet nachhaltiger Entwicklung ist, und bei Maßnahmen und langfristigen Verpflichtungen für eine nachhaltige Entwicklung auf allen Ebenen als Katalysator dienen. Schließlich soll die CSD die aus der Globalisierung erwachsenen Probleme bewerten und in diesem Zusammenhang dem ECOSOC bestimmte Empfehlungen geben[101].

Danach scheinen die Aufgabenbereiche von UNEP und CSD sachgerecht dahin gehend abgegrenzt zu sein, dass sich UNEP vorrangig auf den Umweltschutz konzentriert, während die CSD in erster Linie die für die Erreichung des Ziels der nachhaltigen Entwicklung entscheidenden Fragen behandelt. Diese Abgrenzung mag theoretisch funktionieren, lässt sich aber zum einen praktisch kaum umsetzen und durchhalten und widerspricht zum anderen dem Hauptanliegen der Rio-Konferenz und der Agenda 21, Umweltschutz und Entwicklungsfragen als eine integrativ zu behandelnde Gesamtaufgabe zu begreifen. Die Anstrengungen beider Institutionen müssen demnach auf ein Ziel, nämlich „sustainable development", ausgerichtet werden, indem die verschiedenen Aufgaben- und Handlungsfelder sich gegenseitig ergänzen und ähnlich einzelnen Mosaik- oder Puzzleteilen erst in der Gesamtschau zu dem Leitbild der nachhaltigen Entwicklung zusammengesetzt werden müssen.

---

[99] Abgedruckt in: BMU, Umweltpolitik, Ergebnisse der UN-Sondergeneralversammlung zur Überprüfung der Umsetzung der Rio-Ergebnisse, S. 19 ff.
[100] BMU, Umweltpolitik, Ergebnisse der UN-Sondergeneralversammlung zur Überprüfung der Umsetzung der Rio-Ergebnisse, S. 48, 49.
[101] BMU, Umweltpolitik, Ergebnisse der UN-Sondergeneralversammlung zur Überprüfung der Umsetzung der Rio-Ergebnisse, S. 50.

Konkret könnte das so aussehen, dass UNEP vorrangig laufende Vertragsverhandlungsprozesse begleitet und die Durchführung und Weiterentwicklung bereits geschlossener völkerrechtlicher Übereinkommen fördert. Die CSD könnte sich in erster Linie den noch nicht geregelten Problemfeldern im Umkreis der Agenda 21 widmen und diese für die spätere, wiederum unter Federführung von UNEP konkret auszugestaltende Rechtssetzung zunächst erschließen und aufarbeiten; dies kann dadurch geschehen, dass die CSD als politisches Informations- und Diskussionsforum für Umwelt- und Entwicklungsfragen fungiert und in diesem Rahmen sichtbar werdende Tendenzen, Entwicklungen und Überlegungen aus dem politischen Umfeld aufgreift, kanalisiert und bündelt[102]. Während UNEP demnach eher für den (umwelt-)rechtlichen Raum des Völkervertragsrechts zuständig wäre, würde das Schwergewicht der Tätigkeit der CSD eher im Vorfeld konkreter Rechtsetzungsprozesse im (umwelt- und entwicklungs)politischen Raum liegen.

c) Der Rio-Folgeprozess

Trotz ihres lediglich politischen Charakters hat die Agenda 21 in der Folgezeit auf dem internationalen Parkett neben den institutionellen auch materiell-rechtliche Auswirkungen hervorgerufen. Es sind einige völkerrechtliche Umweltschutzübereinkommen abgeschlossen worden, die auf Handlungsempfehlungen der Agenda 21 zurückgehen. So ist das Übereinkommen zur Bekämpfung der Wüstenbildung vom 17.06.1994, das am 26.12.1996 völkerrechtlich in Kraft trat[103], das erste rechtlich verbindliche „post-Rio"-Dokument, mit dem die Staaten einem Handlungsauftrag aus Kapitel 12 („Bewirtschaftung empfindlicher Ökosysteme: Bekämpfung der Wüstenbildung und Dürren", dort konkret Ziffer 12.40) folgten. Ebenfalls auf einer Handlungsanweisung der Agenda 21, diesmal aus Kapitel 17 („Schutz der Ozeane, aller Arten von Meeren ... sowie Schutz, rationale Nutzung und Entwicklung ihrer lebenden Ressourcen", dort konkret Ziffer 17.49 a), beruht das Übereinkommen über weit wandernde Fischarten vom 04.08.1995.

Darüber hinaus ist die in der Agenda 21 zum Ausdruck kommende Idee von der nachhaltigen Entwicklung weltweit auf allen Ebenen zum zentralen Leitbild und zur wegweisenden Programmatik für die Bewältigung der öko-sozialen Probleme und damit für die Gestaltung der gemeinsamen Zukunft der Menschheit schlechthin erhoben worden[104]. Dementsprechend findet dieses Prinzip seinen Niederschlag nicht nur in internationalen Übereinkommen, sondern auch auf europäischer und auf nationaler Ebene. So ist auch das fünfte, für die Jahre 1993 bis 1998 geltende Umweltaktionsprogramm der EU mit dem Titel „Für eine dauerhafte und umweltgerechte Entwicklung" von diesem Leitbild geprägt. Es konkretisiert das Leitbild, indem es umweltpolitische Ziele nicht mehr für einzelne Umweltmedien, sondern für Themenfelder festlegt. Ü-

---

[102] Vgl. Beyerlin, Umweltvölkerrecht, § 10 Rdnr. 158, 159.
[103] BGBl. 1997 II, 1471.
[104] Sanden, Umweltrecht, § 4 Rdnr. 3; Hoppe/Beckmann/Kauch, Umweltrecht, § 1 Rdnr. 64.

bergeordnet werden langfristige Ziele („objektives") angegeben, die als Leitlinien für eine nachhaltige Entwicklung dienen sollen. Daneben sollen konkrete Ziele („targets") in Form von qualitativen oder quantitativen Vorgaben für einzelne Teilbereiche mittelfristig erreicht werden[105].

Auch die umweltpolitischen Zielsetzungen der Bundesrepublik Deutschland und anderer Staaten orientieren sich am Leitbild der nachhaltigen Entwicklung. So heißt es in einem „Entwurf eines umweltpolitischen Schwerpunktprogramms" des Bundesumweltministeriums aus dem Jahre 1998: „Während für die Entwicklungsländer die Bekämpfung der Armut im Vordergrund steht, besteht die Herausforderung der nachhaltigen Entwicklung für die Industrieländer darin, ihre ressourcenintensive und umweltbelastende Lebens- und Wirtschaftsweise mit den natürlichen Lebensgrundlagen in Einklang zu bringen"[106]. Konkret werden dann mit dem Schutz der Erdatmosphäre, des Naturhaushalts, der Schonung der Ressourcen, dem Schutz der menschlichen Gesundheit und der umweltschonenden Mobilität fünf Handlungsschwerpunkte der Umweltpolitik benannt[107].

Mit diesen Feststellungen ist allerdings noch nicht geklärt, ob und inwieweit die Staaten das Leitbild der nachhaltigen Entwicklung nicht nur in die gerade beschriebenen politisch-programmatischen Maßnahmen, sondern auch bereits in konkrete rechtsverbindliche Regelungen umgesetzt haben. Während dieser Frage speziell für die Europäische Union und die bundesdeutsche Rechtsordnung im dritten Teil dieser Arbeit im einzelnen nachgegangen wird, soll im Rahmen dieses Kapitels der eher „globale" Blick auf die Staatengemeinschaft insgesamt im Vordergrund stehen. Von den UN-Übereinkommen auf der Grundlage der Handlungsaufträge der Agenda 21 war zu Beginn dieses Abschnitts insoweit bereits die Rede. Auf der schon erwähnten UN-Sondergeneralversammlung vom 23.06. bis 27.06.1997 in New York wurde allerdings bereits deutlich, dass die im Zusammenhang mit der Rio-Konferenz herrschende Aufbruchstimmung mittlerweile einer gewissen Ernüchterung gewichen war. Die Sondersitzung war gemäß einem entsprechenden Auftrag in Kapitel 38 der Agenda 21 („Internationale institutionelle Rahmenbedingungen", dort konkret Ziffer 38.9) abgehalten worden und sollte die Umsetzung der Agenda 21 überprüfen und würdigen. Die Bilanz der Staats- und Regierungschefs aus 183 Nationen fiel eher düster aus, da sie sich eingestehen mussten, dass sich die globale Umweltsituation und die sozialen Zustände in den Entwicklungsländern zwischenzeitlich nicht verbessert, sondern eher verschlechtert hatten[108].

---

[105] Vgl. Hoppe/Beckmann/Kauch, Umweltrecht, § 1 Rdnr. 66.
[106] BMU, Nachhaltige Entwicklung in Deutschland – Entwurf eines umweltpolitischen Schwerpunktprogramms, S. 8.
[107] BMU, Nachhaltige Entwicklung in Deutschland – Entwurf eines umweltpolitischen Schwerpunktprogramms, S. 14 f.
[108] Heintschel von Heinegg in: Ipsen, Völkerrecht, 14. Kapitel Rdnr. 11; Beyerlin, Umweltvölkerrecht, § 4 Rdnr. 53.

Darüber hinaus zeigten die Staaten auch wenig Bereitschaft, die Umsetzung des ehrgeizigen und damit kostspieligen Programms dafür in Zukunft um so intensiver voranzutreiben. Vielmehr belegt das Schlussdokument der Sondersitzung, das „Programm zur weiteren Umsetzung der Agenda 21"[109], dass die Sondergeneralversammlung kaum neue Akzente für die weiteren Anstrengungen der Staatengemeinschaft gesetzt hat. So beschränkt sich sein erster Teil auf eine pauschale Bekräftigung der Rio-Verpflichtungen. Nach einer Bewertung der seit der Rio-Konferenz erzielten Fortschritte im zweiten Teil werden im dritten Teil einzelne Themengebiete mit dringendem Handlungsbedarf angesprochen. Der vierte Teil handelt schließlich institutionelle Fragen ab. Bis auf wenige positive Impulse vor allem auf den Gebieten Süßwasserressourcen, Verkehr, Energie, Tourismus sowie Änderung der Produktions- und Konsummuster finden sich in dem Programm kaum neue Anstöße für gemeinschaftliche Aktionen, viel weniger konkrete Verpflichtungen der Staaten zu entsprechendem Handeln[110].

Wohl auch in Anbetracht dieses mageren Ertrages sahen sich die Staats- und Regierungschefs von Brasilien, der Bundesrepublik Deutschland, Singapur und Südafrika gegen Ende der Sonderversammlung veranlasst, eine gemeinsame „Globale Initiative für nachhaltige Entwicklung" zu verabschieden, die u.a. die Aufnahme des Leitbildes der nachhaltigen Entwicklung und des Umweltschutzes in die UN-Charta, die Ausarbeitung einer globalen Waldkonvention und die Verabschiedung eines Klimaschutzprotokolls mit konkreten Reduzierungspflichten für die Industriestaaten (dazu nachfolgend) fordert[111]. Dass sich einerseits zwar vier Staaten aus vier Kontinenten, andererseits aber wiederum nur vier Staaten auf die Initiative einigen konnten, belegt zum einen, dass Nord und Süd durchaus zu einer Verständigung auf gemeinsames Handeln in der Lage sind, zum anderen aber die Uneinigkeit des Großteils der Staaten in diesen konkreten Fragen.

Dieser Befund bestätigt sich auch im Hinblick auf das „Schicksal" der übrigen Rio-Dokumente. So handelt es sich – wie unter 3.) a) bereits erwähnt – bei den beiden Übereinkommen zum Klimaschutz und über die biologische Vielfalt um Rahmenkonventionen, die der Ausfüllung bedürfen. Diese obliegt sogenannten Vertragsstaatenkonferenzen, die man als internationale Organisationen „im Kleinen" bezeichnen kann. Aufgabe dieser Einrichtungen ist es u.a., die notwendigen Beschlüsse zur Förderung der wirksamen Durchführung der jeweiligen Übereinkommen zu fassen; hierzu zählen insbesondere die Aushandlung und Verabschiedung von völkerrechtlich verbindlichen Protokollen zur Konkretisierung solcher Bestimmungen, die den Vertrags-

---

[109] Abgedruckt in: BMU, Umweltpolitik, Ergebnisse der UN-Sondergeneralversammlung zur Überprüfung der Umsetzung der Rio-Ergebnisse, S. 19 ff.

[110] BMU, Umweltpolitik, Ergebnisse der UN-Sondergeneralversammlung zur Überprüfung der Umsetzung der Rio-Ergebnisse, Vorwort u. S. 5; Beyerlin, Umweltvölkerrecht, § 4 Rdnr. 54.

[111] BMU, Umweltpolitik, Ergebnisse der UN-Sondergeneralversammlung zur Überprüfung der Umsetzung der Rio-Ergebnisse, S. 4.

parteien – aus welchen Gründen auch immer – zunächst nur vage Pflichten auferlegen[112].

Die Bemühungen der Vertragsstaatenkonferenzen um die Verabschiedung von Durchführungsprotokollen zur Klimaschutzkonvention – um dieses Übereinkommen als Beispiel herauszugreifen – sind noch nicht abgeschlossen. So wurde auf der dritten Vertragsstaatenkonferenz im Dezember 1997 in Kyoto nach langwierigen Verhandlungen ein Protokoll („Kyoto-Protokoll") verabschiedet, in dem sich die Industriestaaten zur Reduzierung des Ausstoßes von Treibhausgasen bis im Durchschnitt der Jahre 2008 bis 2012 um 5,2 % im Vergleich zu 1990 verpflichtet haben. Das Abkommen sollte ursprünglich im Jahre 2002 in Kraft treten. Voraussetzung dafür ist jedoch, dass es mindestens 55 der 160 Teilnehmerstaaten von Kyoto ratifiziert haben, wobei diese „Ratifiziererstaaten" mindestens 55 % der Kohlendioxid-Emissionen der Industrieländer auf sich vereinigen müssen[113].

Nachdem allerdings die USA als einer der wichtigsten Industriestaaten im März 2001 ihren Ausstieg aus dem Kyoto-Klimaschutzprozess erklärt hatten, drohte die Umsetzung des Protokolls zwischenzeitlich zu scheitern. Erst auf der sechsten und siebten Vertragsstaatenkonferenz im Juli 2001 in Bonn und im Oktober/November 2001 in Marrakesch verständigten sich die verbliebenen Staaten auf ein weiteres Vorgehen. So stellen die Beschlüsse von Bonn einen politischen Kompromiss dar, auf den sich die Staaten für eine Ratifikation und ein nachfolgendes Inkrafttreten des Kyoto-Protokolls geeinigt haben. Und die Vereinbarungen von Marrakesch setzen die politischen Aussagen von Bonn in detaillierte Rechtstexte um. Kernpunkte sind finanzielle Maßnahmen zur Unterstützung der Entwicklungsländer, die Schaffung von so genannten „flexiblen Mechanismen", Regelungen zum Bereich der so genannten „Senken" und Fragen der Erfüllungskontrolle der im Kyoto-Protokoll übernommenen Pflichten[114].

Mit der finanziellen Unterstützung sollen Fonds errichtet werden, die in den Entwicklungsländern Maßnahmen zur Verringerung von Treibhausgasemissionen finanzieren. Die „flexiblen Mechanismen" erlauben es den Industriestaaten beispielsweise, ihre Treibhausgasminderungsverpflichtungen u.a. dadurch zu erfüllen, dass sie Projekte zur Emissionsverringerung in den Entwicklungsländern durchführen, um auf diese Weise Reduktionseinheiten oder -zertifikate zu erwirtschaften und sich gutschreiben zu lassen. Das „Senken"-System besagt, dass sich Staaten ihre Waldflächen und andere Ökosysteme, die der Atmosphäre mehr Kohlendioxid entziehen als es an sie abzugeben (solche Systeme werden als „Senken" bezeichnet), auf die Reduzierung seines Ausstoßes anrechnen lassen können. Im Rahmen der Erfüllungskontrolle ist je eine zehnköpfige Durchsetzungs- und Unterstützungsabteilung eingesetzt worden, die über die Einhaltung der Treibhausgasreduktionspflichten wacht und den Staaten bei der Umsetzung ihrer Verpflichtungen behilflich ist[115]. Obwohl beispielsweise die Europäische

[112] Beyerlin, Umweltvölkerrecht, § 4 Rdnr. 51.
[113] Marr/Oberthür, NuR 2002, 573 (ebenda).
[114] Marr/Oberthür, NuR 2002, 573 (574).
[115] Marr/Oberthür, NuR 2002, 573 (575 ff).

Union und alle ihre Mitgliedstaaten im Mai 2002 ihre Ratifikationsurkunden beim UN-Generalsekretär hinterlegt und bislang über 100 Staaten das Kyoto-Protokoll ratifiziert haben, ist die oben beschriebene 55-%-Quote noch nicht erreicht, da zum Beispiel Russland noch nicht zu den „Ratifiziererstaaten" gehört.

Nach alledem zeigt sich, dass die in Rio gefundenen überzeugenden Ansätze und Konzepte zur Lösung der weltweiten öko-sozialen Probleme und zur Gestaltung der Zukunft der Menschheit noch nicht derart weit in rechtsverbindliche Maßnahmen und Vereinbarungen umgesetzt worden sind, dass auf internationaler Ebene schon von einem endgültigen Erfolg des in Rio im Jahre 1992 angestoßenen Prozesses gesprochen werden könnte.

d) Der Weltgipfel für Nachhaltige Entwicklung im Jahre 2002

Zu einem ähnlichen, wenn auch differenzierenden Ergebnis führen auch die Überlegungen zum Weltgipfel für Nachhaltige Entwicklung (World Summit on Sustainable Development, WSSD), der vom 26.08. bis zum 04.09.2002 in Johannesburg stattfand. Auf dem Gipfel hat die Staatengemeinsacht zehn Jahre nach der Rio-Konferenz Bilanz zu den dort gefassten Beschlüssen gezogen, weitere Schwerpunkte gesetzt und neue Perspektiven aufgezeigt. Da die Bewertungen über Erfolg oder Misserfolg dieses Gipfels auseinandergehen, erscheint das folgende Fazit am treffendsten: „Wer den Gipfel einseitig als gescheitert oder als Erfolgsstory wertet, liegt wohl falsch"[116].

In der Tat ist der Johannesburg-Gipfel sinnvollerweise in Relation zur Rio-Konferenz zu betrachten, um seine Ergebnisse richtig einordnen zu können. Obwohl im Hinblick auf Teilnehmerzahl und Umfang noch größer und aufwendiger als die Rio-Konferenz, hat der Johannesburg-Gipfel keine so grundlegenden Beschlüsse und neuartigen Ideen hervorgebracht. Das liegt allerdings auch darin begründet, dass die beiden Treffen in unterschiedlichen Kontexten und zu verschiedenen Zwecken abgehalten wurden. Die Rio-Konferenz 1992 war vor dem Hintergrund des Endes des „Kalten Krieges" von einer weltumspannenden Begeisterung und einer weltpolitischen Aufbruchstimmung getragen. Die weltweiten Probleme insbesondere in umwelt- und entwicklungspolitischer Hinsicht waren erkannt worden, man richtete den Blick in die Zukunft und ging die Entwürfe für mögliche Lösungen optimistisch und visionär an. Demgegenüber war die Atmosphäre auf dem Johannesburg-Gipfel 2002 weniger euphorisch. Es wurde nüchtern Bilanz gezogen, wobei naturgemäß der Blick vorrangig in die Vergangenheit der letzten zehn Jahre gerichtet war. Dabei wurde deutlich, dass die Lösung der „alten" Probleme noch nicht so weit fortgeschritten war, wie man sich das in Rio erhofft hatte, und dass neue Schwierigkeiten in Form von Spannungen und Bedrohungen hinzugekommen sind[117].

---

[116] So Hauff in einem Vortrag „Erfolge, Defizite, Perspektiven – ein Resümee von Johannesburg und Perspektiven für die Umsetzung der Nachhaltigkeitsstrategie in Deutschland" anlässl. einer Tagung am 24.10.2002 in Berlin, als Download erhältlich unter www.fes.de.
[117] Vgl. Hauff, a.a.O., S. 4 f.

Dennoch hat der Weltgipfel auch neue Impulse gegeben, in die Zukunft gerichtete Akzente gesetzt und zu beachtlichen Ergebnissen geführt. Diese kommen in erster Linie in den beiden Abschlussdokumenten zum Ausdruck, der Erklärung von Johannesburg über nachhaltige Entwicklung („The Johannesburg Declaration on Sustainable Development") und dem Aktions- oder Durchführungsplan („Plan of Implementation")[118]. Die Johannesburger Erklärung skizziert in erster Linie die gegenwärtigen Voraussetzungen für die internationale Zusammenarbeit auf dem Gebiet der nachhaltigen Entwicklung und bleibt damit in ihrer Bedeutung hinter der Rio-Deklaration und der Agenda 21 zurück. Während die Rio-Dokumente die völkerrechtliche Ausformung des Leitbildes der Nachhaltigkeit und insofern den Beginn einer neuen Entwicklung einleiteten und damit zu Referenzdokumenten für Folgeinstrumente des Umweltvölkerrechts und der internationalen Umweltpolitik geworden sind, markiert die Johannesburger Erklärung keinen so wesentlichen Einschnitt. Sie unterstreicht vielmehr die Prozesshaftigkeit der Nachhaltigkeitspolitik und dient der entsprechenden Standortbestimmung der internationalen Staatengemeinschaft sowie als Ausgangspunkt für die politische Ausrichtung der weiteren Zusammenarbeit[119].

Inhaltlich schreibt die Johannesburger Erklärung das Ziel der nachhaltigen Entwicklung entsprechend des in Rio festgelegten Dreiklangs aus Ökologie, Ökonomie und Sozialem fort, wobei dies gegenüber den drei umweltpolitisch ausgerichteten Dokumenten aus Rio, also der beiden Konventionen zum Klimaschutz und über die biologische Vielfalt sowie der Wald-Grundsatzerklärung, mit einer akzentuierteren entwicklungspolitischen Schwerpunktsetzung geschieht: Die Johannesburger Erklärung wiederholt das Bekenntnis der Staatengemeinschaft zur nachhaltigen Entwicklung (Ziffer 1) und betont dabei das Ziel einer humanen, gerechten und fürsorglichen globalen Gesellschaft (Ziffer 2) durch den Aufbau konstruktiver Partnerschaften (Ziffer 16) und die Schaffung von Solidarität zwischen den Menschen (Ziffer 17), verbunden mit dem ausdrücklichen Hinweis auf die Wahrung (Ziffer 2) und die Unteilbarkeit der Würde aller Menschen (Ziffer 18). Dazu soll der Zugang jedes Einzelnen zu bestimmten Elementen der Grundversorgung wie Wasser, Energie, Ernährung durch Entscheidungen über Zielvorgaben und Zeitpläne rasch ausgeweitet werden (Ziffer 18)[120].

Im Aktions- oder Durchführungsplan bekennen sich 191 Staaten zu den Prinzipien von Rio und bekräftigen die Bedeutung der Agenda 21. Inhaltlich werden neue Zielvorgaben und Handlungsansätze aufgezeigt, und zwar auf den fünf Gebieten Armutsbeseitigung, Veränderung nicht nachhaltiger Konsumgewohnheiten und Produktionsweisen, Schutz und Bewirtschaftung der natürlichen Ressourcen als Grundlage der wirtschaftlichen und sozialen Entwicklung, Globalisierung und Gesundheit. Kernaussagen sind dabei u.a., dass der Anteil der Weltbevölkerung ohne Zugang zu Trinkwasser und sanitärer Grundversorgung bis 2015 halbiert, der Anteil erneuerbarer Energien an der gesamten Energieversorgung erhöht, die Unternehmensverantwortung gefördert, ein

---

[118] Als Download erhältlich unter www.bmu.de, Stichwort „Nachhaltige Entwicklung".
[119] Wolff, NuR 2003, 137 (138).
[120] Vgl. Wolff, NuR 2003, 137 (139).

Zehn-Jahres-Rahmenprogramm für nachhaltige Konsum- und Produktionsmuster aufgelegt und bis 2020 eine Minimierung der gesundheits- und umweltschädlichen Auswirkungen von Chemikalien erreicht werden soll[121].

Neben diesen inhaltlichen Ergebnissen ist positiv zu bewerten, dass außerhalb der offiziellen Verhandlungen und Dokumente die Vielfalt und Spannbreite des bürgerschaftlichen Engagements sichtbar geworden ist. Nichtregierungsorganisationen, die Wirtschaft, Verbraucherverbände sowie Städte und Gemeinden haben sich und ihre Aktivitäten in Richtung Nachhaltigkeit präsentiert und so Einfluss auf die weitere Entwicklung genommen. Auf die Initiativen der Kommunen wird im Rahmen der „Lokalen Agenda" noch eingegangen werden. Obwohl es für eine abschließende Bewertung der Ergebnisse des Weltgipfels noch zu früh ist, kann ein erstes Fazit wie folgt formuliert werden: „In Johannesburg ist es gelungen, die globale Nachhaltigkeitspolitik auf Kurs zu halten und zugleich auch neue Handlungsmöglichkeiten zu schaffen. Das war der Erfolg von Johannesburg. Die internationale Gemeinschaft meint es ernst mit der Nachhaltigkeitspolitik"[122].

B. Lokale Agenda

Wie bereits erwähnt, befasst sich Teil III der Agenda 21 mit der „Stärkung der Rolle wichtiger Gruppen". Eine dieser Gruppen sind die Kommunen, denen ein eigenes Kapitel mit eigenen Handlungsanweisungen gewidmet ist. So werden die Kommunalverwaltungen in Kapitel 28 des Rio-Dokumentes aufgefordert, mit ihren Bürgern, örtlichen Organisationen und der Privatwirtschaft in einen Dialog einzutreten mit dem Ziel, im Konsens eine „kommunale Agenda 21"[123] – hierfür hat sich der Begriff der „Lokalen Agenda" eingebürgert – zu erarbeiten und zu beschließen.

Im Verlauf dieses so genannten Konsultationsprozesses sollen die Bevölkerung einerseits über die Ideen der Agenda 21 informiert, die einzelnen Haushalte für Fragen der nachhaltigen Entwicklung sensibilisiert und die Bürger zum Mitgestalten mobilisiert werden. Andererseits sollen „die Kommunen von ihren Bürgern und von örtlichen Organisationen, von Bürger-, Gemeinde-, Wirtschafts- und Gewerbeorganisationen lernen und für die Formulierung der am besten geeigneten Strategien die erforderlichen Informationen erlangen". Schließlich sollen „kommunalpolitische Programme, Leitlinien, Gesetze und sonstige Vorschriften" zur Verwirklichung der Ziele der Agenda 21 auf der Grundlage der im allgemeinen Konsens beschlossenen Lokalen Agenda neu bewertet und modifiziert werden[124].

---

[121] Vgl. zum Ganzen www.bmu.de/sachthemen/entwicklung/johannesburg und www.bmz.de/themen/imfokus/rio.
[122] So Hauff, a.a.O., S. 6.
[123] BMU, Umweltpolitik, Agenda 21, S. 231 sowie im Anhang.
[124] BMU, Umweltpolitik, Agenda 21, S. 231 sowie im Anhang.

Dem örtlichen Bezug der zu entfaltenden Aktivitäten entsprechend darf ein solches lokales Aktionsprogramm nicht als bloßes Abziehbild der (globalen) Agenda 21 verstanden werden. Vielmehr ist „die Lokale Agenda" nur das übergeordnete Leitbild, entlang dessen jede Kommune ihre eigenen Vorstellungen und Zielvorgaben für ihre zukunftsfähige Entwicklung erarbeiten und formulieren muss. Bei dem so zu entwerfenden Zukunftsbild der eigenen Gemeinde muss die jeweilige Schwerpunktsetzung von den örtlichen Gegebenheiten und den Interessen der beteiligten Bevölkerungsgruppen geprägt sein[125]. Um den zitierten Handlungsauftrag aus Kapitel 28 der Agenda 21 an die Kommunen zur Erstellung einer Lokalen Agenda und dessen systematische Stellung im Rio-Dokument soll es im Folgenden gehen.

1. Das „major-group"-Konzept

Um die ausdrückliche Nennung der Kommunen in Teil III der Agenda 21 über die Rolle wichtiger Gruppen in ihrer Bedeutung erfassen zu können, erscheint zunächst eine Einbindung des Kapitels 28 in den es umgebenden Kontext im Rio-Dokument sinnvoll. In der Präambel (Kapitel 23) zu diesem dritten Teil heißt es, dass „ein wesentlicher Faktor für die wirksame Umsetzung der Ziele, Maßnahmen und Mechanismen ... der Agenda 21 ... das Engagement und die echte Beteiligung aller gesellschaftlichen Gruppen"[126] sei.

Die starke Betonung der Notwendigkeit einer Einbindung aller gesellschaftlichen Kräfte und relevanten Gruppen, den so genannten „major groups", basiert auf dem Gedanken, dass die mit der Lösung der vorgefundenen Probleme verbundenen Aufgaben und Herausforderungen nicht allein auf staatlicher (Regierungs-)Ebene bewältigt werden können. Globale Probleme und die mit der nachhaltigen Entwicklung verbundenen weitreichenden Ziele können nach der Vorstellung der Agenda 21 wirkungsvoller gelöst und erreicht werden, wenn möglichst viele Beteiligte aus vielen Bereichen ihren Teil zu Problemlösung und Zielerreichung beitragen. Deshalb wird eine globale Vernetzung der verschiedenen Akteure und Aktivitäten gefordert oder – in den Worten der Agenda 21 selbst – eine „globale Partnerschaft, die auf eine nachhaltige Entwicklung ausgereichtet ist"[127].

Zur Schaffung eines entsprechenden Bewusstseins soll die Diskussion über die weitere Entwicklung auf eine breite öffentliche Basis gestellt werden. In Kapitel 27 der Agenda 21, das sich mit der Stärkung von Nichtregierungsorganisationen beschäftigt, heißt es in diesem Zusammenhang, „eine der größten Herausforderungen, der sich die Weltgemeinschaft in ihrem Bemühen ... um eine nachhaltige Entwicklung" gegenübersehe, sei „die Notwendigkeit, ein gemeinsames Zielbewusstsein im Namen aller gesellschaftlichen Bereiche zu aktivieren". Dabei wird erkannt, dass die Chancen dafür von

---

[125] Fiedler, Zur Umsetzung der Agenda 21 in den Staaten und Kommunen, S. 56.
[126] BMU, Umweltpolitik, Agenda 21, S. 217.
[127] BMU, Umweltpolitik, Agenda 21, S. 9.

der Bereitschaft aller Bereiche abhängen, „sich an einer echten gesellschaftlichen Partnerschaft und einem echten Dialog zu beteiligen und gleichzeitig die unabhängige Rolle und Verantwortlichkeit und die besonderen Fähigkeiten jedes einzelnen dieser Bereiche anzuerkennen"[128].

Mit dieser Aussage wird gleichzeitig der teilweise geäußerten Kritik an diesem so genannten „major-group"-Konzept der Boden entzogen; so wird moniert, es stelle so unterschiedliche Bevölkerungsgruppen und Institutionen wie Frauen, Jugendliche, eingeborene Völker, Nichtregierungsorganisationen, Gewerkschaften, Privatunternehmen, Wissenschaftler, Bauern und nicht zuletzt die Kommunen einschließlich ihrer Einwohner auf eine Stufe und abstrahiere damit von deren gesellschaftlicher Machtstellung und den verschiedenen Eigeninteressen[129]. Entscheidend ist jedoch, dass nach der Agenda 21 alle diese Gruppen entsprechend ihrer Stellung und ihrer Spezifika („die unabhängige Rolle und Verantwortlichkeit und die besonderen Fähigkeiten jedes einzelnen dieser Bereiche") einbezogen werden sollen und sich gerade ihre unterschiedlichen Beiträge zusammen mit den Maßnahmen der staatlichen Ebene erst zu einem umfassenden Ganzen ergänzen.

Nicht umsonst findet sich die zuletzt zitierte Passage aus der Agenda 21 in Kapitel 27, in dem es um die Nichtregierungsorganisationen geht (Non-Governmental Organizations, NGOs, z.B. Greenpeace, World Wide Fund for Nature, Earth Watch). Dabei handelt es sich um formelle oder informelle Gruppen, die – wie der Name schon sagt – nicht dem staatlichen, sondern dem gesellschaftlichen Sektor zuzuordnen sind und die nach der Agenda 21 „eine entscheidende Rolle bei der Ausformung und Umsetzung einer teilhabenden Demokratie"[130] spielen.

Dementsprechend kommt ihnen bei dem von der Agenda geforderten Diskussions- und Umsetzungsprozess besondere Bedeutung zu: Die NGOs fungieren dabei als Medium verschiedener gesellschaftlicher Kräfte. Nicht „die NGOs" als solche verkörpern eine spezifische Interessengruppe, sondern sie bündeln die jeweiligen Interessen und stellen deren jeweiliges organisatorisch-institutionalisiertes Sprachrohr dar[131]. So verschaffen sie sowohl den Interessen der „Umweltlobby" Gehör als auch denjenigen der Wirtschaft, der Wissenschaft und der anderen in der Agenda 21 genannten Gruppen und tragen auf diese Weise dazu bei, dass die pluralen Interessen und Bedürfnisse aller relevanten Gruppen bei der Diskussion über die Gestaltung der weiteren Entwicklung angemessen berücksichtigt werden. Auf die Kommunen als der zweiten Schlüsselinstitution soll nachfolgend besonderes Augenmerk gelegt werden.

---

[128] BMU, Umweltpolitik, Agenda 21, S. 228.
[129] Vgl. Forum Umwelt und Entwicklung, Lokale Agenda 21 – Ein Leitfaden, S. 11.
[130] BMU, Umweltpolitik, Agenda 21, S. 228.
[131] Beyerlin, Umweltvölkerrecht, § 5 Rdnr. 66 und Fußnote 13.

40

2. Bedeutung von Kommunen

Eine der in Teil III der Agenda 21 weiterhin ausdrücklich angesprochenen „major groups" sind – wie bereits ausgeführt – die Kommunen. Auffällig dabei ist, dass diese – gleichgeordnet neben den gerade erwähnten Nichtregierungsorganisationen und den anderen dort genannten Gruppen – nach der Vorstellung des Rio-Dokumentes eher dem gesellschaftlichen als dem staatlichen Bereich zuzuordnen sind. Dies zeigt sich an der Stellung des Kapitels 28 in Teil III der Agenda 21, der sich ausweislich seiner Präambel mit den „Instrumentarien zur Erzielung einer echten gesellschaftlichen Partnerschaft"[132] mit den „major groups" befasst. Da diese nahezu rein gesellschaftliche Einordnung der Kommunen, wie sie die Agenda 21 als völkerrechtliches Dokument vornimmt, jedenfalls nach deutschem Rechtsverständnis ungewöhnlich ist (was später unter Ziffer 3. noch zu zeigen sein wird), erscheint nach kurzen Ausführungen über die grundlegende Bedeutung von Städten und Gemeinden ein Blick sowohl auf die völker- und europarechtliche Zuordnung von Gebietskörperschaften als auch auf die Stellung der Kommunen im bundesdeutschen Staatsaufbau angezeigt.

a) Städte und Gemeinden als Lebensraum und „subsidiäre" Organisationsform

Unter der Überschrift „Initiativen der Kommunen zur Unterstützung der Agenda 21" wird in Kapitel 28 die wichtige Rolle der Städte und Gemeinden „als die den Bürgern am nächsten stehende Politik- und Verwaltungsebene" bei der Informierung, Mobilisierung und Sensibilisierung der Öffentlichkeit und bei der Erzielung von Erfolgen für eine nachhaltige Entwicklung betont: „Da viele der in der Agenda 21 angesprochenen Probleme und Lösungen auf Aktivitäten auf der örtlichen Ebene zurückzuführen sind, ist die Beteiligung und Mitwirkung der Kommunen ein entscheidender Faktor bei der Verwirklichung der in der Agenda enthaltenen Ziele"[133].

Städte und Dörfer waren seit jeher mehr als ein bloßes architektonisches oder bauliches Konstrukt, in dem Menschen sich lediglich aufhalten. Sie waren schon immer Orte sozialer Ordnung und Kommunikation, Räume gesellschaftlichen und menschlichen Zusammenlebens. Die „klassischen" Grundkoordinaten und Funktionszuweisungen der Stadt – Wohnen, Arbeiten, Freizeit, Mobilität – verdeutlichen die Funktion der Stadt als Lebensraum und Organisationsform. Gerade in einem Land wie der Bundesrepublik Deutschland, in dem mehr als 60 % der Bevölkerung in Städten leben, nimmt die Stadt in diesen Funktionen für eine nachhaltige Entwicklung einen hohen Stellenwert ein.

Als Lebensraum schaffen städtische Ballungsräume schwerwiegende Umweltprobleme: Luftverschmutzung, Müllnotstand, Wasserverbrauch und Gewässerverschmutzung, Lärm, Verkehrskollaps und Zersiedelung der Landschaft an den Stadträndern

---

[132] BMU, Umweltpolitik, Agenda 21, S. 217.
[133] BMU, Umweltpolitik, Agenda 21, S. 231.

kennzeichnen die Schwierigkeiten, mit denen Städte überall auf der Welt in wachsendem Maße konfrontiert sind. Aber auch die ländlichen Gebiete sind direkt an der Umweltbelastung beteiligt und von ihr betroffen. So bieten ländliche Räume einerseits Platz für Erholung, andererseits ist die Landwirtschaft einer der Hauptverantwortlichen für die Verschmutzung von Grund- und Oberflächengewässern und für den Verlust der biologischen Vielfalt[134].

Daneben spielt die Kommune als Organisationsform gesellschaftlichen Lebens im Alltag eines jeden Bürgers eine wichtige Rolle: Ob Wasserversorgung oder Müllentsorgung, ob Bauleitplanung oder Verkehrsinfrastruktur, ob Soziales oder Kulturelles – die Kommune ist für viele Bereiche zumindest mitverantwortlich und fungiert als der direkteste Ansprechpartner der Bevölkerung. Dementsprechend stellt die Agenda 21 in Kapitel 28 weiter fest: „Kommunen errichten, verwalten und unterhalten die wirtschaftliche, soziale und ökologische Infrastruktur, überwachen den Planungsablauf, entscheiden über die kommunale Umweltpolitik und kommunale Umweltvorschriften und wirken außerdem an der Umsetzung der nationalen und regionalen Umweltpolitik mit"[135].

Dass die lokale Ebene bei der Umsetzung der Agenda 21 so herausgestellt wird, beruht darauf, dass auch das Rio-Dokument die zentrale Bedeutung der Städte und Gemeinden als die den Bürgern am nächsten stehende Politik- und Verwaltungsebene erkannt hat. Dem liegt der nicht neue Gedanke zugrunde, dass sich bestimmte Sachverhalte im kleinen und überschaubaren örtlichen Rahmen besser und effizienter regeln lassen als auf übergeordneter Ebene. Dieser als Subsidiaritätsprinzip bekannte Grundsatz geht schon auf Papst Pius XI. zurück, der das Prinzip in seiner Enzyklika „Quadragesimo anno" vom 31.05.1931 erstmals explizit dargelegt hat. In der Enzyklika, die aus Anlass des 40. Jahrestages der Enzyklika „Rerum novarum" Papst Leos XIII. vom 15.05.1891 verkündet wurde, entwirft Papst Pius auf der Grundlage der katholischen Soziallehre seine Vorstellung von einer neuen gesellschaftlichen Ordnung und umschreibt das Wesen der Subsidiarität folgendermaßen: „Wie dasjenige, was der Einzelmensch aus eigener Initiative und mit seinen eigenen Kräften leisten kann, ihm nicht entzogen und der Gesellschaftstätigkeit zugewiesen werden darf, so verstößt es gegen die Gerechtigkeit, das, was die kleineren und untergeordneten Gemeinwesen leisten und zum guten Ende führen können, für die weitere und übergeordnete Gemeinschaft in Anspruch zu nehmen"[136]. Das Subsidiaritätsprinzip soll demnach einerseits die untergeordneten Einheiten stärken, indem ihnen bestimmte Aufgaben zugewiesen sind, die sie aufgrund ihrer Überschaubarkeit besonders gut erfüllen können. Andererseits soll dadurch gleichzeitig das übergeordnete Gemeinwesen von diesen Aufgaben entlastet werden, um sich so auf seine ureigensten Zuständigkeiten konzentrieren zu können.

[134] Forum Umwelt und Entwicklung, Lokale Agenda 21 – Ein Leitfaden, S. 13.
[135] BMU, Umweltpolitik, Agenda 21, S. 231.
[136] Erzbischöfliches Seelsorgeamt Köln (Hrsg.), Die Enzyklika Leos XIII. – Rerum novarum und Die Enzyklika Pius` XI. – Qudragesimo anno, S. 47.

Das so verstandene Subsidiaritätsprinzip ist ein Grundsatz, der auch heute dem Aufbau insbesondere föderaler Staaten und internationalen Organisationen zugrunde liegt. Hier ist das Verhältnis zwischen Kommunen und Staat auf bundesdeutscher Ebene ebenso zu nennen wie das Verhältnis der Staaten und Regionen zur Europäischen Union. Während die erstgenannte Beziehung im Folgenden unter Ziffer 3.) noch genauer betrachtet wird, soll an dieser Stelle mit Blick auf die Agenda 21 als völkerrechtlichem Dokument, das sich in Kapitel 28 an die lokalen Ebenen aller Staaten wendet, zunächst auf die völker- und europarechtliche Stellung von Kommunen oder vergleichbaren Gebietskörperschaften in anderen Staaten eingegangen werden.

b) Völker- und europarechtliche Betrachtung von Gebietskörperschaften

Die Agenda 21 spricht in Kapitel 28 ganz allgemein von „Kommunen" und „örtlicher Ebene". Diese Formulierung meint – der Eigenschaft der Agenda als internationalem Dokument entsprechend – natürlich nicht speziell die bundesdeutschen Kommunen, sondern soll abstrakt alle in ihrer rechtlichen Erscheinungsform verselbständigten lokalen Einheiten erfassen[137], unabhängig von ihrer konkreten innerstaatlichen Ausgestaltung und „Verortung" im jeweiligen Staatsaufbau. Das ist für eine internationale Erklärung um so bemerkenswerter, als Kommunen oder andere Gebietskörperschaften in der Regel keine Völkerrechtssubjekte sind. Völkerrechtssubjektivität kommt grundsätzlich nur Staaten und bestimmten internationalen Institutionen zu, von denen erstere allein kraft ihrer Eigenart als anerkannte, politisch und rechtlich organisierte Gebiets- und Personenverbände Beteiligte völker-rechtlicher Beziehungen sind („geborene" oder „originäre" Völkerrechtssubjekte) und letztere deshalb, weil sie von den Staaten geschaffen und mit eigener Rechtspersönlichkeit ausgestattet worden sind („abgeleitete" oder „derivative" Völkerrechtssubjekte)[138].

Kommunen kommt aus sich selbst heraus keine Völkerrechtssubjektivität zu. Souveräne Staaten können ihrer Souveränität unterstehende Gebiete zwar staatsmäßig organisieren, also Teile ihrer Bevölkerung und ihres Gebietes einer besonderen, für dieses Teilgebiet bestellten Regierung unterstellen. Deren Entscheidungsbefugnis ist aber durch diejenige der Regierung des (Ober-)Staates begrenzt. Dies ist die Rechtsstellung der Gliedstaaten eines Bundesstaates und sonstiger mit lokaler Selbstverwaltung ausgestatteter Gebiete[139]. Die Verfassung des (Ober-)Staates kann ihren Gliedstaaten oder Selbstverwaltungsgebieten auch eine selbständige Tätigkeit auf völkerrechtlicher Ebene gestatten und ihnen damit Kompetenzen zum grenzüberschreitenden Handeln einräumen; diese werden dann insoweit partielle Völkerrechtssubjekte und als solche von den übrigen Teilnehmern am Völkerrechtsverkehr anerkannt[140].

---

[137] Der englische Originalbegriff „local authorities" mag dies besser verdeutlichen.
[138] Ipsen, Völkerrecht, 2. Kapitel § 4 Rdnr. 7.
[139] Seidl-Hohenveldern/Stein, Völkerrecht, Rdnr. 727 f.
[140] Seidl-Hohenveldern/Stein, Völkerrecht, Rdnr. 729; Rojahn in: v.Münch/Kunig, GG, Art. 32 Rdnr. 66.

Inwieweit das auf internationaler Ebene im Einzelnen der Fall ist, soll im Rahmen der vorliegenden Arbeit nicht näher betrachtet werden. Beispielhaft soll lediglich auf die Situation in der Europäischen Union eingegangen werden. Dort ist die interne Struktur der Mitgliedstaaten sehr unterschiedlich, was die Existenz und die Befugnisse von Gebietskörperschaften mit eigener Rechtspersönlichkeit anbetrifft. Außer der Bundesrepublik Deutschland ist derzeit Österreich der einzige ausgeprägt föderale Staat in der Europäischen Union. In Spanien haben die dortigen „Autonomen Gemeinschaften", in Belgien die Regionen Kompetenzen, die in ihrer Breite und verfassungsrechtlichen Absicherung teilweise mit denen der deutschen Bundesländer vergleichbar sind. Deutlich schwächer ist die Stellung der Regionen in Italien. Auch in „klassisch" zentralistischen Staaten wie Frankreich gibt es Tendenzen zu einer Regionalisierung; hier wurden bisherige Verwaltungsbezirke in Regionen mit einigen autonomen Rechten umgewandelt, die hinter denjenigen in föderalen Staaten qualitativ allerdings deutlich zurückbleiben. In Großbritannien wurde 1998 eine differenzierte Autonomie für Schottland, Wales und Nordirland eingeführt. Weiterhin können die Niederlande und Portugal als eher „dezentralisierte" Staaten bezeichnet werden, während Dänemark, Finnland, Griechenland, Irland, Luxemburg und Schweden mehr oder weniger „unitarisch" sind[141].

Angesichts dieser Unterschiede ist es nachvollziehbar, dass die Gründungsverträge der Europäischen Gemeinschaften Länder, Regionen und Kommunen nicht erwähnten und ihnen keine Rechte einräumten. Eine institutionelle Vertretung von Gebietskörperschaften auf Gemeinschaftsebene bestand ursprünglich lediglich in Form von zwei eher unbedeutenden Einrichtungen: Der interfraktionellen Gruppe der regionalen und kommunalen Mandatsträger des Europäischen Parlaments und dem mittlerweile aufgelösten Beirat der regionalen und lokalen Gebietskörperschaften bei der EG-Kommission, der sich aus 42 Mitgliedern zusammensetzte, die auf regionaler oder lokaler Ebene ein Wahlmandat innehatten. Unabhängig von der unterschiedlichen rechtlichen Ausgestaltung der Autonomie und der tatsächlichen Bedeutung der verschiedenen Gebietskörperschaften im jeweiligen Staatsgefüge, wurden alle lokalen und regionalen Einheiten von der Gemeinde bis hin zum Bundesstaat in diesem einen Beirat zusammengefasst. Da er somit wenig repräsentativ war und zudem nur beratende Funktion hatte, konnten solche Gremien beispielsweise die spezifischen Interessen der deutschen Bundesländer nicht wirkungsvoll artikulieren[142].

Unter anderem vor diesem Hintergrund hat der Unionsvertrag von Maastricht den Regionen bestimmte Mitspracherechte eingeräumt. Hierzu wurde durch Art. 263 bis 265 EGV der so genannte Ausschuss der Regionen eingeführt, der aus Vertretern der regionalen und lokalen Gebietskörperschaften besteht. Mangels einheitlichen föderalen Zuschnitts der Mitgliedstaaten ist es diesen weitgehend selbst überlassen, wen sie in das Gremien entsenden; dies führt auch beim Ausschuss der Regionen zu einer wenig repräsentativen, sondern recht heterogenen Zusammensetzung. In Deutschland haben

---

[141] Streinz, Europarecht, Rdnr. 149.
[142] Streinz, Europarecht, Rdnr. 151 ff.

die Bundesländer den Kommunen drei der 24 Sitze in diesem Gremium überlassen, dem – wie vormals dem Beirat – ebenfalls nur beratende Funktion zukommt. Der Ausschuss ist selbst kein Organ der Europäischen Union, sondern eine organunterstützende Institution, der am gemeinschaftlichen Rechtsetzungsverfahren dadurch beteiligt ist, dass er unverbindliche Stellungnahmen abgibt und in bestimmten Fällen angehört werden muss[143].

Die Schaffung des Ausschusses der Regionen trägt dem oben bereits erwähnten und auch in der Europäischen Union geltenden Subsidiaritätsprinzip Rechnung. Dieses meint auch hier ganz allgemein, dass der kleineren Einheit der Vorrang im Handeln gegenüber der größeren Einheit nach Maßgabe ihrer Leistungsfähigkeit zukommt[144]. Normativ ist es in Art. 5 Abs. 2 EGV verankert. Danach wird die Gemeinschaft in Bereichen, die nicht in ihre ausschließliche Zuständigkeit fallen, nur tätig, sofern und soweit die Ziele der in Betracht gezogenen Maßnahmen auf Ebene der Mitgliedstaaten nicht ausreichend erreicht und daher wegen ihres Umfanges oder ihrer Wirkungen besser auf Gemeinschaftsebene erreicht werden können.

In der Bundesrepublik Deutschland können unter den europarechtlichen Oberbegriff der „Regionen" im Sinne von regionalen und lokalen Gebietskörperschaften die Bundesländer (Art. 20 Abs. 1 GG) und die Kommunen (Art. 28 Abs. 2 GG) subsumiert werden. Auf internationaler Ebene sind Träger der auswärtigen Gewalt neben dem Bund als souveräner Staat nur die Länder, denen unter den in Art. 32 Abs. 3 GG normierten Voraussetzungen das Recht zum Abschluss von Verträgen mit auswärtigen Staaten eingeräumt wird. Da für die Kommunen keine verfassungsrechtlichen Befugnisse zum selbstständigen grenzüberschreitenden Tätigwerden auf Völkerrechtsebene vorgesehen sind, scheiden sie als dezentrale Mitinhaber der auswärtigen Gewalt aus[145]. Dennoch wird den Kommunen bzw. lokalen Einheiten für ihren jeweiligen Wirkungsbereich von der Agenda 21 ein Beitrag zur Umsetzung des internationalen Aktionsplans auf lokaler Ebene zugewiesen. Wie dieser Beitrag im System des bundesdeutschen Staatsgefüges ausgestaltet werden kann, soll im Folgenden untersucht werden.

3. Stellung der Kommunen im bundesdeutschen Staatsaufbau

Nach der Vorstellung der Agenda 21, die damit in Kapitel 28 das Subsidiaritätsprinzip aufgreift, erreichen die Kommunen eine Vielzahl von Bürgern und fungieren somit als wichtige Multiplikatoren bei der Vermittlung der Ideen und Ziele des Rio-Dokumentes in die Öffentlichkeit. Deshalb erscheint es vordergründig logisch und nachvollziehbar, dass die Kommunen in Teil III der Agenda 21 bei den relevanten „major groups" auftauchen.

---

[143] Suhr in: Calliess/Ruffert, EUV und EGV, Art. 263 EGV Rdnr. 1, 11, 13; Streinz, Europarecht, Rdnr. 154, 340.
[144] Calliess in: ders./Ruffert, EUV und EGV, Art. 5 EGV Rdnr. 1.
[145] Rojahn in: v.Münch/Kunig, GG, Art. 32 Rdnr. 66.

Wenn man demgegenüber jedoch bedenkt, dass Teil III sich mit der Einbindung nicht der staatlichen, sondern der gesellschaftlichen Kräfte befasst, könnte die Platzierung der Kommunen bei den gesellschaftlichen Gruppen verwundern. Denn – so wird zuweilen im Volksmund oder auf politischer Ebene argumentiert – in den Kommunen findet auf örtlicher Ebene im kleinen Rahmen das statt, was für Landes- und Bundesebene mit Formulierungen wie „die große Politik" charakterisiert wird. Was Bundestag und Bundesregierung für den Bund und Landtag und Landesregierung für das Land sind Gemeinde-/Stadt- und/oder Kreistag und die entsprechende Verwaltung für die Kommune. Die parallele Dreiteilung findet sich auch bei den handelnden Personen: Wer als Kommunalpolitiker in den lokalen „Parlamenten" tätig war und dort Erfahrungen gesammelt hat, ist auch gerüstet für „höhere" Staatsaufgaben auf Landes- und Bundesebene.

Was hat es mit diesem (scheinbaren) Widerspruch im Hinblick auf die Einordnung der Kommunen auf sich? Wieso fügen sie sich einerseits so harmonisch in die Reihe der gesellschaftlichen Gruppen in Teil III der Agenda 21 ein und scheinen andererseits ebenso nahtlos die für die Bundesrepublik Deutschland typische staatliche Zweiteilung in Bund und Länder um eine dritte Ebene des kommunalen Bereichs zu ergänzen? Dass die Agenda 21 sich um den internen Staatsaufbau nicht kümmert, sondern sich an die regionalen und lokalen Ebenen aller Staaten wendet, wurde oben unter Ziffer 2.) b) bereits aufgezeigt. Aber warum „passt" Kapitel 28 auch und gerade auf die innerstaatlichen Strukturen in Deutschland so genau?

Zu einer ersten Annäherung an dieses Phänomen kann folgendes Zitat führen: „Es ist geradezu das Lebensgesetz der gemeindlichen Verwaltung, dass sie sich immer in einer Doppelrolle befindet: Teil organisierter Staatlichkeit zwar, aber eben doch nicht in jenem engeren Sinne hierarchisch aufgebauter Entscheidungszüge, sondern als dezentralisiert-partizipative Verwaltung mit einem eigenen Legitimationssystem, das der Bürgernähe, Überschaubarkeit, Flexibilität und Spontanität verbunden sein soll"[146]. Diese Passage beschreibt sehr plastisch die „Zwitterstellung" der Kommunen im Staatsaufbau der Bundesrepublik: Sie üben nach heutigem Verständnis Staatsgewalt aus, die sich gemäß Art. 20 Abs. 2 i.V.m. Art. 28 Abs. 1 GG vom Volk ableiten muss. Als Verwaltungsträger sind sie Teil der vollziehenden Gewalt im Sinne von Art. 20 Abs. 3 GG und damit „ein Stück Staat"[147] und „in den staatlichen Aufbau integriert"[148]. Im dualistischen Einteilungsschema der Bundesstaatlichkeit in Bund und Länder gehören sie zum Organisationsbereich der Länder und bilden hier das Zentrum desjenigen Verwaltungsteilbereichs, den man „Selbstverwaltung" nennt und herkömmlicherweise der „Staatsverwaltung" im Sinne eines staatsunmittelbaren, behördlichen Verwaltungsvollzuges gegenüberstellt[149].

---

[146] Schmidt-Aßmann in: ders., Besonderes Verwaltungsrecht, 1. Kapitel Rdnr. 8.
[147] BVerfGE 73, 118 (191).
[148] BVerfGE 83, 37 (54).
[149] Schmidt-Aßmann in: ders., Besonderes Verwaltungsrecht, 1. Kapitel Rdnr. 8.

Die Selbstverwaltung hat in Deutschland eine lange Tradition. Um ihren Gehalt und ihre Bedeutung – auch und gerade im Hinblick auf die von der Agenda 21 den Kommunen zugedachte Rolle – sachgerecht erfassen zu können, erscheint ein (Rück-)Blick auf die historischen Wurzeln sowie auf die verfassungsrechtlichen Grundlagen der Selbstverwaltung angebracht.

a)   Historische Wurzeln und Entwicklung der (modernen) Selbstverwaltung

Der Begriff „Selbstverwaltung" hat sich in Deutschland zwar erst im 19. Jahrhundert eingebürgert, der Sache nach aber gab es Vorläufer der Selbstverwaltung als Form aktiver Teilnahme an der Gestaltung des öffentlichen Lebens durch selbstverantwortete Erledigung eigener Angelegenheiten schon seit dem Mittelalter. Ursprünglich bezog sich das Wort „Gemeinde" als typischem Erscheinungsort der Selbstverwaltung auf ein bestimmtes Gebiet, die „Allmende", eine Gemarkung, an der eine Gruppe von Personen gemeinsame Rechte und Pflichten besaß. Von diesem Realvermögen übertrug sich die Bezeichnung auf die in einem als Einheit verstanden Gebiet ansässigen „Rechtsgenossen", deren Ordnung aus der Notwendigkeit zur Erledigung gemeinsamer Aufgaben erwuchs. Aus diesen Ursprüngen entwickelte sich seit dem 12. Jahrhundert ein kommunales Gemeinwesen besonderer Art, die Stadt. Hier siedelten sich neben Handeltreibenden und Kaufleuten auch Handwerker an, die ihre Wohnstätte, häufig im Schutz einer Burg gelegen, gegen Angriffe von außen befestigten. Die Bürgerschaft gliederte sich in Gilden und Zünfte nach verschiedenen Erwerbszweigen[150].

Mit der Entwicklung des absolutistisch regierten Territorialstaates erstarrte fast überall in Deutschland das kommunale Leben. Städte und Dörfer bildeten nicht mehr als obrigkeitliche Verwaltungsbezirke. Neu belebt, mit einem weiterentwickelten Existenzsinn versehen und auf eigene Rechtsgrundlagen gestellt wurde die Idee einer gemeindlichen Selbstverwaltung zur preußischen Reformzeit zu Beginn des 19. Jahrhunderts. Hier beginnt die Geschichte der modernen Selbstverwaltung. Deren Anfänge sind untrennbar verbunden mit der Person des Freiherrn Carlo vom und zum Stein, seinen Plänen für eine umfassende Reform der Staatsverwaltung auf allen Ebenen und der unter seinem Ministerium realisierten preußischen Städteordnung vom 19.11.1808 („Steinsche Städteordnung")[151]. Diese griff die Idee eines kommunalen Gemeinwesens wieder auf und umschreibt ihren Zweck dahingehend, „den Städten eine selbständigere und bessere Verfassung zu geben, in der Bürgergemeinde einen festen Vereinigungspunkt gesetzlich zu bilden, ihnen eine tätige Einwirkung auf die Verwaltung des Gemeinwesens beizulegen und durch diese Teilnahme Gemeinsinn zu erregen und zu erhalten"[152].

---

[150] Schmidt-Aßmann in: ders., Besonderes Verwaltungsrecht, 1. Kapitel Rdnr. 3.

[151] Abgedruckt in: Engeli/Haus (Bearb.), Quellen zum modernen Gemeindeverfassungsrecht in Deutschland, S. 104 ff.

[152] Preußische Städteordnung, abgedruckt in: Engeli/Haus (Bearb.), Quellen zum modernen Gemeindeverfassungsrecht in Deutschland, S. 104.

Freiherr vom Stein wollte die Bürger stärker an den öffentlichen Angelegenheiten beteiligen und die Gesellschaft („Nation") so wieder näher an den Staat heranführen. Nach seiner Auffassung „tötet man den Gemeingeist und den Geist der Monarchie", wenn man die Bürger von der Teilnahme an der Verwaltung ausschließt. Ihm ging es statt dessen darum, der „Nation selbst einen Anteil an der Verwaltung zu geben, die Regierung durch die Kenntnisse und das Ansehen aller gebildeten Klassen zu verstärken, sie alle durch Überzeugung, Teilnahme und Mitwirkung bei den Nationalangelegenheiten an den Staat zu knüpfen". Dabei war es für vom Stein noch selbstverständlich, dass die von ihm intendierte Beteiligung „aller Staatsbürger bei der Staatsverwaltung" nicht in demokratisch-egalitärer Weise, sondern nach ständischen Prinzipien erfolgte[153].

Die Steinsche Städteordnung ist dadurch gekennzeichnet, dass sie mit der obrigkeitlich-autoritären Tradition der öffentlichen Verwaltung des Absolutismus rigoros bricht. Nicht mehr die von Stein verachteten bürokratischen „Mietlinge" und „besoldeten Diener", sondern die „besitzenden Bürger", vor allem Grundeigentümer und Geschäftsleute, sollten eine bürgerschaftliche Selbstverwaltung aufbauen. Für die Selbstverwaltungsidee sind die Steinschen Reformen von entscheidender Bedeutung, weil hier im Rahmen einer festgefügten übergreifenden Staatsordnung dezentrale Verwaltungseinheiten geschaffen wurden mit dem Ziel, bestimmten gesellschaftlichen Gruppen die Möglichkeit zu geben, diejenigen öffentlichen Angelegenheiten, von denen sie besonders betroffen waren, weitgehend unabhängig von staatlicher Einwirkung zu erledigen[154].

Die weitere Entwicklung der Selbstverwaltung im 19. Jahrhundert verlief zunächst nicht im Sinne von Stein, denn die von ihm erstrebte engere Verbindung von Staat und Gesellschaft wurde vorübergehend in ihr Gegenteil verkehrt. Das aufstrebende, in seiner Mehrheit liberal gesonnene Besitzbürgertum, auf das Stein sich stützen wollte, nahm die Idee der Selbstverwaltung zwar auf, formte sie aber völlig um. Es ging nicht mehr um politische Mitsprache und Teilhabe im Staat, sondern um die Befreiung vom Staat. Das Bürgertum benutzte die Selbstverwaltung als politische Waffe gegen den Staat und als Mittel, seine gesellschaftliche Freiheitssphäre diesem gegenüber auszudehnen. Dem das deutsche Staatsdenken dieser Zeit prägenden Dualismus von Staat und Gesellschaft entsprach die Entgegensetzung von Staats- und Selbstverwaltung. Während die Staatsverwaltung einen freiheitsfeindlichen, auf der strikten Anerkennung des monarchischen Prinzips beruhenden Obrigkeitsstaat repräsentierte, stand die Selbstverwaltung für die staatsfreie bürgerschaftliche und damit gesellschaftliche Sphäre[155].

---

[153] Freiherr vom Stein, Nassauer Denkschrift in: ders., Briefe und Amtliche Schriften, bearbeitet von Erich Botzenhart, neu herausgegeben von Walther Hubatsch, Bd. II/1. Teil (neu bearbeitet von Peter G. Thielen), Nr. 354.

[154] Frotscher, Selbstverwaltung und Demokratie, S. 135; Hendler in: HBStR IV, § 106 Rdnr. 5.

[155] Frotscher, Selbstverwaltung und Demokratie, S. 129, 135.

Erst mit der Zurückdrängung des monarchischen Prinzips in der zweiten Hälfte des 19. Jahrhunderts schwächte sich die Frontstellung des Bürgertums gegen den Obrigkeitsstaat ab. Folgerichtig konnte der Versuch unternommen werden, die Gesellschaft wieder näher an den Staat heranzuführen und im Zuge dessen auch die Selbstverwaltung im Sinne des Freiherrn vom Stein als Dienst am Staat neu zu beleben. Als ein Ergebnis dieser Bemühungen ist die Verabschiedung der preußischen Kreisordnung von 1872 zu werten, die vor allem auf Reformvorschläge Rudolf von Gneists zurückgeht. Gneist hatte mit seinen Arbeiten zum „Self-Government" des englischen Rechts den Selbstverwaltungsgedanken gefördert, indem er die öffentliche Verwaltung in möglichst hohem Maße von besoldeten Berufsbeamten auf ein unbesoldetes Ehrenbeamtentum übertragen wollte. Es kam ihm auf eine weitreichende Einschaltung von ehrenamtlichen Kräften (Laien) in den Gesetzesvollzug an. Dabei betonte er – ähnlich wie Freiherr vom Stein –, dass als Ehrenbeamte nur Angehörige der besitzenden Schichten der Gesellschaft in Betracht kämen[156].

Daneben sind von den Vorstellungen Lorenz von Steins wichtige Impulse für die Selbstverwaltungsidee ausgegangen. Seiner Ansicht nach sollte die schon vorgesehene Teilnahme des Volkes an der Legislative durch dessen Teilnahme auch an der Exekutive ergänzt werden. Er betrachtete es als krassen Widerspruch, jedem Staatsbürger durch freie Wahl die volle Beteiligung an der Gesetzgebung zu gewähren, die Verwaltung jedoch als eine von jeder solcher Beteiligung ausgeschlossene Gewalt anzusehen. Organisatorisch wollte er deshalb die staatsbürgerschaftliche Mitwirkung an der administrativen Tätigkeit mit des Hilfe des Selbstverwaltungsprinzips sicherstellen: „Die Selbstverwaltung aber ist es, welche bestimmt und fähig ist, das Prinzip, welches an der freien Gesetzgebung lebendig ist, auch in die Verwaltung hinüber zu leiten"[157].

Den Ansätzen des Freiherrn vom Stein, Rudolf von Gneists und Lorenz von Steins ist gemeinsam, dass sie die Mitwirkung und Teilhabe des Bürgers an den Staatsgeschäften in den Mittelpunkt ihrer Überlegungen stellten. Im Hinblick auf ihr Verständnis vom „Staatsbürger" und dem „Ehrenbeamten" als lediglich die besitzenden Klassen umfassende Begriffe beruhten die Konzeptionen zwar noch nicht auf einer auf Freiheit und Gleichheit ausgerichteten Theorie von einer demokratisch-egalitären Volksherrschaft im heutigen Sinne. Unbestreitbar ist jedoch, dass die angestrebten Ziele des Abbaus des Gegensatzes zwischen Obrigkeitsstaat und Untertan, der Aktivierung des Bürgers für und seine Integration in die Gemeinschaft und der Belebung des Gemeinsinns wichtige Schritte auf dem Weg zu demokratischen Wertvorstellungen waren. Gleiches gilt für die Tendenz, dass bestimmte gesellschaftliche Gruppen („Besitzbürgertum") an der Erledigung spezifischer, sie mehr als andere betreffende öffentlicher Angelegenheiten „bürgerschaftlich" – im Sinne von weitgehend frei vom Staat, eben „selbst verwaltend" – aktiv teilhaben und mitwirken konnten. Auf der Grundlage einer in diesem Sinne demokratisch strukturierten Selbstverwaltung konnte 1919 und 1949

---

[156] Frotscher, Selbstverwaltung und Demokratie, S. 136; Hendler in: HBStR IV, § 106 Rdnr. 8.
[157] Lorenz von Stein, Die Verwaltungslehre I/2.Bd., S. 169.

auf lokaler Ebene das entstehen, was man heute unter kommunaler Selbstverwaltung versteht.

b) Aktuelle Ausformung der kommunalen Selbstverwaltung

Auch heute spielt der Partizipationsgedanke im Sinne von Teilhabe und Mitwirkung bestimmter Personengruppen an sie besonders betreffenden Angelegenheiten des öffentlichen Lebens in der Diskussion um Gehalt und Bedeutung der (kommunalen) Selbstverwaltung eine, wenn nicht die entscheidende Rolle. So betont das Bundesverfassungsgericht, dass kommunale Selbstverwaltung „ihrem Wesen und ihrer Intention nach Aktivierung der Beteiligten für ihre eigenen Angelegenheiten"[158] bedeute und den Bürgern auf der örtlich bezogenen Ebene der Gemeinden „eine wirksame Teilnahme an den Angelegenheiten des Gemeinwesens ermöglichen"[159] solle. Die (kommunale) Selbstverwaltung erweist sich demnach als eine Form der Betroffenenpartizipation, basierend auf dem (politischen) Gedanken, dass aufgrund der „der Selbstverwaltung immanenten Mitwirkung der Betroffenen"[160] deren Vorstellungen, Wünschen und Ansprüchen in verstärktem und besonderem Maße Rechnung getragen werden kann und soll[161].

Die Legitimation der Selbstverwaltung erfolgt ebenso wie die organisationsrechtliche Verwirklichung des Partizipationsprinzips und damit die rechtliche Gewährleistung der Mitwirkungsmöglichkeiten in der Weise, dass die Betroffenen in den Willensbildungs- und Entscheidungsprozess der jeweiligen Selbstverwaltungseinheiten einbezogen werden. Damit wird die Selbstverwaltungsidee – insbesondere in Bezug auf die Selbstverwaltungseinheit „Kommune" – gleichzeitig in den Dienst der „gegliederten"[162], d.h. auf Selbstverwaltungskörperschaften aufgebauten Demokratie des Grundgesetzes gestellt.

Vor diesem Hintergrund ist es nur konsequent, wenn Art. 28 Abs. 1 S. 2 GG für die beiden wichtigsten Typen von kommunalen Gebietskörperschaften, die Landkreise und Gemeinden, zwingend vorschreibt, das Volk müsse in ihnen genau so wie in Bund und Ländern eine aus direkten Wahlen hervorgehende Volksvertretung haben. Insbesondere in den Kommunen wird damit Selbstverwaltung als Teil des demokratischen Systems praktiziert[163]. Diese wichtigen Verbindungslinien zwischen Selbstverwaltungsidee und demokratischer Verfassungsstruktur haben in Art. 11 Abs. 4 der Bayerischen Landesverfassung ihren sichtbarsten Ausdruck gefunden. Danach „dient die Selbstverwaltung dem Aufbau der Demokratie ... von unten nach oben". Und das Bun-

---

[158] BVerfGE 11, 266 (275).
[159] BVerfGE 79, 127 (150).
[160] Stern, Staatsrecht I, S. 821.
[161] Hendler in: HBStR IV, § 106 Rdnr. 15.
[162] v. Unruh, DVBl. 1975, 1 (2).
[163] Püttner in: HBStR IV, § 107 Rdnr. 14; Frotscher, Selbstverwaltung und Demokratie, S. 137; Schmidt-Aßmann in: ders., Besonderes Verwaltungsrecht, 1. Kapitel Rdnr. 3, 8.

desverfassungsgericht verdeutlicht das Prinzip der stufenweise aufgebauten Demokratie mit der Bezeichnung der Kommunen als „Keimzelle der Demokratie"[164] besonders plastisch.

Diese Funktion der Kommunen wird auch durch die kommunale Praxis belegt. Allein über 100.000 „Mandatsträger" in Gemeinden, Städten und Kreisen geben der bundesdeutschen Demokratie einen breit gefächerten, pluralistischen Unterbau und zeugen von bürgerschaftlichem Engagement und aktiver Teilnahme vieler Bürger am sie unmittelbar betreffenden politischen Gestaltungsprozess. Die so praktizierte kommunale Selbstverwaltung bildet damit die Grundlage einer partizipativen, bürgernahen Demokratie[165].

Mit dem Gedanken von der gegliederten, bürgernahen Demokratie und der damit verbundenen stufenweise aufgebauten Staatsstruktur ist jedoch nicht nur das eine Element der eingangs unter Ziffer 2.) kurz angedeuteten Doppelrolle der Kommunen angesprochen, das gemäß den vorstehenden Ausführungen mit Merkmalen wie aktive Teilhabe am unmittelbaren politischen Gestaltungsprozess und auf pluralistischer Entscheidungsgrundlage beruhende Erledigung örtlicher Angelegenheiten charakterisiert werden kann und damit eher den bürgerschaftlich-gesellschaftlichen Aspekt des kommunalen Gemeinwesens verkörpert. Dieser Gedanke skizziert auch ein Stück weit die andere Komponente der Doppelrolle der gemeindlichen Verwaltung, nämlich ihre eher als staatlich zu bezeichnende Funktion als in die staatlichen Organisationsstrukturen integrierter Verwaltungsträger vor Ort.

In dieser Eigenschaft sind die Kommunen im Staatsaufbau der Bundesrepublik Deutschland Teil des Staates und Träger öffentlicher, namentlich vollziehender Gewalt. Hier ist es insbesondere ihr Beitrag zur administrativen Dezentralisation, der ihnen als selbständige und eigenverantwortlich handelnde juristische Personen (Gebietskörperschaften) des öffentlichen Rechts bei der dezentralen und damit verwaltungspraktikablen Aufgabenwahrnehmung in unmittelbarem Kontakt zum Bürger auch erhebliches praktisches Gewicht verleiht. Denn ein wesentlicher Teil der Verwaltungsaufgaben wird von den Kommunen direkt vor Ort „bürgernah" erledigt, und etwa ein Viertel des öffentlichen Personals und der öffentlichen Ausgaben entfallen auf die Kommunen[166].

Vor dem Hintergrund der bislang erörterten Zusammenhänge lässt sich kommunale Selbstverwaltung charakterisieren als eine öffentlich-rechtliche Organisationseinheit, die gegenüber dem staatsunmittelbaren Behördensystem institutionell verselbständigt, dem Staatsverband aber dennoch eingegliedert ist und sich dadurch auszeichnet, dass bestimmte öffentliche Angelegenheiten von den davon besonders Betroffenen – d.h. in den Kommunen von den Bürgern der örtlichen Gemeinschaft – eigenverantwortlich

---

[164] BVerfGE 79, 127 (149).
[165] Püttner in: HBStR IV, § 107 Rdnr. 4.
[166] Püttner in: HBStR IV, § 107 Rdnr. 6.

wahrgenommen und verwaltet werden[167]. Diese Funktionsbestimmung der kommunalen Selbstverwaltung bringt nicht nur die Doppelrolle der Kommunen zum Ausdruck, sondern konstituiert auch ihre verfassungsrechtliche Stellung und muss deshalb zur Auslegung der in Art. 28 Abs. 2 GG normierten Verfassungsgarantie der kommunalen Selbstverwaltung herangezogen werden. Diese Norm bestimmt und konkretisiert das Verhältnis der Gemeinden zum Staat, indem sie den Gemeinden bestimmte Rechte in Abgrenzung zum Staat garantiert.

c) Die Verfassungsgarantie des Art. 28 Abs. 2 S. 1 GG

Gemäß Art. 28 Abs. 2 S. 1 GG muss den Gemeinden das Recht gewährleistet sein, alle Angelegenheiten der örtlichen Gemeinschaft im Rahmen der Gesetze in eigener Verantwortung zu regeln. Adressat dieser Verpflichtung ist „der Staat", d.h. Legislative, Exekutive und Judikative in Bund und Ländern werden durch dieses unmittelbar geltende Verfassungsrecht gebunden. Die rechtliche Eigenart der Selbstverwaltungsgarantie lässt sich am besten herausarbeiten, wenn man innerhalb von Art. 28 Abs. 2 GG zwischen den (weitestgehend anerkannten) Garantieebenen der institutionellen Rechtssubjekts-, der objektiven Rechtsinstitutions- und der subjektiven Rechtsstellungsgarantie differenziert[168].

Die erste Garantieebene gewährleistet, dass es überhaupt Gemeinden als Elemente des Verwaltungsaufbaus geben muss. Gemeint ist damit, dass den Gemeinden als verselbständigten rechtsfähigen Einheiten in Gestalt der Körperschaften des öffentlichen Rechts von der Rechtsordnung allgemein die Fähigkeit zuerkannt sein muss, Träger von Rechten und Pflichten zu sein. Die Garantie des Bestandes eines solchen Verwaltungsträgers umfasst nicht den Bestand der einzelnen Gemeinde in ihrem jeweiligen konkret-individuellen Zuschnitt, sondern gilt grundsätzlich nur für „die Gemeinde" als Institution. Dem Staat ist es durch Art. 28 Abs. 2 GG demnach nicht verwehrt, eine bestimmte Gemeinde aufzulösen oder sie mit einer anderen Gemeinde zusammenzulegen. Verwehrt ist es ihm dagegen, die gemeindliche Verwaltungsebene ganz oder überwiegend zu beseitigen oder an die Stelle der Gemeinden unselbständige Verwaltungseinheiten zu setzen[169].

Die zweite Garantieebene betrifft die Gewährleistung der Institution „kommunale Selbstverwaltung" im Sinne der eigenverantwortlichen Wahrnehmung des gemeindlichen Aufgabenbereichs durch die örtliche Gemeinschaft. Diese Ebene betreffen in erster Linie die in Art. 28 Abs. 2 GG selbst aufgeführten Tatbestandsmerkmale, die gleichzeitig den Schutzbereich der Verfassungsgarantie und dessen Grenzen markieren: Angelegenheiten der örtlichen Gemeinschaft, diesbezügliche Allzuständigkeit der Gemeinden, Eigenverantwortlichkeit, Gesetzesvorbehalt („im Rahmen der Gesetze").

---

[167] Hendler in HBStR IV, § 106 Rdnr. 20.

[168] Nach Stern, Staatsrecht I, § 12 II 4 b.

[169] Schmidt-Aßmann in: ders., Besonderes Verwaltungsrecht, 1. Kapitel Rdnr. 10, 11.

Bevor hierauf im einzelnen eingegangen wird, sei noch kurz die dritte Garantieebene angesprochen. Diese besagt, dass Art. 28 Abs. 2 GG es nicht allein beim objektiven Konstitutionsprinzip belässt, sondern den Gemeinden auch eine subjektive Rechtsstellung einräumt. Das bedeutet, dass die einzelne Gemeinde zum Schutz der vorgenannten Gewährleistungen Rechtsschutz in Anspruch nehmen und von den Garantieverpflichteten die Einhaltung der Gewährleistungen verlangen kann[170]. Ausdruck dieses Rechts ist z.b. die kommunale Verfassungsbeschwerde nach Art. 93 Abs. 1 Nr. 4 b GG, §§ 13 Nr. 8a, 91 ff BVerfGG oder – exemplarisch für die Länderebene – nach Art. 75 Nr. 4 Verf. NRW, § 52 VGHG NRW.

Wie bereits erwähnt, umfasst die Selbstverwaltungsgarantie – in ihrer Ausformung als objektive Rechtsinstitutionsgarantie – das Recht der Gemeinden, alle Angelegenheiten der örtlichen Gemeinschaft im Rahmen der Gesetze eigenverantwortlich zu erledigen. Unter örtlichen Angelegenheiten sind nach dem Bundesverfassungsgericht solche „Bedürfnisse und Interessen" zu verstehen, „die in der örtlichen Gemeinschaft wurzeln oder auf sie einen spezifischen Bezug haben", die also „den Gemeindeeinwohnern gerade als solchen gemeinsam sind, indem sie das Zusammenleben und -wohnen in der (politischen) Gemeinde betreffen"[171]. Diese Definition verdeutlicht wieder die bereits des öfteren herausgestellte Ausrichtung des kommunalen Gemeinwesens auf das politisch-bürgerschaftliche Engagement. Die Gemeinden können sich grundsätzlich aller dieser Angelegenheiten annehmen, wenn sie nicht durch Gesetz einem anderen Träger öffentlicher Verwaltung übertragen sind. Den Gemeinden ist damit institutionell die Allseitigkeit (Universalität) ihres Wirkungskreises garantiert. Mit diesem Grundsatz der Allzuständigkeit verbindet sich die Vermutung zu Gunsten der kommunalen gegenüber der staatlichen Zuständigkeit. Demnach besteht ein Regel-Ausnahme-Verhältnis[172].

Kommunale Selbstverwaltung besteht weiterhin darin, dass die örtlichen Angelegenheiten „in eigener Verantwortung" geregelt werden können. Eigenverantwortlichkeit bedeutet dabei Freiheit der Gemeinde von fachaufsichtlichen und damit Zweckmäßigkeitsweisungen anderer Hoheitsträger, insbesondere des Staates, und bezieht sich grundsätzlich auf das Ob, Wann und Wie der Aufgabenwahrnehmung. Darin liegen eine Ermessensfreiheit und ein (politischer) Gestaltungsspielraum, ohne den die damit in Zusammenhang stehende Verpflichtung des Art. 28 Abs. 1 S. 2 GG zu einem eigenen, direkt gewählten Legitimationssystem sinnlos wäre. Dass die Eigenverantwortlichkeit demgegenüber nicht von der Beachtung der Gesetze entbindet, folgt schon aus der in Art. 20 Abs. 3 GG normierten Gesetzesbindung der Exekutive, der alles gemeindliche Handeln verpflichtet ist. Dem korrespondiert die Rechtsaufsicht des Staa-

---

[170] Pieroth in: Jarass/Pieroth, GG, Art. 28 Rdnr. 11; Schmidt-Aßmann in: ders., Besonderes Verwaltungsrecht, 1. Kapitel Rdnr. 13, 24.

[171] BVerfGE 79, 127 (151).

[172] Schmidt-Bleibtreu/Klein, GG, Art. 28 Rdnr. 10.

tes über die Gemeinden, d.h. die Überprüfung der Rechtmäßigkeit des gemeindlichen Handelns[173].

„Eigenverantwortlich" im beschriebenen Sinne können die Gemeinden nur handeln, wenn sie für einen bestimmten, sie speziell betreffenden Aufgabenkreis zuständig sind. Die entsprechenden Aufgaben, die die Gemeinden eigenverantwortlich erfüllen, werden mit dem Begriff „Gemeindehoheiten" beschrieben und beinhalten elementare Handlungssektoren. Grundlegend ist zunächst die Gebietshoheit als die Befugnis der Gemeinde, jedem gegenüber, der sich auf ihrem Gebiet aufhält, „Herrschaftsgewalt" auszuüben, d.h. rechtserhebliche Handlungen vornehmen zu können. Die Organisationshoheit berechtigt die Gemeinden, Organisation und Zusammenwirken der eigenen Untergliederungen, Einrichtungen, Beschluss- und Vollzugsorgane und deren Geschäftsabläufe zu regeln. Die Planungshoheit ist die Kompetenz, aufgrund von Analyse und Prognose erkennbare Entwicklungen konzeptionell und langfristig zu steuern. Hierher gehört u.a. die Festlegung der Bodennutzung sowie die Förderung von Wirtschaft und Umwelt. Auf der Grundlage der Personalhoheit dürfen die Gemeinden ihr Personal, insbesondere die Gemeindebeamten, auswählen, einstellen, befördern und entlassen. Die Rechtsetzungshoheit ist in erster Linie durch den Erlass von Satzungen gekennzeichnet. Die Gewährleistung der Grundlagen der finanziellen Eigenverantwortung gemäß Art. 28 Abs. 2 S. 3 GG räumt als Finanzhoheit den Gemeinden das Recht zu einer eigenverantwortlichen Einnahmen- und Ausgabenwirtschaft auf der Basis einer aufgabenadäquaten Finanzausstattung ein[174].

Garantiert ist die Selbstverwaltung nach Art. 28 Abs. 2 S. 1 GG „im Rahmen der Gesetze". Bei dieser Formulierung handelt es sich nach überwiegendem Verständnis um einen Gesetzesvorbehalt, der den Gesetzgeber zur Ausformung des Garantiegehalts, zur Fixierung immanenter Grenzen und zu Eingriffen in verfassungsunmittelbare Garantiebereiche ermächtigt[175]. Diesen Eingriffen sind aber selbst wieder Grenzen gesetzt dadurch, dass nach dem Bundesverfassungsgericht ein bestimmter Kernbereich gegen jede gesetzliche Schmälerung geschützt ist. Nach dieser – an die Grundrechtsdogmatik angelehnten – so genannten Kernbereichsgarantie darf der Wesensgehalt der kommunalen Selbstverwaltung durch den Gesetzgeber nicht ausgehöhlt werden[176]. Dabei werden Kernbereich bzw. Wesensgehalt verstanden als „das Essentiale einer Einrichtung, das man aus einer Institution nicht entfernen kann, ohne deren Struktur und Typus zu verändern"[177]. Um den unantastbaren Kernbereich zu bestimmen, wird zum

---

[173] Pieroth in: Jarass/Pieroth, GG, Art. 28 Rdnr. 16; Schmidt-Aßmann in: ders., Besonderes Verwaltungsrecht, 1. Kapitel Rdnr. 19.
[174] Pieroth in: Jarass/Pieroth, GG, Art. 28 Rdnr. 13; Schmidt-Bleibtreu/Klein, GG, Art. 28 Rdnr. 11; Schmidt-Aßmann in: ders., Besonderes Verwaltungsrecht, 1. Kapitel Rdnr. 23.
[175] BVerfGE 56 298 (309f); 79, 127 (143); Pieroth in: Jarass/Pieroth, GG, Art. 28 Rdnr. 20; Schmidt-Aßmann in: ders., Besonderes Verwaltungsrecht, 1. Kapitel Rdnr. 20.
[176] BVerfGE 1, 167 (174f); 38, 258 (278f).
[177] Stern, Staatsrecht I, § 12 III 4 d.

einen auf die historische Entwicklung, zum anderen auf das aktuelle Erscheinungsbild der Selbstverwaltung abgestellt[178].

In Ergänzung zu diesen relativ „schwammigen" Kriterien hat das Bundesverfassungsgericht in seiner jüngeren Rechtsprechung eine materiell ansetzende Theorie zum Schutz der Selbstverwaltung entwickelt. Danach muss der Gesetzgeber auch außerhalb des Kernbereichs die „spezifische Funktion" berücksichtigen, die den Gemeinden nach der Verfassung zukommt. Insbesondere muss er – in Ansehung der schon erwähnten Regel-Ausnahme-Systematik – den Grundsatz der Allzuständigkeit der Gemeinden beachten und im Sinne bürgernaher Verwaltung dem von der Verfassung gewollten dezentralen Aufgabenverteilungsprinzip Rechnung tragen. Deshalb dürfen den Gemeinden Angelegenheiten mit örtlich relevantem Bezug nicht beliebig, sondern nur „aus Gründen des Gemeininteresses" entzogen und einem anderen Verwaltungsträger nur dann zugewiesen werden, wenn „anders die ordnungsgemäße Aufgabenerfüllung nicht sicherzustellen wäre"[179].

Mit den vorstehenden Ausführungen ist das als traditionell zu bezeichnende Verständnis von der Verfassungsgarantie der kommunalen Selbstverwaltung grob umrissen dargestellt. Es ist geprägt von der den Kommunen zugeschriebenen Doppelfunktion als verselbständigter Träger staatlicher Gewalt und als bürgerschaftlich-gesellschaftliche Keimzelle einer gegliederten Demokratie sowie von dem Dualismus zwischen kommunaler Eigen- und staatlicher Fremdverwaltung. Bevor dessen Bezug zu der von der Agenda 21 den Kommunen zugedachten Rolle hergestellt wird, soll zuvor noch kurz auf Ansätze zu einer Neubestimmung des Verständnisses der Selbstverwaltungsgarantie in der Literatur eingegangen werden.

d)   Zur Auseinandersetzung mit neueren Konzeptionen im Schrifttum

Mit der Möglichkeit des Gesetzgebers, die kommunale Selbstverwaltung zu beschränken, und der Schwierigkeit, die Grenzen dieses Eingriffsrechts in Form der Kernbereichsgarantie handhabbar und wirkungsvoll zu definieren, steigt die Gefahr einer fortschreitenden Aushöhlung dieser Institution. So wird dann auch eine Diskrepanz zwischen dem Verfassungstext des Art. 28 Abs. 2 GG und der Wirklichkeit der kommunalen Selbstverwaltung aufgrund ständiger Veränderungen ihrer Randbedingungen konstatiert[180]. Ferner wird darauf hingewiesen, dass diese Verfassungsnorm trotz aller Garantiegehalte praktisch keine kommunale Hoheitsfunktion und kaum eine der so genannten Kernaufgaben habe intakt halten können[181]. Deshalb werden Versuche unternommen, das herkömmliche Verständnis der Verfassungsgarantie weiterzuentwickeln, anders zu begründen oder zu modifizieren[182]. Die meisten Ansätze einer solchen Neu-

---

[178] BVerfGE 76, 107 (118); 91, 228 (238).
[179] BVerfGE 79, 127 (153f); Püttner in: HBStR IV, § 107 Rdnr. 22, 23.
[180] Blümel, VVDStRL 36 (1978), 171 (188).
[181] Grawert, VVDStRL 36 (1978), 277 (281).
[182] Scheuner, AfK 1973, 1 ff; Roters, DVBl. 1976, 359 ff.

bestimmung interpretieren den Verfassungstext dabei weiterhin auf der Grundlage der oben skizzierten Grundannahmen.

Eine grundlegend neue Konzeption hat dagegen Burmeister entworfen[183]. Von der Erkenntnis starker Diskrepanzen zwischen Verfassungstheorie und Verfassungswirklichkeit ausgehend, möchte er das traditionelle Selbstverwaltungsverständnis durch eine eng am Wortlaut des Art. 28 Abs. 2 GG angelehnte verfassungstheoretische Neukonzeption ersetzen. Burmeister geht dabei so vor, dass er in Einleitung und einem ersten Teil zunächst die seiner Ansicht nach bestehende Unhaltbarkeit der klassischen Interpretation der Selbstverwaltungsgarantie an deren eigenen Widersprüchen aufzeigt. So wendet er sich insbesondere gegen die Unterscheidung zwischen örtlichen und überörtlichen Angelegenheiten, da bei dieser Annahme mit einer „Entörtlichung" einer Aufgabe gleichzeitig ein Kompetenzverlust für die Gemeinde einhergehe. Weiterhin kritisiert er die Grundannahme von der Existenz eines unter Eingriffsvorbehalt stehenden, im Kern aber unantastbaren Substrats kommunaler Eigenzuständigkeit, da der Selbstverwaltungsgarantie als einer institutionellen Garantie im Gegensatz zu den Grundrechten ein solches Substrat gerade fehle[184].

Von diesem Befund ausgehend legt er im zweiten Teil die Grundthesen für eine Neukonzeption der kommunalen Selbstverwaltungsgarantie dar. So könne mit „allen Angelegenheiten der örtlichen Gemeinschaft" nur gemeint sein, dass den Gemeinden überall dort Mitsprache- und Mitentscheidungskompetenzen eingeräumt werden müssten, wo es um die Erfüllung von Aufgaben mit direkter Bedeutung für die Belange der örtlichen Gemeinschaft gehe. Ferner enthalte die Wendung „im Rahmen der Gesetze" keinen Gesetzesvorbehalt, sondern habe die umgekehrte Bedeutung eines Schrankenvorbehalts, der gleichsam „rahmenrechtlicher Vorschriften" zwar bestimmte Regelungen gestatte, „gewisse Freiräume gestalterischer Beweglichkeit" aber auszusparen habe, in denen sich die Selbstverwaltungsidee dann entfalten könne. Die so verstandene kommunale Selbstverwaltung stelle lediglich ein staatsorganisatorisches Aufbauprinzip dar, bei dem die Gemeinden als unterste „Vollzugsinstanz" aller staatlichen Verwaltungsaufgaben eingesetzt seien, und lasse sich als „Gewährleistung eines Sondertyps öffentlicher Verwaltungstätigkeit" charakterisieren[185].

Auf der Grundlage der so entworfenen Konzeption nimmt Burmeister im dritten Teil schließlich die systematische Neuverortung der kommunalen Selbstverwaltung vor. Deren Verständnis als institutionell garantierter unterster Stufe im Staatsaufbau entsprechend sind den Gemeinden letztlich alle Aufgaben staatlicherseits zugewiesen und als „eigene" zur Durchführung übertragen. Infolge dieser Überwindung der Unterscheidung zwischen eigenem und übertragenem Wirkungskreis und damit des Dualismus zwischen kommunaler Eigen- und staatlicher Fremdverwaltung kommt der Stel-

---

[183] Burmeister, Verfassungstheoretische Neukonzeption der kommunalen Selbstverwaltungsgarantie.

[184] Burmeister, Verfassungstheoretische Neukonzeption der kommunalen Selbstverwaltungsgarantie, S. 19 ff.

[185] Burmeister, Verfassungstheoretische Neukonzeption der kommunalen Selbstverwaltungsgarantie, S. 69 ff.

lung der Gemeinde auch im verwaltungs- und verfassungsrechtlichen Verfahren eine neue Bedeutung zu, da jede aufsichtsbehördliche Maßnahme zum anfechtbaren Verwaltungsakt wird. Des Weiteren billigt Burmeister dem Bund vermehrte Gesetzgebungskompetenzen für den kommunalen Bereich zu, indem er zwischen Kommunalverfassungsrecht und dem „Recht der gemeindlichen Handlungsbefugnisse" trennt und nur ersteres einer Regelung durch die Länder vorbehält, während letzteres sich nach der sachgebietsbestimmten Kompetenzverteilung der Art. 70 ff GG richten soll[186].

Die Bewertungen dieser Konzeption in der Literatur reichen von respektabler Zustimmung[187] bis hin zu ablehnender Kritik[188]. Ohne dass in der vorliegenden Arbeit eine eingehende Auseinandersetzung mit und eine abschließende Entscheidung über Konzeption und Stellungnahmen stattfinden sollen, sei zumindest angemerkt, dass es sich bei dem Entwurf Burmeisters einerseits zwar um ein sehr interessantes, kreatives und in sich stimmiges Konzept zu Wesen und Bedeutung der kommunalen Selbstverwaltung handelt, es sich andererseits aber nicht durchgesetzt hat. Die den Kommunen von der Agenda 21 zugedachte Rolle soll deshalb vor dem Hintergrund des klassischen Verständnisses der Selbstverwaltung dargestellt werden.

4. Der Handlungsauftrag an die Kommunen zur Erstellung einer Lokalen Agenda

Im Hinblick auf die herausgearbeitete Doppelfunktion der gemeindlichen Verwaltung erscheint es nicht nur nachvollziehbar, sondern geradezu logisch, dass sich die Kommunen in Teil III der Agenda 21 bei den „major groups" wiederfinden und ihnen mit Kapitel 28 ein eigener Abschnitt mit speziell ihnen zugewiesenen Aufgaben und Funktionen bei der Umsetzung des Aktionsprogramms gewidmet ist. Es ist gerade ihre „Zwitterstellung" zwischen Staat und Gesellschaft, die sie für die Agenda 21 und deren Leitprinzipien – Integration von unterschiedlichen Themen und Partizipation verschiedener Beteiligter – so interessant macht.

In ihrer Rolle als Teil des Staates und selbständiger dezentraler Verwaltungsträger bieten die Kommunen, hier speziell die Kommunalverwaltungen, den idealen organisatorischen „Unterbau" vor Ort, von dem aus eine große Zahl von Personen erreicht werden kann. Bildlich gesprochen eignen sich die Verwaltungen in besonderem Maße, die Ideen der Agenda 21 aus dem staatlichen Bereich in die Gesellschaft, sprich in ihre Bürgerschaft, „hineinzutragen". Und hier knüpft gleichzeitig die andere Funktion der Kommunen und insbesondere der kommunalen Selbstverwaltung als „Aktivator" der Beteiligten für ihre eigenen Angelegenheiten an: Die Bürger der Kommunen sollen am Prozess der Umsetzung der Agenda 21 in dem speziell sie betreffenden, d.h. ortsbezo-

---

[186] Burmeister, Verfassungstheoretische Neukonzeption der kommunalen Selbstverwaltungsgarantie, S. 115 ff.
[187] Schulte, DVBl. 1978, 825 ff.
[188] Richter, DVBl. 1978, 783 ff.

genen Bereich pluralistisch teilhaben und eigenverantwortlich mitwirken, kurz ihn aktiv mitgestalten.

Ganz konkret werden die Kommunalverwaltungen – wie eingangs bereits erwähnt – in Kapitel 28 der Agenda 21 dann auch aufgefordert, mit ihren Bürgern, örtlichen Organisationen und der Privatwirtschaft in einen Dialog einzutreten mit dem Ziel, im Konsens eine „kommunale Agenda 21"[189] zu erarbeiten und zu beschließen. Im Verlauf dieses so genannten Konsultationsprozesses sollen unter anderem Informationen zum Thema nachhaltige Entwicklung ausgetauscht und neue Erkenntnisse für das zu erarbeitende lokale Leitbild fruchtbar gemacht werden.

Während einerseits – dem örtlichen Bezug der zu entfaltenden Aktivitäten entsprechend – in dem kommunalen Aktionsprogramm jede Stadt und Gemeinde ihre individuellen Vorstellungen und Zielvorgaben für ihre zukunftsfähige Entwicklung erarbeiten und formulieren muss, fühlt sich andererseits auch die Lokale Agenda dem ganzheitlichen Ansatz der (globalen) Agenda 21 in Form der Verknüpfung von ökologischen, ökonomischen und sozialen Aspekten und deren gemeinsamer Ausrichtung auf das Ziel der Nachhaltigkeit verpflichtet. Kommunales Handeln in globaler Verantwortung kann dementsprechend als Leitmotiv des Kapitels 28 der Agenda 21 bezeichnet werden. Mit Hilfe solcher kommunalen Aktionsprogramme soll insgesamt eine nachhaltige und zukunftsbeständige Entwicklung der Städte und Gemeinden im 21. Jahrhundert erreicht werden[190].

Im Hinblick darauf, dass die Kommunen gemäß Art. 28 Abs. 2 GG alle Angelegenheiten der örtlichen Gemeinschaft eigenverantwortlich regeln können, kommt bei der Umsetzung der Agenda 21 und der Verwirklichung des Nachhaltigkeitsprinzips vor Ort den Gemeindehoheiten als Ausdruck der Handlungsbefugnis der Kommunen in elementaren Bereichen besondere Bedeutung zu. So gewährleisten die Organisations-, Personal- und Finanzhoheit eine der jeweiligen Struktur und Situation der Kommune angepasste und eigenverantwortliche Entscheidung z.B. darüber, ob und gegebenenfalls wo innerhalb der Verwaltung die Zuständigkeit für die Agenda-Thematik angesiedelt werden soll sowie ob und gegebenenfalls welche personellen und finanziellen Mittel für den Agenda-Prozess bereitgestellt werden sollen. Und die Planungshoheit ermöglicht, dass bei der auf Analyse und Prognose beruhenden Erarbeitung eines langfristigen Konzepts (z.B. im Rahmen der Erschließung von neuen Bau- oder Gewerbegebieten oder bei Infrastrukturmaßnahmen) ökologische, ökonomische und soziale Aspekte der zukünftigen Entwicklung der Gemeinde in der von der Agenda 21 geforderten ganzheitlichen Art und Weise Berücksichtigung finden können.

Dass die Kommunen die ihnen von der Agenda 21 sowohl national als auch international zugedachte Rolle ausfüllen können und die dafür zur Verfügung stehende rechts-

---

[189] BMU, Umweltpolitik, Agenda 21, S. 231.
[190] Fiedler, Zur Umsetzung der Agenda 21 in den Staaten und Kommunen, S. 56; Forum Umwelt und Entwicklung, Lokale Agenda 21 – Ein Leitfaden, S. 13.

organisatorische „Infrastruktur" – also speziell für die Bundesrepublik die vorstehend dargestellten Instrumente der kommunalen Selbstverwaltung – offenbar auch nutzen, hat nicht zuletzt der Weltgipfel für Nachhaltige Entwicklung im Spätsommer 2002 in Johannesburg gezeigt. Auch wenn die Analyse des konkreten Umsetzungsstandes der (Lokalen) Agenda 21 in den Städten und Gemeinden einem eigenen Kapitel vorbehalten bleibt (nachfolgend im zweiten Teil), kann bereits an dieser Stelle darauf hingewiesen werden, dass es in Johannesburg gerade die Repräsentanten der Kommunen waren, die eigene Initiativen ergriffen und weitere Fortschritte auf dem Weg zu einer nachhaltigen Entwicklung eingefordert haben.

Parallel und in Ergänzung zur „großen" Gipfelkonferenz haben sich in Johannesburg die Vertreter der Kommunen und der anderen „local authorities" im Rahmen einer „Local Government Session" getroffen und eigene Erklärungen verabschiedet, und zwar die Erklärung der Kommunen („Local Government Declaration") und den Johannesburger Aufruf („Johannesburg Call")[191]. In der erstgenannten Erklärung bekräftigen die Kommunen unter anderem, dass sie den Zielen der Agenda 21 weiterhin verpflichtet sind, erneuern ihr „Engagement für die Prinzipien der nachhaltigen Entwicklung" und nennen dazu ausdrücklich die „Integration von wirtschaftlichen, sozialen und umweltspezifischen Aspekten", die „Beteiligung der Bürger an Entscheidungsprozessen" und die „Verantwortung gegenüber kommenden Generationen und benachteiligten Bevölkerungsgruppen". Im Johannesburger Aufruf betonen die Kommunen ihre „entscheidende Rolle" bei der Umsetzung der Ziele und Bestrebungen der Rio-Konferenz und verpflichten sich, ihre entsprechenden Bemühungen in Zukunft noch zu verstärken und dazu „praktische und realistische Aktionspläne" auszuarbeiten und umzusetzen. Um dies erreichen zu können, fordern die Kommunen in ihrer Eigenschaft als „Schnittstelle zwischen den Regierungen und der Bevölkerung" ihre nationalen Regierungen, die internationalen Organisationen und die UNO auf, „der Stimme der internationalen Kommunen Beachtung zu schenken", „alle Möglichkeiten zur Stärkung ... der kommunalen Verwaltungen auszuschöpfen" und sie bei ihren Absichten und Vorhaben zu unterstützen[192].

In Johannesburg haben die Kommunen demnach eigene Akzente gesetzt und sich als eine Art „Motor" für den Agenda-Prozess profiliert. Wie die Bemühungen der Kommunen um eine konkrete Umsetzung der Agenda 21 in Gestalt der Erarbeitung einer Lokalen Agenda in der Praxis aussehen, welche Schwierigkeiten sich dabei ergeben können und ob die Kommunen dem Anliegen des Rio-Dokumentes und ihrem auf dem Nachfolgegipfel formulierten eigenen Anspruch gerecht werden, wird nachfolgend im zweiten Teil untersucht. Zuvor soll noch auf eine auch von der Agenda 21 geforderte und geförderte grundsätzliche Entwicklung eingegangen werden.

---

[191] Beide Dokumente sind abgedruckt unter www.agenda-service.de.
[192] Vgl. die genauen Wortlaute unter www.agenda-service.de.

5. Die (Lokale) Agenda 21 im Trend der Ermöglichung von mehr Partizipation

Mit ihren Forderungen nach mehr Engagement und Beteiligung wichtiger gesellschaftlicher Gruppen an öffentlichen Gestaltungsprozessen, nach einer umfassenden Einbindung der Öffentlichkeit in politische Entscheidungsfindungsprozesse und nach einer Konsultation der Bürger und örtlicher Organisationen durch die Kommunalverwaltungen steht die Agenda 21 zum einen – wie bereits aufgezeigt – in der Tradition der Idee der Selbstverwaltung. Auch dabei ging und geht es darum, bestimmte, von spezifischen Angelegenheiten besonders Betroffene an deren Gestaltung eigenverantwortlich teilhaben und mitwirken zu lassen. Dies trifft bei der Idee von der Erstellung einer Lokalen Agenda unter Einbindung und Beteiligung von Bürgern und bestimmten Gruppierungen einer Kommune in besonderem Maße zu. Zum anderen liegt die Agenda 21 mit diesen Forderungen, insbesondere mit ihrer Vorstellung von der „Notwendigkeit neuer Formen der Partizipation"[193], in einem seit einigen Jahren wieder neu belebten Trend.

a) Bisherige partizipative Tendenzen

Der zu verzeichnende Trend betrifft die allgemein erhobene Forderung nach mehr Partizipation und kann schlagwortartig mit Wendungen wie „Mehr bürgerschaftliche Mitwirkung", „Stärkere Bürgerbeteiligung", „Demokratisierung", „Einführung und Verstärkung von plebiszitären und direktdemokratischen Elementen" oder „Mehr Demokratie durch Transparenz und Bürgernähe" beschrieben werden. Im Laufe der Zeit haben sich die mit den genannten Begriffen verbundenen Vorstellungen jedoch weiterentwickelt und teilweise gewandelt, wobei sich der Schwerpunkt der Diskussion sowohl zeitlich als auch inhaltlich von den beiden erstgenannten Begriffen über den umfassendsten der „Demokratisierung" hin zu den beiden letztgenannten Formulierungen zu verlagern scheint. Während ursprünglich in erster Linie auf kommunaler Ebene auf die Beteiligung und Mitwirkung einzelner interessierter oder betroffener Personen an bestimmten vorgegebenen Verfahren und in fest installierten Institutionen abgestellt wurde, geht das heutige Verständnis von Partizipation – um diese Bezeichnung als Oberbegriff zu verwenden – auf nationaler und internationaler Ebene darüber hinaus.

Während die Anfangsjahre der Bundesrepublik Deutschland aufgrund der Verarbeitung der Folgen des Zweiten Weltkrieges und des Wiederaufbaus eher durch ein allgemeines politisches Desinteresse der Bürgerschaft gekennzeichnet war, setzte Ende der 60er / Anfang der 70er Jahre ein erster „Demokratisierungstrend" ein. Bis zu dieser Zeit „erschöpfte" sich die Bedeutung von Teilhabe am politischen Gestaltungsprozess in erster Linie in der Mitwirkung in einer politischen Partei, in der Teilnahme an (Kommunal-)Wahlen oder in der Tätigkeit als Gemeinde- oder Stadtratsmitglied oder als sachkundiger Bürger. Die in dieser Zeit aufkommende Forderung nach mehr akti-

---

[193] BMU, Umweltpolitik, Agenda 21, S. 217.

ver bürgerschaftlicher Mitwirkung und Beteiligung an Willensbildungs- und Entscheidungsprozessen kam in den sich bildenden Bürgerinitiativen zum Ausdruck, die vorwiegend im lokalen Bereich und zeitlich begrenzt entstanden und ein konkretes, meist ortsbezogenes und in kurzem zeitlichen Rahmen zu erreichendes Ziel verfolgten. Als gesetzgeberische Reaktion darauf wurden z.B. in einigen Gemeindeordnungen bestimmte Unterrichtungs-, Informations- und Anhörungspflichten des Rates gegenüber den Einwohnern der Gemeinde verankert, die mit den korrespondierenden Rechten ausgestattet wurden. Auch die Aufnahme von Informations- und Beteiligungsrechten der gemeindlichen Öffentlichkeit bei der Aufstellung der Bauleitplanung in das (damalige) Bundesbaugesetz im Jahre 1976 gehört in diese Kategorie[194].

Seit Ende der 80er / Anfang der 90er Jahre entwickelt sich das Verständnis von Partizipation in zwei Richtungen weiter. Zum einen sollen bei bestimmten Fragen nicht mehr nur unmittelbar und konkret Betroffene lediglich mitentscheiden können, sondern allgemein Interessierte sollen neben oder an Stelle der eigentlich zuständigen Gremien rechtsverbindliche Entscheidungen treffen können. Die Einführung von Bürgerbegehren und Bürgerentscheid in die nordrhein-westfälische Gemeindeordnung (§ 26 GO NRW) 1994 bzw. 1999 ist ein Ausdruck dieser Entwicklung. Hintergrund ist, dass man sich durch die Schaffung bzw. Verstärkung solcher plebiszitären und direktdemokratischen Elemente eine (Wieder-)Belebung des Interesses der Bürger am öffentlichen Geschehen und deren (Re-)Aktivierung erhofft. Dem viel beklagten Phänomen der Politikverdrossenheit als dem Resultat einer subjektiven Erfahrung von Macht- und Sinnlosigkeit politischer Entscheidungen soll auf diese Weise wirksam begegnet werden.

Zum anderen wird bestimmten Informations- und Einsichtsrechten von Einzelpersonen und Verbänden gegenüber der Verwaltung bzw. dem Staat, verbunden mit entsprechenden Möglichkeiten der gerichtlichen Überprüfung bei Verletzung, immer größere Relevanz beigemessen. „Die Bedeutung von Information als Voraussetzung für Aktion und die Bedeutung von Transparenz (der Verwaltungsvorgänge) als Voraussetzung von Akzeptanz (des Verwaltungshandelns)"[195] wird zunehmend erkannt, die Schaffung von allgemeinen Informationszugangsrechten auch für nicht unmittelbar an konkreten Verfahren Beteiligte wird dementsprechend für notwendig erachtet.

Eine erste normative Konsequenz dieser Erkenntnis auf bundesdeutscher Ebene war im Zuge der Verfassungsgebung in den neuen Bundesländern in den Jahren 1992 und 1993 die Aufnahme von Landes-Informationsrechten in alle neuen Landesverfassungen der ostdeutschen Bundesländer, die jedermann einen Anspruch auf Auskunft über Umweltdaten einräumen[196]. Auf europäischer Ebene war die Umweltinformations-

---

[194] Rehn, Repräsentative Demokratie und bürgerschaftliche Mitwirkung in der Kommunalverwaltung, S. 309f, 313, 315.
[195] Röger, Zur Entwicklung des europäischen Umweltrechts im allgemeinen und den in der Bundesrepublik durch die Umweltinformationsrichtlinie ausgelösten Irritationen im besonderen, S. 136.
[196] Vgl. Art. 39 Abs. 7 LV Brandenburg, Art. 6 Abs. 3 LV Mecklenburg-Vorpommern, Art. 34 LV Sachsen, Art. 6 Abs. 2 LV Sachsen-Anhalt, Art. 33 LV Thüringen.

richtlinie 90/313/EWG vom 07.06.1990[197] erster Ausdruck dieser Entwicklung, die durch das Umweltinformationsgesetz (UIG) vom 08.07.1994[198] in deutsches Recht umgesetzt wurde und Zugang zu bestimmten themenbezogenen, nämlich umweltrelevanten Daten gewährt. Darauf wird an späterer Stelle (nachfolgend unter b sowie im dritten Teil der Arbeit) noch genauer eingegangen werden.

b) Aktuelle weitergehende Bestrebungen

Ausgehend von der beschriebenen Erkenntnis, dass ein Mehr an Informationen ein Mehr an bürgerschaftlicher Partizipation und demokratischer Transparenz bedeutet, werden in der aktuellen politischen Auseinandersetzung auf internationaler, europäischer, Bundes- und Landesebene im Vergleich zur Umweltinformationsrichtlinie 90/313/EWG und zum Umweltinformationsgesetz noch weiter gehende Ansätze diskutiert, die teilweise die Idee einer „allgemeinen Informationsfreiheit" zum Gegenstand haben.

So hat die Umweltkonferenz des UN-Wirtschafts- und Sozialrates, konkret die Wirtschaftskommission für Europa („Economical Commission for Europe", ECE), im Mai 1998 die „Konvention über den Zugang zu Informationen, die Öffentlichkeitsbeteiligung an Entscheidungsverfahren und den Zugang zu Gerichten in Umweltangelegenheiten"[199] verabschiedet. Unterzeichner dieser so genannten „Aarhus-Konvention" waren insgesamt 39 UN/ECE-Staaten, darunter alle Mitgliedstaaten der EU, sowie die Europäische Kommission. Die Konvention, ein völkerrechtlicher Vertrag, ist am 30.10.2001 in Kraft getreten, nachdem sie von den erforderlichen 16 Staaten ratifiziert worden war.

Wie ihre offizielle Bezeichnung bereits vermuten lässt, besteht die Konvention aus drei „Säulen". Im Bereich „Informationszugang" begründet sie einen umfassenden Jedermannanspruch auf Zugang zu Umweltinformationen, die bei Behörden vorhanden sind. Ein entsprechender Antrag kann nur unter eng begrenzten Voraussetzungen abgelehnt werden (Art. 4). Die Vertragsstaaten werden weiterhin verpflichtet, Umweltinformationen unabhängig von entsprechenden Anträgen zu erheben und in bestimmter Weise zu verarbeiten (Art. 5). Die zweite „Säule" der Konvention betrifft das Feld „Öffentlichkeitsbeteiligung". Einer solchen bedarf die Zulassung bestimmter Vorhaben mit erheblichen Umweltauswirkungen, wie z.B. Industrieanlagen, Infrastrukturprojekte und sonstige raumbedeutsame Vorhaben. Im einzelnen wird festgelegt, auf welche Art und Weise die Öffentlichkeit zu beteiligen ist (Art. 6). Behandelt werden ferner Formen der Öffentlichkeitsbeteiligung bei der Vorbereitung umweltrelevanter Pläne, Programme und Rechtsnormen (Art. 7 und 8). Auf dem Gebiet „Gerichtszugang" regelt die Konvention Widerspruchs- und Klagerechte für Einzelpersonen und

---

[197] ABl.EG Nr. L 158 vom 23.06.1990, S. 56.
[198] BGBl. 1994 I, 1490.
[199] Abgedruckt als Beilage Nr. III/2001 zu NVwZ 2001, Heft 3.

Umweltverbände im Falle der Verweigerung des Informationszugangs im Hinblick auf Entscheidungen, die der Öffentlichkeitsbeteiligung unterliegen, sowie allgemein bei Verstößen gegen umweltrechtliche Vorschriften (Art. 9)[200].

Die Bundesrepublik Deutschland hat die Konvention bislang noch nicht ratifiziert, und zwar mit der Begründung, dass man die dazu zunächst auf EU-Ebene notwendigen Rechtsänderungen abwarten und die dortigen Vorgaben mit in das nationale Recht aufnehmen wolle. Ein bedeutender Schritt dazu ist auf EU-Ebene bereits vollzogen worden. So ist am 14.02.2003 die „Richtlinie 2003/4/EG des Europäischen Parlaments und des Rates über den Zugang der Öffentlichkeit zu Umweltinformationen und zur Aufhebung der Richtlinie 90/313/EWG" vom 28.01.2003[201] („neue" Umweltinformationsrichtlinie) in Kraft getreten. Mit dieser Richtlinie setzt die Europäische Union insbesondere die erste „Säule" der „Aarhus-Konvention" um.

Im Vergleich zur geltenden Richtlinie 90/313/EWG gehen die Vorgaben der neuen Umweltinformationsrichtlinie deutlich weiter. So bezieht sich der Begriff der Umweltinformation nicht mehr „nur" auf den Zustand von Umweltbestandteilen und diesen beeinflussende Tätigkeiten und Maßnahmen, sondern auch auf den Zustand der menschlichen Gesundheit und Sicherheit einschließlich der Kontamination der Lebensmittelkette, soweit diese vom Zustand der Umweltbestandteile betroffen sind oder sein können. Weiterhin wird der Behördenbegriff ausgedehnt von den Umwelt- auf nunmehr sämtliche Behörden und bestimmte private Stellen. Schließlich wird die Frist zur Beantwortung von Informationsanfragen von zwei auf grundsätzlich einen Monat verkürzt, und die Behörden werden verpflichtet, ihre Informationen der Öffentlichkeit zunehmend in elektronischen Datenbanken zur Verfügung zu stellen. Die neue Richtlinie muss von den EU-Mitgliedstaaten bis zum 14.02.2005 in nationales Recht umgesetzt werden, was in Deutschland in erster Linie durch eine entsprechende Änderung des Umweltinformationsgesetzes geschehen wird[202].

Des weiteren ist auf Bundesebene bereits im Jahre 2000 der Entwurf eines so genannten Informationsfreiheitsgesetzes vorgelegt worden, der für jedermann ein generelles und umfassendes Zugangsrecht zu grundsätzlich allen amtlichen Informationen vorsieht bzw. vorsah, die bei Bundesbehörden vorhanden sind. Der Entwurf ist in der 14. Legislaturperiode jedoch nicht verabschiedet worden; ob und gegebenenfalls in welcher konkreten Gestalt dies noch geschehen wird, ist ungewiss[203]. Das Gleiche gilt für den Entwurf eines Verbraucherinformationsgesetzes[204]. Zweck dieses Gesetzes ist bzw. war es, den Zugang von Verbrauchern zu den bei Behörden vorhandenen Informationen über Herkunft, Beschaffenheit, Verwendung, Herstellung und Behandlung

---

[200] Beilage Nr. III/2001 zu NVwZ 2001, 3 ff; Epiney, ZUR Sonderheft 2003, 176 (176ff).
[201] ABl.EU Nr. L 41 vom 14.02.2003, S. 26.
[202] Vgl. zum Ganzen www.bmu.de, Stichworte „Aarhus-Konvention" und „Umweltinformationsrichtlinie".
[203] Vgl. unter www.bmi.bund.de, Stichwort „Informationsfreiheit" sowie Gurlit, DVBl. 2003, 1119 (1130).
[204] Veröffentlicht als Bundesratsdrucksache 210/02 vom 15.03.2002.

von Lebensmittelerzeugnissen sowie über die von den Erzeugnissen ausgehenden Gefahren und Risiken für die Gesundheit und Sicherheit oder die wirtschaftlichen Interessen von Verbrauchern zu regeln. Das Gesetz ist im Jahre 2002 vom Bundestag zwar verabschiedet worden, im Bundesrat aber dann gescheitert. Dieser begrüßte zwar grundsätzlich das mit dem Gesetzesvorhaben verfolgte Ziel, den Verbrauchern mehr Information, Transparenz und Klarheit zu verschaffen, sah dieses Ziel aber unter anderem aufgrund der nach Ansicht des Gremiums praxisfremden und kostenaufwendigen Ausgestaltung des Auskunftsanspruchs nicht als erreicht an[205].

Während demnach die Bemühungen zur Schaffung eines allgemeinen (Verbraucher)-Informationszugangsrechts auf Bundesebene bislang erfolglos blieben, sind die Bundesländer Brandenburg[206], Berlin[207], Schleswig-Holstein[208] und Nordrhein-Westfalen[209] in den letzten Jahren in Vorlage gegangen. Sämtliche Informationsfreiheitsgesetze zeichnen sich ungeachtet zahlreicher Unterschiede im Detail dadurch aus, dass sie einen von einem konkreten Verwaltungsverfahren und der Beteiligtenstellung unabhängigen Anspruch auf Zugang zu und Einsicht in behördliche Vorgänge gegenüber öffentlichen Stellen gewähren. Einschränkungen des Anspruchs ergeben sich aus dem Schutz öffentlicher Belange, von laufenden behördlichen Entscheidungsprozessen, von Betriebs- und Geschäftsgeheimnissen sowie von personenbezogenen Daten[210].

Bei allen Normierungen und Entwürfen geht die Tendenz dahin, den bisher geltenden Grundsatz der beschränkten Aktenöffentlichkeit, der nur konkret Betroffenen einen lediglich verfahrensabhängigen Informationszugangsanspruch zubilligte, durch ein Prinzip des allgemeinen und freien Zugangs zu jeglichen Informationen bei grundsätzlich allen Behörden für jedermann abzulösen. Dadurch soll das Verwaltungshandeln transparenter und bürgernäher werden, die Bürger sollen in die Lage versetzt werden, in Folge hinreichender Sachkenntnis Entscheidungsprozesse enger begleiten, besser nachvollziehen und leichter akzeptieren zu können.

c)   Die (Lokale) Agenda 21 als Vorreiter und „Trendsetter"

Die Agenda 21 greift mit ihren Forderungen nach mehr gesellschaftlicher Beteiligung, nach stärkerer Einbindung der Öffentlichkeit in Entscheidungsfindungsprozesse und nach neuen Formen von Partizipation die vorgeschilderten Bestrebungen und Tendenzen auf bzw. hat sie selbst schon im Jahre 1992 vorgegeben und fungiert seitdem als

---

[205] Vgl. unter www.bundesrat.de, Stichwort „Verbraucherinformationsgesetz" sowie Knitsch, ZRP 2003, 113 (ebenda).

[206] Allgemeines Informationszugangsgesetz (AIG) Brandenburg vom 10.03.1998, GVOBl. 1998, S. 46.

[207] Berliner Informationsfreiheitsgesetz (IFG) vom 15.10.1999, GVBl. 1999, S. 561.

[208] Informationsfreiheitsgesetz für das Land Schleswig-Holstein (IFG-SH) vom 09.02.2000, GS Schl.-H. II, Gl. Nr. 2010-2.

[209] Gesetz über die Freiheit des Zugangs zu Informationen für das Land Nordrhein-Westfalen (IFG-NRW) vom 15.11.2001, GV NRW Nr. 40 vom 07.12.2001, S. 806.

[210] Stollmann, VR 2002, 309 (309, 312ff).

Vorreiter und „Trendsetter" dieser Entwicklung. So betont sie zum einen an mehreren Stellen die Wichtigkeit von verlässlichen Informationen als Basis für die im Zusammenhang mit der nachhaltigen Entwicklung zu treffenden Entscheidungen und zu ergreifenden Maßnahmen und fordert dementsprechende Zugangsrechte und eine bessere Verfügbarkeit von Informationen.

In der Präambel (Kapitel 23) zum dritten Teil heißt es z.B.: „Einzelpersonen, Gruppen und Organisationen sollen Zugang zu umwelt- und entwicklungsrelevanten Informationen haben, die sich in Händen nationaler Behörden befinden"[211]. Und das eigens dem Thema „Informationen für die Entscheidungsfindung" gewidmete Kapitel 40 beginnt mit den einleitenden Worten: „Bei nachhaltiger Entwicklung ist jeder einzelne Nutzer und Anbieter von Informationen im weitesten Sinne. Dazu gehören Daten, Informationen, bedarfsgerecht zusammengefasste Erfahrungen und Kenntnisse. Informationsbedarf entsteht auf allen Ebenen, vom obersten Entscheidungsträger auf nationaler und internationaler Ebene bis hin zur Basis und zum einzelnen Bürger"[212]. Auch hierin kommt wieder der ganzheitliche Ansatz der Agenda 21 in Form der Verknüpfung aller politischen Ebenen und des Verständnisses jedes einzelnen als Akteur am nur gemeinsam zu meisternden Entwicklungsprozess zum Ausdruck.

Zum anderen können speziell durch die geforderten Konsultationsprozesse und den damit einhergehenden Dialog zwischen Kommunalverwaltungen, örtlichen Gruppierungen und Bevölkerung wichtige Informationen über unterschiedliche Perspektiven einer nachhaltigen Entwicklung gewonnen und ausgetauscht werden. Die mit der Erstellung einer Lokalen Agenda verbundene Vernetzung von Informationen, Themen und Beteiligten birgt dabei die Möglichkeit, im lokalen Bereich Handlungs- und Konfliktfelder für eine öko-soziale Zukunftsbeständigkeit aufzuspüren und im Sinne einer nachhaltigen Entwicklung mit allen relevanten Entscheidungsträgern in Verwaltung, Politik, Wirtschaft und Gesellschaft sowie mit der gesamten Bürgerschaft vor Ort zu bearbeiten. Diese Verbindung von unterschiedlichen Personen stellt dann im Idealfall die personifizierte Vernetzung der ökologischen, ökonomischen und sozialen Sphäre der Gesellschaft dar. Von der Idee her ist die Lokale Agenda damit ein geeigneter Ansatz, gesellschaftliche Gruppen und die gesamte Bürgerschaft in politische Gestaltungsprozesse einzubeziehen. In den entsprechenden Konsultationsprozessen kann eine Demokratisierung von Entscheidungsfindungen angelegt sein, die Notwendigkeit von Abwägung und Ausgleich von Interessen kann erfahrbar gemacht, die Akzeptanz gegenüber im Konsens getroffenen Entscheidungen kann erhöht werden[213].

So beeindruckend diese Ideen der Agenda 21 sein mögen und so durchdacht und nachvollziehbar deren Umsetzung auch schon vorgegeben zu sein scheint, so wenig pragmatisch äußert sie sich zur konkreten Ausgestaltung der Konsultationsprozesse und zu den vor Ort konkret zu ergreifenden Maßnahmen. Entsprechend schwierig und

---

[211] BMU, Umweltpolitik, Agenda 21, S. 217.
[212] BMU, Umweltpolitik, Agenda 21, S. 282.
[213] Forum Umwelt und Entwicklung, Lokale Agenda 21 – Ein Leitfaden, S. 7, 8; Müller-Christ, Die Gestaltung eines beteiligungsorientierten Agendaprozesses, S. 144f, 152f.

uneinheitlich scheint ihre Verwirklichung in der kommunalen Praxis zu verlaufen. Auf welche Art und Weise, mit welchen Schwerpunkten und gegebenenfalls mit welchen Schwierigkeiten die Lokale Agenda von den Kommunen in der Praxis umgesetzt wird, soll deshalb im folgenden Kapitel untersucht werden.

2. Teil: Umsetzungsstand der Lokalen Agenda

Nach dem in Kapitel 28 der Agenda 21 festgelegten Zeitplan sollte die Mehrzahl der Kommunalverwaltungen der einzelnen Unterzeichnerstaaten ursprünglich bereits bis Ende 1996 mit ihren Bürgern einen Konsultationsprozess gestartet und möglichst auch einen Konsens über Ziele und Leitbilder einer Lokalen Agenda erzielt haben. In den meisten Ländern wurde dieser Zeitplan nicht eingehalten. Selbst wenn bis zu diesem Zeitpunkt entsprechende Aktivitäten bereits begonnen worden waren, kann wohl in keinem Land und in keiner Kommune davon gesprochen werden, dass bis Ende 1996 eine vollkommen „fertige" Lokale Agenda wirklich erstellt war.

Das geht auch aus einer vom Internationalen Rat für Kommunale Umweltinitiativen (International Council for Local Environmental Initiatives, ICLEI) in Zusammenarbeit mit dem UN-Department for Policy Coordination and Sustainable Development Ende 1996 / Anfang 1997 durchgeführten weltweiten Erhebung über den Stand der Lokalen Agenda hervor[214], die in Vorbereitung der bereits erwähnten UN-Sondergeneralversammlung „Fünf Jahre nach Rio" im Jahre 1997 in New York erarbeitet worden war.

Danach waren Ende November 1996, also zu dem von der Agenda 21 selbst vorgegebenen Zeitpunkt, mehr als 1.800 Kommunen – das ist weniger als 1 % aller „local authorities" weltweit[215] – aus 64 Ländern in einen Lokalen-Agenda-Prozess eingetreten, wobei 879 davon die Aktivitäten erst vor kurzem begonnen hatten. Während die überwiegende Zahl der Lokalen Agenden in nördlichen Ländern stattfand, entfielen immerhin knapp 200 Prozesse auf südliche Staaten. Die Schwerpunkte der Aktivitäten waren vielfältig, überwiegend ortsangepasst und spiegelten in der Regel die Dualität von Umwelt und Entwicklung wider. Die so genannten Entwicklungsländer betonten allerdings im Hinblick auf die spezifischen Schwierigkeiten ihrer Region (Bevölkerungswachstum, Armut) eher den Entwicklungsaspekt, während in den Industriestaaten angesichts der dort zunehmend wahrgenommenen ökologischen Probleme eher der Umweltgesichtspunkt im Vordergrund stand. Interessant erscheint, dass alle damals 933 bereits länger laufenden Aktivitäten einen konsultativen Prozess mit der Bürgerschaft beinhalteten, wobei über 500 Kommunen davon Agenda-21-Foren mit verschiedenen Interessengruppen eingerichtet hatten[216].

Die zitierte Umfrage spiegelt den Stand der Umsetzung der Lokalen Agenda im ursprünglich von der Agenda 21 vorgesehenen Zielzeitpunkt Ende 1996 wider und zeigt, dass jedenfalls die zeitlichen Vorgaben nicht erfüllt worden sind. Seitdem steigt die Zahl der engagierten Agenda-Kommunen überall auf der Welt jedoch kontinuierlich

---

[214] ICLEI, Local Agenda 21 Survey, zusammengefasst bei (und hier zitiert nach) Zimmermann, Deutsche Kommunen im internationalen Vergleich, S. 67.

[215] Zimmermann, Deutsche Kommunen im internationalen Vergleich, S. 68.

[216] Zimmermann, Deutsche Kommunen im internationalen Vergleich, S. 68.

an. So geht aus einer weiteren vom ICLEI zwischen November 2000 und Dezember 2001 durchgeführten Erhebung[217] hervor, dass die Zahl der Agenda-Kommunen von 1.800 in 64 Ländern im Jahre 1996 auf fast 6.500 in 113 Ländern im Jahre 2001 angestiegen ist. Nach dieser Studie, die in Vorbereitung des Weltgipfels in Johannesburg im Jahre 2002 durchgeführt wurde, fanden 2.042 der Lokalen Agenden in der Bundesrepublik statt, das heißt ca. 32 % aller Lokalen-Agenda-Prozesse weltweit laufen in Deutschland. Alle Kommunen gaben als größtes Hindernis für erfolgreiche Prozesse fehlende finanzielle Mittel und geringes politisches Engagement auf nationaler Ebene an.

Inzwischen sind sich alle Beteiligten im Klaren darüber, dass im Hinblick auf den Charakter der Agenda 21 als langfristiges Aktionsprogramm und die dementsprechend langfristig angelegten Prozesse nicht das Erreichen einer bestimmten Jahreszahl oder allein die Quantität der Aktivitäten über Erfolg oder Misserfolg der Agenda 21 entscheidet, sondern die Ernsthaftigkeit und die Qualität, mit der Agenda-Prozesse gestartet und zu einem (selbst definierten und beschlossenen) Ziel geführt werden. Vor diesem Hintergrund und aufgrund der Tatsache, dass bereits in der ersten Erhebung 1996 von den damals 1.800 „agenda-aktiven" Kommunen allein 1.576 in Europa gezählt wurden, soll nachfolgend – bevor auf Deutschland und einzelne Kommunen dort näher eingegangen wird – zunächst ein Blick auf die Entwicklung der Lokalen-Agenda-Prozesse in einigen europäischen Staaten geworfen werden. Dort gibt es aufgrund der unterschiedlichen Voraussetzungen und Ausgangssituationen, auf die die Idee von der Lokalen Agenda in den einzelnen Ländern getroffen ist, in Bezug sowohl auf die Art und Weise als auch auf den Stand der Umsetzung verschiedenartig und unterschiedlich weit ausgeprägte Prozesse.

A. Lokale Agenda in ausgewählten Staaten Europas

Ende 1998 / Anfang 1999 hat der ICLEI eine weitere Umfrage zum Umsetzungsstand der Lokalen Agenda durchgeführt, diesmal in Zusammenarbeit mit dem Deutschen Institut für Urbanistik (difu) in einzelnen europäischen Ländern. Diese Studie haben das Bundesumweltministerium und das Umweltbundesamt unter dem Titel „Lokale Agenda 21 im europäischen Vergleich"[218] im Jahre 1999 veröffentlicht. Der Erhebung überwiegend folgend, sollen im Weiteren ein westlicher (Niederlande) und ein östlicher (Polen) Nachbarstaat der Bundesrepublik sowie ein nordeuropäisches (Schweden) und ein südeuropäisches (Spanien) Land näher betrachtet werden. Hintergrund dieser Auswahl ist zum einen, dass die Niederlande und Schweden bei ihren Bemühungen und Erfolgen zur (Lokalen) Agenda 21 als vorbildlich gelten. Zum anderen sollten Länder aus allen Teilen Europas einbezogen werden, so dass die Wahl auf Spanien und Polen fiel.

---

[217] Veröffentlicht unter www.iclei.org, Stichwort „Local Agenda Survey Report".

[218] Bundesministerium für Umwelt, Naturschutz und Reaktorsicherheit (BMU) / Umweltbundesamt (UBA), Lokale Agenda 21 im europäischen Vergleich, 1999; neuere oder vergleichbare Studien anderer Einrichtungen gibt es nicht.

Nachfolgend wird – ähnlich wie in der Studie des ICLEI – so vorgegangen, dass zunächst kurz die für die Lokalen Agenden relevanten (rechtlichen) Ausgangsdaten des jeweiligen Landes beschrieben, anschließend Akteure und Aktivitäten im Zusammenhang mit der (Lokalen) Agenda 21 vorgestellt und schließlich eine zusammenfassende (Be-)Wertung der jeweiligen Agenda-Prozesse vorgenommen werden. Ziel ist es dabei weniger, einen rein quantitativen Überblick über die Zahl der Agenda-Kommunen zu geben; eine solche Auflistung der „Erfolgszahlen" wäre weder besonders aussagekräftig, noch würde sie die landesspezifischen Unterschiede der jeweiligen Gegebenheiten erfassen. Eine vergleichende Betrachtung und Beurteilung ist insoweit ohnehin nur sehr beschränkt möglich und schwierig. Deshalb soll vielmehr ein Überblick über Ausgangslage, Art und Umfang der Lokalen-Agenda-Prozesse in den genannten Staaten vermittelt werden.

1. Niederlande

Die Niederlande haben eine Fläche von rund 41.000 qkm, davon gut 80 % Land- und knapp 20 % Wasserfläche, und mit einer Einwohnerzahl von mehr als 15 Millionen eine sehr hohe durchschnittliche Bevölkerungsdichte. Diese Faktoren in Verbindung mit einer intensiven Landwirtschaft, einer energieintensiven großchemischen Industrie, einer hohen Verkehrsdichte und einer geringen Pufferkapazität bei Wasserproblemen haben die Niederlande vor allem für Umweltbelange sensibel gemacht.

a)   Kommunale Ausgangsstrukturen

Das Königreich der Niederlande ist eine konstitutionelle Monarchie und ein dezentralisierter Einheitsstaat. Der Verwaltungsaufbau gliedert sich in die Zentralregierung, zwölf Provinzen und ca. 650 Gemeinden. Letztere sind nicht nur unterste Ebene der Staatsverwaltung, sondern haben u.a. in den Bereichen Polizeiwesen und Feuerwehr, Straßenbau und Wasserwege, Bildung und Sozialdienste, Wohnungswesen und Flächennutzungsplanung sowie Umweltschutz und Gesundheitswesen auch eigene, ihnen durch das Kommunalrecht von der Zentralregierung zugewiesene Kompetenzen.

Die Gemeindeverfassung ist für alle Kommunen gleich. Danach verfügen sie über drei zentrale Einrichtungen, den Gemeinderat, die Gemeindeexekutive und den Bürgermeister. Der Gemeinderat trägt die volle Verantwortung für die Verwaltung der Behörde mit Ausnahme der Zuständigkeiten, die speziell an die Gemeindeexekutive oder den Bürgermeister übertragen sind. So ist die Gemeindeexekutive (Beigeordnete) für die tägliche „Geschäftsführung" der Kommune, für die Aufstellung des Haushalts und für die Bereiche der nationalen Gesetzgebung zuständig, für die die Gemeinden als ausführende Körperschaften vorgesehen sind. Der Bürgermeister ist Vorsitzender von Gemeinderat und Gemeindeexekutive, fungiert als Chef der örtlichen Polizei und Feuerwehr und ist Repräsentant und gesetzlicher Vertreter der Gemeinde. Er wird für sechs Jahre meist auf Empfehlung des Gemeinderates von der Zentralregierung ernannt und kann von dieser – obwohl nur dem Gemeinderat verantwortlich – über den Geschäftsführer der Provinz auch abberufen werden. Darüber hinaus verpflichtet die Gemeindeverfassung die Kommunen dazu, ihre Bürger über bestimmte Maßnahmen wie z.b. Planungsvorhaben und Gemeinderatsbeschlüsse zu informieren. Außerdem regelt sie Einsichtspflichten und –rechte in kommunale Archive sowie Anhörungs- und Aushängefristen für Bauvorhaben

Die Verabschiedung des Gemeindehaushalts und wichtige Finanzentscheidungen müssen durch die Zentralregierung ratifiziert werden. Gleichzeitig stellt sie 92 % des Gemeindehaushalts in Form von Subventionen, die zunehmend zweckgebunden für bestimmte Maßnahmen und konkrete Projekte gewährt werden und immer seltener als Pauschalmittel, deren Verwendung die Kommune selbst bestimmen kann. Ferner muss der Gesetzgeber bei einem geplanten Gesetzesvorhaben jeweils abwägen, ob entweder Provinz- oder Kommunalverwaltung die geeignetere Ebene für die Ausführung des Gesetzes ist und welcher dieser beiden Einrichtungen er dessen Vollzug übertragen will. Bei solchen Entscheidungen muss stets der Kommunalverband der Niederlande (Vereniging van Neederlandse Gemeenten, VNG), der alle Kommunen zu seinen Mitgliedern zählt, zu Rate gezogen werden[219].

b)   Akteure und Aktivitäten

Die Ergebnisse der Rio-Konferenz von 1992 wurden bereits im selben Jahr in die Öffentlichkeit getragen, indem dic zuständigen Minister das Parlament unterrichteten und die Zentralregierung die verabschiedeten Dokumente übersetzen und an die in den einzelnen Kapiteln genannten „major groups" verteilen ließ. In den Niederlanden stieß die Bekanntmachung der Agenda 21 allerdings auf eine Besonderheit: Dort war schon im Jahre 1989 der (erste) Nationale Umweltpolitikplan verabschiedet worden, der in erster Linie für die nationale Ebene bestimmte Umweltziele formulierte. Darin waren viele in der Agenda 21 formulierten Inhalte insbesondere aus dem ökologischen Bereich bereits enthalten, so dass die Agenda 21 zum einen ganz überwiegend dem umweltpolitischen Sektor zugeordnet wurde. Zum anderen herrschte aufgrund dieser Umstände auf nationaler Ebene die Meinung vor, dass das Aktionsprogramm aus Rio in der niederländischen Politik nichts wirklich Neues bedeute, sondern vielmehr eine Bestätigung der mit dem Nationalen Umweltpolitikplan schon eingeschlagenen Richtung.

Diese Ansicht setzte sich auf kommunaler Ebene fort, da dort davon ausgegangen wurde, dass in einigen Gemeinden bereits Initiativen im Sinne der Lokalen Agenda durchgeführt würden. Dementsprechend kam von nationaler Seite Unterstützung zur Umsetzung der Lokalen Agenda in erster Linie in Form von überwiegend finanziellen Hilfen zur Umsetzung des Nationalen Umweltpolitikplans auf kommunaler Ebene. Andererseits wurden solche Mittel damit auch schon vor und unmittelbar nach der

---

[219] Vgl. BMU/UBA, Lokale Agenda 21 im europäischen Vergleich, S. 81 ff.

Rio-Konferenz zum Aufbau von Kapazitäten und Strukturen verwandt, die der Erarbeitung der Lokalen Agenda heute zugute kommen.

Da nach Auffassung vieler gesellschaftlicher Gruppen die Umsetzung der Agenda 21 durch die Zentralregierung nicht intensiv genug vorangetrieben und zu wenig gesteuert wurde, gründete sich zunächst eine „Plattform für Nachhaltige Entwicklung", aus der im Jahre 1994 zum einen die „Lenkungsgruppe Lokale Agenda 21" und zum anderen die „Nationale Kommission für Internationale Zusammenarbeit und Nachhaltige Entwicklung" hervorgingen. Die „Lenkungsgruppe" fungiert als nationale Koordinierungsstelle für Lokale-Agenda-Prozesse und besteht aus Vertretern des Ministeriums für Bauen und Umwelt, des Kommunalverbandes VNG und von verschiedenen Institutionen wie Umweltverbänden, Entwicklungsorganisationen und Jugendgruppen. Die „Nationale Kommission" soll das Engagement für die Lokale Agenda fördern und – ihrem Namen entsprechend – das Fundament sowohl für eine internationale Zusammenarbeit als auch für eine nachhaltige Entwicklung bilden. Sie arbeitet mit verschiedenen Unternehmen, Ministerien und Kommunalverwaltungen zusammen.

Das Ministerium für Bauen und Umwelt und der Kommunalverband VNG beschlossen schon im Jahre 1993 ein Förderprogramm zur Unterstützung der Kommunen bei der Umsetzung des zweiten Nationalen Umweltpolitikplans von 1994, die sich beide über den Zeitraum von 1995 bis 1998 erstreckten. Dieser zweite Plan, der auch als „Nach-UNCED-Dokument" bezeichnet wird, stellte einen direkten Bezug zur Agenda 21 her und betonte die Rolle der Kommunen bei deren Umsetzung. Nach dem Förderprogramm konnten die Gemeinden aus einer Liste von umweltpolitischen Maßnahmen entsprechend auch die Erstellung einer Lokalen Agenda wählen und dafür eine finanzielle Förderung beanspruchen. Ende 1998 wurde das Förderprogramm allerdings eingestellt mit der Folge, dass seitdem agenda-bezogene Maßnahmen nicht mehr speziell gefördert werden, sondern wieder mit anderen lokalen Handlungsfeldern um denselben „Topf" konkurrieren müssen.

Der im Jahre 1998 erstellte dritte Nationale Umweltpolitikplan erklärt die Förderung einer nachhaltigen Entwicklung zur Hauptaufgabe der niederländischen Umweltpolitik und empfiehlt explizit die Erarbeitung einer Lokalen Agenda. Diese wird erstmals als diejenige Maßnahme betrachtet, die alle Aspekte einer nachhaltigen Entwicklung integrieren kann. Die Gemeinden werden dabei zwar als einer von mehreren „Hauptakteuren", nicht jedoch als die treibende Kraft oder eine primäre „Zielgruppe" angesehen, die durch Verhaltensänderungen eine nachhaltige Entwicklung umsetzen soll. Die auf kommunaler Ebene zu erreichenden Ziele sind vielmehr in einem so genannten „Zentralplan zur Umsetzung des Nationalen Umweltpolitikplans" festgelegt. Zur Zeit des Inkrafttretens des dritten Nationalen Umweltpolitikplans, das ungefähr mit der Durchführung der Umfrage des ICLEI zusammenfiel (Sommer/Herbst 1998), waren erst ca. 25 % der niederländischen Kommunen mit der Erstellung einer Lokalen Agenda befasst[220].

---

[220] Vgl. BMU/UBA, Lokale Agenda 21 im europäischen Vergleich, S. 85 ff.

c) Zusammenfassende Bewertung

Nach der Studie haben in den Niederlanden zwei Faktoren die Entwicklung der Lokalen Agenda am meisten geprägt: Zum einen die enge Verzahnung von Zentralregierung und Gemeinden in Form von konkreten Maßgaben der nationalen gegenüber der kommunalen Ebene und zum anderen die Existenz des Nationalen Umweltpolitikplans vor den Rio-Dokumenten.

So stehen Maßnahmen auf nationaler und kommunaler Ebene, die Ideen und Leitbilder der Agenda 21 zum Gegenstand haben, überwiegend unter Regie und Überschrift des Nationalen Umweltpolitikplans. Förderprogramme und sonstige staatliche Mittel zur Unterstützung der Gemeinden werden meist in Gestalt von Hilfen zur Umsetzung des Plans auf kommunaler Ebene gewährt. Das hat zum einen zur Folge, dass den Kommunen aufgrund der zeitlichen Befristung und der inhaltlichen Zweckgebundenheit der Mittel wenig eigener Spielraum zu einer individuellen Ausgestaltung einer langfristigen und ortsbezogenen Lokalen Agenda verbleibt. Konkrete Projekte mit kurzfristig vorzeigbaren Erfolgen haben daher oft Vorrang vor dauerhaft angelegten Konzepten mit „visionären" Leitbildern. Zum anderen wird die Lokale Agenda vorwiegend als Möglichkeit zur Verbesserung der lokalen Umweltpolitik verstanden; damit rückt das ökologische Element der Nachhaltigkeit stark in den Vordergrund, während die wirtschaftliche und soziale Komponente nur eine untergeordnete Rolle spielen.

Mit der Bildung der „Lenkungsgruppe" und der „Nationalen Kommission" ist es aus Sicht der Studie gelungen, verschiedene gesellschaftliche Gruppen und Teile der Bevölkerung für die Agenda 21 zu interessieren und diese dementsprechend auf eine breite Plattform zu stellen. Dass in den Gremien auch das Ministerium für Bauen und Umwelt und der Kommunalverband VNG mitarbeiten, spricht für die Umsetzung der Integrationskraft des Aktionsprogramms aus Rio in personeller Hinsicht. Diese praktische Konsequenz hat ihren Ursprung in dem entsprechenden theoretischen Verständnis der niederländischen Akteure dahingehend, dass Kooperation, Partnerschaft und Dialog wichtige und entscheidende Schritte auf dem Weg in Richtung Nachhaltigkeit sind. Dieses Prinzip hat als oberstes zu erreichendes Ziel im Nationalen Umweltpolitikplan Eingang in erster Linie in die Umweltpolitik der Niederlande gefunden und wird als Mittel zur Sicherung und Verbesserung der Lebensqualität für jetzige und künftige Generationen verstanden.

Insgesamt hat die Agenda 21 dazu geführt, dass das in den Niederlanden auch schon vor Rio stark ausgeprägte Umweltbewusstsein neue Impulse erhalten hat und im Sinne von Nachhaltigkeit weiterentwickelt wird[221].

---

[221] Vgl. BMU/UBA, Lokale Agenda 21 im europäischen Vergleich, S. 90 ff.

2. Polen

Polen ist bezogen auf seine Fläche (rund 323.000 qkm) das neuntgrößte Land Europas und beherbergt mit über 38 Millionen Einwohnern die achtgrößte Bevölkerung Europas. Den Großteil des Landes nimmt die flach gewellte Polnische Tiefebene mit dem Baltischen Landrücken und den Seengebieten Pommern und Masuren ein. Im Süden wird Polen durch die Gebirgszüge der Sudeten und Karpaten, im Norden durch die Ostsee begrenzt.

a) Kommunale Ausgangsstrukturen

Mit dem Zusammenbruch des Sozialismus Ende der 80er Jahre in den östlichen Staaten wurden 1990 auch in Polen neue kommunale Strukturen geschaffen, der eigenständige Status und die Rechte der Kommunen wieder eingeführt. Das Land gliedert sich heute in 16 Verwaltungsbezirke, 308 Kreise und 2.483 Gemeinden. Die kommunale Selbstverwaltung wird durch die Regierungspräsidenten der Verwaltungsbezirke kontrolliert. Im Zuge der Verlagerung von Entscheidungsbefugnissen auf die nachgeordneten Ebenen wurde der ehemals zentrale staatliche Haushalt durch eigene unabhängige Haushalte der Kommunen abgelöst. Damit einhergehend verfügen die Kommunen seit Wiederherstellung der Gemeindeverfassung über kommunales Eigentum und führen Maßnahmen in eigenem Namen und eigener Verantwortung durch, indem sie über das vom Gemeinderat bewilligte Budget verfügen. Sie dürfen Gebühren für öffentliche Dienstleistungen erheben.

Die Kommunen besitzen grundlegende Kompetenzen im Bereich der Bauleitplanung, sorgen für die Bereitstellung von Trinkwasser, die Sammlung und Behandlung von Abwässern und Abfällen und sind für die sozioökonomische Entwicklungs- und Umweltschutzplanung verantwortlich. Wirtschaftliche Aktivitäten, die über die Verwaltung des kommunalen Eigentums und die Bereitstellung öffentlicher Dienstleistungen hinausgehen, sind den Gemeinden nicht gestattet. Die einzelnen Ressorts der Kommunalverwaltung werden von Mandatsträgern geleitet. Die Entscheidungsbefugnisse über alle kommunalen Angelegenheiten liegen beim Gemeinderat und dem aus den Ressortleitern zusammengesetzten Gemeindevorstand. An manchen der jeweiligen Entscheidungsprozesse kann sich die Bürgerschaft beteiligen, insbesondere im Bereich der Bauleitplanung. Die lokalen Behörden sind verpflichtet, die Öffentlichkeit über ihre Aktivitäten und Haushaltsentscheidungen zu informieren und deren Meinung einzuholen. Eingegangene Änderungsvorschläge werden öffentlich ausgehangen, damit örtliche Gruppen und betroffene Bürger sich dazu äußern können. Die Bürger haben außerdem Gelegenheit, eigene Themen auf die Tagesordnung einer Gemeinderatssitzung setzen zu lassen. Darüber hinaus kann die Bevölkerung nach der Gemeindeverfassung ihre Meinung in Volksentscheiden kundtun[222].

---

[222] Vgl. BMU/UBA, Lokale Agenda 21 im europäischen Vergleich, S. 99 ff.

b) Akteure und Aktivitäten

Die Ergebnisse der Rio-Konferenz trafen in Polen, das sich damals im Übergang von der Plan- zur Marktwirtschaft befand, auf die 1989 begonnenen tiefgreifenden politischen, sozialen und wirtschaftlichen Reformen. Die Idee von der Lokalen Agenda erschien gleichzeitig mit der demokratischen Erneuerung Polens. Infolge der damit verbundenen politischen und administrativen Umbrüche waren Regierung und Parlament zu sehr mit den entsprechenden Reformen beschäftigt, als dass sie die Ideen der Agenda 21 unmittelbar aufgreifen und weiterverbreiten konnten. Dies geschah zunächst durch die ökologische Bewegung Polens, die die Rio-Dokumente und ihre Sichtweise dazu in dem Bericht „Nachhaltige Entwicklung in Polen" und in weiteren Informationsmaterialien veröffentlichte. Im Weiteren wurde die Öffentlichkeitsarbeit auch in Zusammenarbeit mit dem Umweltministerium, der „Parlamentarischen Kommission für Umweltschutz", dem „Institut für Nachhaltige Entwicklung" und anderen Organisationen durchgeführt.

Auf Weisung des Premierministers wurde 1994 die „Polnische Kommission für Nachhaltige Entwicklung" gegründet, die als eines der wichtigsten Beratungsgremien der Regierung für Strategien und Planungen im Bereich der Nachhaltigen Entwicklung fungiert. Sonstige staatliche Impulse oder Unterstützung für den Aufbau von Lokalen Agenden gab und gibt es nicht. Lediglich für infrastrukturelle und ökologische Verbesserungen auch im Rahmen einer Lokalen Agenda können Kommunen finanzielle Fördermittel vom „Nationalen Fonds für Umweltschutz und Wassermanagement" erhalten. Aufgegriffen wurde die Idee von einer Lokalen Agenda dagegen vor allem von Verbänden und Stiftungen, die auf regionaler und kommunaler Ebene im Umweltschutzbereich aktiv waren und sind (so z.B. der „Polnische Ökologische Club" und der „Grüne Verband"), vom Polnischen Kommunalverband sowie in einigen Gemeinden von Ämtern der Kommunalverwaltungen. Der Kommunalverband und einige Gemeinden haben speziell für Belange der Lokalen Agenda einen verantwortlichen Ansprechpartner benannt.

Neben diesen nationalen Aktivitäten gibt es in Polen eine Reihe von international finanzierten und durchgeführten Projekten, die nicht unmittelbar mit einer Lokalen Agenda in Zusammenhang stehen, aber deren Ideen mit aufgreifen. So unterstützte das polnische Umweltministerium in einigen Gemeinden die Entwicklung so genannter „Lokaler Umweltaktionspläne", die mit Mitteln von US AID (Agency for International Development) und US EPA (Environmental Protection Agency) finanziert wurden. Weitere Kommunen beteiligen sich an dem Projekt „Umbrella", das bereits seit 1990 von der polnischen und japanischen Regierung sowie von der EU und dem UN-Entwicklungsprogramm (United Nations Development Programme, UNDP) gefördert wird. In dessen Rahmen erstellen vor allem kleine und mittlere Kommunen mit Unterstützung von ca. 650 Beratern des Projekts bestimmte, auf eine ökologische Wirtschaftsentwicklung ausgerichtete (Flächennutzungs-)Pläne. „Umbrella" gilt mittlerweile als das Modellprojekt zur Lokalen Agenda. Eine eigene „Baltic Agenda 21" haben darüber hinaus die Ostseeanrainerländer erarbeitet, an der Polen als so genanntes

„Vorreiterland" für den Bereich Landwirtschaft teilnimmt. Dabei geht es darum, kommunale und regionale Lösungen zur Förderung des ökologischen, ökonomischen und sozialen Wohlstandes der Ostseeregion zu entwickeln.

Im Übrigen spielt die Lokale Agenda in der kommunalen Praxis keine überragende Rolle. In der Theorie dagegen hat das Leitbild der nachhaltigen Entwicklung Eingang in die Umweltpolitik Polens gefunden. Dort sind Ziele verankert wie die Sicherstellung der Entwicklung der Gemeinden ohne die Beeinträchtigung der natürlichen Ressourcen unter Berücksichtigung künftiger Generationen. Im Jahre 1995 verabschiedete das Parlament eine Resolution für eine Nachhaltige Entwicklungspolitik. Die Richtlinien der Umweltpolitik wurden in der überarbeiteten Verfassung von 1997 bestätigt, in der Maßnahmen des Umweltschutzes im Rahmen der Nachhaltigen Entwicklungspolitik verbindlich festgeschrieben sind[223].

c) Zusammenfassende Bewertung

In Polen ist die Entwicklung der Lokalen Agenda in erster Linie durch deren Zusammentreffen mit den tiefgreifenden politischen, administrativen und wirtschaftliche Reformen gekennzeichnet. Demokratische Erneuerung, Verbesserung der sozialen Bedingungen sowie Wachstum und Stabilität der wirtschaftlichen Verhältnisse waren – wie die Studie feststellt – zu Beginn der 90er Jahre Hauptgegenstand der Hoffnungen und Erwartungen der polnischen Bevölkerung.

Vor diesem Hintergrund wurden die Ideen von einer nachhaltigen Entwicklung und einer (Lokalen) Agenda 21 zwar aufgegriffen, aber überwiegend als Ausdruck von rein ökologischen Bestrebungen wahrgenommen. Das ist auch darauf zurückzuführen, dass in Polen – anders als in anderen europäischen Ländern – Begriffe wie „Umwelt(schutz)", „Ökologie", „Nachhaltigkeit", „(Lokale) Agenda 21" alle etwa zur selben Zeit Bedeutung erlangten, so dass sie kaum voneinander abgegrenzt und vielfach synonym verwendet werden. Eine einheitliche Definition und ein umfassendes Verständnis von „Lokaler Agenda" oder „Nachhaltiger Entwicklung" gibt es deshalb nicht. Dies hat u.a. zur Folge, dass die Bewältigung der als schwerwiegend erkannten Umweltprobleme und die schonende Nutzung natürlicher Ressourcen als alleinige Anliegen der (Lokalen) Agenda 21 betrachtet werden.

Aufgrund dieses (einseitigen) Verständnisses wird die (Lokale) Agenda 21 aus Sicht der Studie gleichzeitig als Einschränkung der wirtschaftlichen und sozialen Entwicklungsmöglichkeiten des Landes und der Kommunen betrachtet. Das als gegensätzlich empfundene Verhältnis von Ökonomie und Ökologie und die Erfahrung, dass ökologische Belange häufig mit wirtschaftlichen Zielen konkurrieren, sind hier (noch) sehr gegenwärtig. Die von der Agenda 21 geforderte gleichberechtigte Zusammenschau dieser Themen wird daher vor allem als Integration ökologischer Zielsetzungen in

---

[223] Vgl. BMU/UBA, Lokale Agenda 21 im europäischen Vergleich, S. 102 ff.

(ohnehin bereits verfolgte) Strategien der (kommunalen) Wirtschaftsförderung verstanden. Nicht die gemeinsame Entwicklung von integrierten Ansätzen steht bei den meisten Agenda-Prozessen im Vordergrund, sondern Zugeständnisse wirtschaftlicher Akteure an den Umweltschutz.

Der Ansiedelung der Lokalen Agenden in einzelnen Ressorts der Kommunalverwaltungen entsprechend sind es oft engagierte Mitarbeiter der Verwaltung, die Ziele und Maßnahmenkataloge entwickeln und dafür bei den häufig wenig informierten und interessierten Gemeinderatsmitgliedern um Unterstützung werben. Diese wiederum halten in der Regel ihre Stellung als gewählte Volksvertreter für eine ausreichende Legitimation, Entscheidungen auch ohne Konsultation der Bevölkerung zu treffen. Partizipation beschränkt sich demnach eher auf allgemeine öffentliche Information als auf konkrete individuelle Mitwirkung. Das Handeln der Entscheidungsträger ist zudem trotz der als notwendig erkannten Zukunftsbeständigkeit der Zielsetzungen vorwiegend auf das Vorweisen von kurzfristigen Erfolgen ausgerichtet, wobei die Lösung der sozialen und wirtschaftlichen Schwierigkeiten – unabhängig von einer Lokalen Agenda – als vorrangig eingestuft wird.

Insgesamt hat die Agenda 21 mit dazu beigetragen, dass Umweltbelange neben den wirtschaftlichen und sozialen Bedürfnissen überhaupt wahrgenommen werden und jedenfalls die im Umweltbereich tätigen Akteure – insbesondere auch die Kommunalverwaltungen – ihre Bemühungen in Richtung einer nachhaltigen Entwicklung im Sinne einer umfassenden Themenintegration und Beteiligtenpartizipation verstärken[224].

3. Schweden

In Schweden leben rund 8,8 Millionen Menschen auf einer Fläche von ca. 450.000 qkm. Während allein der Landkreis um die Hauptstadt Stockholm 1,5 Millionen Einwohner zählt, verzeichnet die kleinste Gemeinde weniger als 3.000 Einwohner. Die durchschnittliche Bevölkerungsdichte von 19 Einwohnern pro qkm ist zwar niedrig, erfasst als Mittelwert aber nicht die Tatsache, dass sich mit wenigen städtischen Ballungszentren und vielen ländlichen Kleingemeinden zwei extreme Lebensräume gegenüber stehen.

a)   Kommunale Ausgangsstrukturen

Bereits in einem Gesetz aus dem Jahre 1862 wurden die Rechte und Pflichten der Kommunen erstmals erwähnt und das Prinzip der kommunalen Selbstverwaltung gesetzlich festgeschrieben. Die überwiegend ländlichen und durch geringe Bevölkerungszahlen geprägten Strukturen brachten Entscheidungsmechanismen hervor, die eher den Konsens anstrebten als Mehrheiten. Dies schlägt sich in den insgesamt 288

---

[224] Vgl. BMU/UBA, Lokale Agenda 21 im europäischen Vergleich, S. 106 ff.

Kommunen und 24 Landkreisen bis heute in dem häufigen Erfordernis starker Abstimmungsmehrheiten von zwei Dritteln und darüber nieder.

Zwei wesentliche Elemente kennzeichnen die Kompetenzen der Kommunen: Planungsmonopol und Steuerhoheit. Das Planungsmonopol garantiert ihnen die volle Verfügungsmacht über ihre natürlichen Ressourcen und deren Nutzung. Hinzu kommen Zuständigkeiten für Energiever- und Abfallentsorgung, öffentlichen Verkehr und Schulen. Bei ihren Planungen müssen sich die Kommunen keinen übergeordneten planerischen Interessen unterwerfen. Aufgrund der Steuerhoheit erheben die Kommunen selbst die Einkommenssteuer auf Lohn und Zinseinkommen, und zwar zu jeweils selbstbestimmten und dadurch von Ort zu Ort verschiedenen Steuersätzen. Kommunales Budget und Steuererhebungen waren nie Gegenstand nationalstaatlicher Kontrolle. Insgesamt ist die Verteilung von Kompetenzen zwischen staatlicher und kommunaler Ebene bereits seit den 70er Jahren von der stetigen Übernahme von Verantwortlichkeiten durch die Kommunen geprägt.

Dem großen Handlungsspielraum der Gemeinden steht die Pflicht gegenüber, einen allgemeinen Übersichtsplan zu erstellen. Dieser bezieht zwar die Entwicklung der Gemeinde in allen Bereichen mit ein, beschränkt sich in der Darstellung aber auf deren Niederschlag auf die Flächennutzung. Einige Kommunen nutzen den Übersichtsplan dazu, ein generelles Rahmendokument über die Ziele der Kommunalentwicklung, nicht nur in Bezug auf die Flächennutzung, zu erstellen. Ein solcher Plan ist rechtlich zwar nicht bindend, dient jedoch als Orientierung für rechtlich verbindliche Planungen. Die interne Zuständigkeit für die Erstellung des Übersichtsplans und alle anderen Aufgaben der Kommune liegt beim kommunalen Exekutivkomitee, dem zentralen Steuerungsgremium der Gemeinde; die Amtsgewalt des Bürgermeisters beschränkt sich demgegenüber auf seinen Vorsitz im gewählten Gemeinderat. Insbesondere an der Erstellung des Übersichtsplans und an der Bauleitplanung sind die Bürger qua Gesetz zu beteiligen, indem über einen zunächst gefertigten Entwurf eine Anhörung stattfindet; die dort vorgebrachte Kritik fließt in den endgültig zu beschließenden Plan dann ein[225].

b) Akteure und Aktivitäten

Noch im Herbst des Jahres 1992 veröffentlichte das schwedische Ministerium für Umwelt und Raumplanung die Ergebnisse der Rio-Konferenz, indem schwedische Übersetzungen der Abschlussdokumente an den Kommunalverband, der alle 288 Kommunen zu seinen Mitgliedern zählt, und an alle kommunalen Gebietskörperschaften versandt wurden. Auch die „Schwedische Gesellschaft für Naturschutz" griff die Ideen der Agenda 21 auf und ließ allen ihren 275 Ortsgruppen entsprechende Informationen zukommen.

---

[225] Vgl. BMU/UBA, Lokale Agenda 21 im europäischen Vergleich, S. 115 ff.

Vor diesem Hintergrund fand die Idee von der Erstellung einer Lokalen Agenda rasch Verbreitung, zumal sie in Schweden auf ein ohnehin bereits weit entwickeltes Umweltbewusstsein sowohl innerhalb der Kommunalverwaltungen als auch in der örtlichen Bevölkerung traf. Die Verantwortlichkeit für die Lokale Agenda ist in knapp der Hälfte der Kommunen (142) im Hauptamt angesiedelt, das direkt dem kommunalen Exekutivkomitee untersteht. Die damit verbundenen Einflussmöglichkeiten auf alle Bereiche der Verwaltung und die entsprechende Wahrnehmung der Agenda als Querschnittsaufgabe sind in den Gemeinden nicht so ausgeprägt, in denen die Zuständigkeit für die Lokale Agenda im Umwelt- (ca. 100) oder Planungsamt (ca. 50) liegt. Überall wird jedoch versucht, neue Übersichtspläne „im Geist der Agenda 21" zu erstellen, worin die gleichmäßige Berücksichtigung ökologischer, wirtschaftlicher und sozialer Belange gesehen wird.

Nicht nur auf kommunaler, auch auf nationaler Ebene fand und findet die (Lokale) Agenda 21 breite Unterstützung. So ernannte die Regierung im Jahre 1995 ein so genanntes „Nationales Komitee für Nachhaltige Entwicklung", dessen Aufgabe es vor allem war, den Nationalbericht für die 1997 in New York stattfindende UN-Sondergeneralversammlung „Fünf Jahre nach Rio" vorzubereiten. Im Laufe seiner Arbeit führte das Nationalkomitee mehrere Konferenzen zum Erfahrungsaustausch über die (kommunale) Umsetzung der Agenda 21 durch. Etwa die Hälfte der im Nationalbericht dargestellten Aktivitäten stammen aus den Kommunen. Das Nationalkomitee wurde nach Fertigstellung des Nationalberichts zwar wieder aufgelöst, in der Nachfolge wurde 1997 aber eine mit drei Personen besetzte und beim Ministerium für Umwelt und Raumplanung angesiedelte nationale Koordinierungsstelle für Lokale-Agenda-Aktivitäten eingerichtet.

Dieses Ministerium und der Kommunalverband haben die Kommunen ferner ermuntert, die Ziele der Agenda 21 bei der Gestaltung des Gemeinwesens zu unterstützen. Dafür können sie seit 1997 finanzielle Unterstützung erhalten: Aus einem nationalen Investitionsprogramm für „Ökologische Nachhaltigkeit" werden Projekte in Form von Zuschüssen gefördert, die auf kommunaler Ebene Umwelt und Entwicklung miteinander verbinden. Im Sommer 1998 erhielten bereits 42 Gemeinden Mittel aus diesem Programm. Die Projekte sind zu ungefähr jeweils einem Drittel den Themenkomplexen Energie/Abfall, Sanierung von Altbauten/Altlasten und Zusammenarbeit mit der Wirtschaft/Öffentlichkeitsarbeit zuzuordnen.

Darüber hinaus wird auf den gesamtgesellschaftlichen Dialog zum Thema Nachhaltigkeit besonderen Wert gelegt. So hat die Regierung im Jahre 1997 ein „Forum für den ökologischen Wandel" einberufen, dem zwölf Personen aus verschiedenen Bereichen wie Politik, Wirtschaft, Umweltverbänden usw. angehören. Auch zahlreiche Gruppen und Institutionen mit unterschiedlichem Zugang zu verschiedenen Teilen der Bevölkerung haben Ideen der Agenda 21 aufgegriffen und verbreitet: Die Stiftung „The Natural Step" zeichnet sich durch gute Kontakte zur Wirtschaft aus, der schwedische Bauernverband hat eine eigene „Landwirtschafts-Agenda" erarbeitet, der „Schwedische Rat für Bauforschung" beschäftigt sich mit nachhaltiger Stadt- und Regionalentwicklung und die „Schwedischen Studienkreise" widmen sich u.a. der agenda-bezogenen Bürgerbeteiligung[226].

c) Zusammenfassende Bewertung

Die UN-Konferenz für Umwelt und Entwicklung in Rio bedeutete für Schweden die Fortsetzung der Stockholm-Konferenz von 1972. Diese erste weltweite Konferenz hatte alle politischen Parteien und gesellschaftlichen Gruppen beeinflusst und den Aufbau einer starken Umweltbewegung und eines ausgeprägten Umweltbewusstseins bewirkt. Darauf aufbauend waren auch die Auswirkungen der Rio-Konferenz und die Ausweitung der Umwelt- und Entwicklungsdebatte auf das Ziel der Nachhaltigkeit erneut groß.

Trotz dieser Entwicklung und trotz eines grundsätzlich umfassenden Verständnisses von Nachhaltigkeit ist die Agenda 21 überwiegend im Bereich der Ökologie verharrt. Von ihr sind nach dem Ergebnis der Studie in erster Linie Impulse zur Bearbeitung von Umweltthemen ausgegangen. Die Integration der Elemente Ökonomie und Soziales erfolgt meist dadurch, dass Umweltthemen um finanzielle und soziale Aspekte erweitert werden. Von den Beteiligten durchleben vor allem die Vertreter der (frühen) Umweltbewegung den Lernprozess, sich auch für wirtschaftliche und soziale Belange öffnen zu müssen. Auch der Titel des Investitionsprogramms „Ökologische Nachhaltigkeit" und das Vorhaben Schwedens, „ökologischstes Land der Welt" zu werden, machen deutlich, welchen (einseitigen) Schwerpunkt die nationale Politik bei ihren Nachhaltigkeitsbemühungen setzt.

Gut gelungen ist es aus Sicht der Studie dagegen, viele Akteure aus unterschiedlichen Bereichen für die Agenda 21 in allen ihren Facetten zu interessieren und die Bestrebungen um eine nachhaltige Entwicklung damit auf eine breite Basis zu stellen. Auch wenn Partizipation dabei in erster Linie als Mitwirkung der in Verbänden und Interessengruppen organisierten Bürgerschaft verstanden wird, sind Begriffe wie Dialog, Partnerschaft und Kooperation keine leeren Floskeln, sondern vor dem Hintergrund der schon traditionell auf Konsens ausgerichteten Entscheidungsprozesse praktizierte Grundhaltungen. Dass die Idee der Lokalen Agenda in Schweden sehr ernst genommen und auch in die Tat umgesetzt wird, zeigen nicht nur die in allen 288 Kommunen vorhandenen diesbezüglichen Ratsbeschlüsse; auch die Beauftragung eines Mitarbeiters in jeder Kommunalverwaltung mit der Koordinierung des jeweiligen Lokalen-Agenda-Prozesses, die Erstellung der Übersichtspläne „im Geiste der Agenda 21" und die zunehmende Verknüpfung von kommunalpolitischem Tagesgeschäft und agendabezogenen Einzelprojekten verdeutlichen den hohen Stellenwert der Lokalen Agenda.

Insgesamt hat die Agenda 21 zu einer Weiterentwicklung der bereits seit der Stockholm-Konferenz weit entwickelten Umweltdebatte zu einer Nachhaltigkeitsdebatte

---

[226] Vgl. BMU/UBA, Lokale Agenda 21 im europäischen Vergleich, S. 118 ff.

geführt. Dadurch wird der bislang stark dominierende Themenbereich Ökologie mit anderen Themengebieten, vor allem Ökonomie und Soziales, mehr und mehr in Verbindung gebracht[227].

4. Spanien

Spanien hat eine Fläche von rund 505.000 qkm, die außer der Iberischen Halbinsel u.a. die Balearen und die Kanaren umfasst. Eine Einwohnerzahl von knapp 40 Millionen ergibt eine durchschnittliche Bevölkerungsdichte von 79 Einwohnern pro qkm. Dieser Mittelwert erfasst allerdings nicht die Tatsache, dass es in der Nachkriegszeit zu einer starken Landflucht kam; dies hatte zur Folge, dass in den Stadtgebieten große und unstrukturierte Agglomerationen entstanden, während auf dem Land vereinsamte Dorfgemeinden zurückblieben. Heute leben über 75 % der Bevölkerung in Städten.

a)   Kommunale Ausgangsstrukturen

In Spanien sind die alten Königreiche und historischen Gemeinwesen als „Autonomieregionen" (vergleichbar den Bundesländern) wiederentstanden. Nach der Diktatur wurde im Jahre 1978 eine demokratische Verfassung eingeführt, die die (Verwaltungs)Strukturen und Aufgaben der Zentralregierung und der 17 Autonomieregionen beschreibt. Die allgemeinen Kompetenzen für den gesamten Staat im Verhältnis zu seinen Untergliederungen werden in sogenannten „Rahmenrichtlinien" definiert.

Daneben verfügen die Autonomieregionen über eigene Statuten, in denen ihre Selbstorganisation, eigene Kompetenzen, die Territorialverwaltung, der öffentliche Dienst und alle für ihre politische, wirtschaftliche und soziale Tätigkeit relevanten Aspekte geregelt sind. Ferner verhandeln die verschiedenen Autonomieregionen einzeln mit der Zentralregierung über die Übergabe von Kompetenzen mit der Folge, dass die einzelnen Regionen im Verhältnis untereinander und zur Zentralregierung zum Teil sehr unterschiedliche Zuständigkeiten haben. So kommt es, dass die Zentralregierung in einigen Regionen für bestimmte Themenfelder die alleinige (fachliche) Verantwortlichkeit besitzt, während sie für die gleichen Bereiche in anderen Regionen lediglich als (rechtliches) Kontroll- und Überwachungsorgan fungiert.

Das Kommunalverfassungsrecht regelt die Kompetenzen der kommunalen Gebietskörperschaften, die sich in Gemeinden, Landkreise, Stadtumland- oder örtliche Zweckverbände, Provinzen und Inselverwaltungen gliedern. Diese Institutionen haben Finanz-, Planungs- und Rechtsetzungskompetenzen. Konkret umfassen die Zuständigkeiten einer Kommunalverwaltung u.a. die Bereiche Sicherheit im öffentlichen Raum, kommunale Planung, Abfallentsorgung, soziale und kulturelle Einrichtungen sowie Tourismus. Die Kommunen fungieren dabei als Basiseinrichtungen der territorialen

---

[227] Vgl. BMU/UBA, Lokale Agenda 21 im europäischen Vergleich, S. 125 ff.

Verwaltungsorganisation des Staates, behandeln selbstständig die dem jeweiligen Gemeinwesen eigenen Belange und kanalisieren die Interessen der Bürger und deren Beteiligung an den öffentlichen Angelegenheiten. Zu letzterem gehören u.a. Informationspflichten über Gemeinderatsbeschlüsse, öffentliche Aushängung von Bauvorhaben und bestimmte Einsichtsrechte in kommunale Archive und Akten. Besonders betont wird, dass die Kommunalverwaltung die den Bürgern am nächsten stehende Verwaltungsebene ist, so dass bürgernahes Verwaltungshandeln sowie die Bildung und Unterstützung von örtlichen Bürgerinitiativen gefordert und gefördert werden[228].

b) Akteure und Aktivitäten

Im Jahre 1993 veröffentlichte das Umweltministerium zwar die Publikation „Rio 92: Ergebnisse des Erdgipfels", aber von keiner Stelle aus wurden die Rio-Dokumente gezielt in die Kommunen oder in die breite Öffentlichkeit getragen. Auch in den Folgejahren gab und gibt es auf nationalstaatlicher Ebene keine zentrale offizielle Kontakt- oder Vernetzungsstelle, die speziell für die Agenda 21 oder das Thema nachhaltige Entwicklung zuständig ist oder regelmäßig Publikationen zur Lokalen Agenda herausgibt. Ebenso wenig existieren finanzielle Förderprogramme.

Diejenigen Institutionen, die sich mit agenda-bezogenen Bereichen beschäftigen, behandeln die Thematik meist nur ausschnittsweise oder auf ein bestimmtes Themenfeld begrenzt. So betreuen vor allem das Umwelt- und das Bauministerium Programme, die sich mit nachhaltiger Stadtentwicklung und der Verbesserung der Umwelt- und Lebensqualität auf städtischer und ländlicher Ebene befassen. Des Weiteren wurde im Auftrag des Parlaments ein beratendes Gremium für Umweltschutzbelange gegründet, in dem neben der Regierung auch Umweltverbände, Wirtschaftsunternehmen, Gewerkschaften und Universitäten vertreten sind. Es soll als Beratungsgremium für die Regierungsarbeit und die Entwicklung einer nationalen Agenda 21, dem „Programma 21", dienen. Da allerdings verschiedene wichtige Großbauvorhaben gegen den Willen vieler Mitglieder des Forums beschlossen bzw. fortgeführt worden sind, sind die meisten mittlerweile wieder ausgetreten.

Aufgrund der Zurückhaltung der nationalen Ebene bei der Verbreitung und Umsetzung der Ideen der Agenda 21 haben sich die meisten Aktivitäten auf regionaler und kommunaler Ebene herausgebildet. So erwarten und erhalten die meisten Kommunen heute Unterstützung eher von der verantwortlichen Stelle der Region als von einem Ministerium aus Madrid. Gerade in den Regionen existieren zahlreiche Vernetzungs- und Förderangebote. Das Baskenland beispielsweise ist die erste Autonomieregion, die den Kommunen Finanzmittel für die Erstellung von Lokalen Agenden zur Verfügung stellt. Voraussetzung für deren Bewilligung ist das Bestehen eines örtlichen Agenda-21-Forums und eines Entwurfes für einen lokalen Aktionsplan. Katalonien hat 1998 seine eigene regionale Agenda 21 beschlossen, indem ein strategischer Plan und be-

---

[228] Vgl. BMU/UBA, Lokale Agenda 21 im europäischen Vergleich, S. 139 ff.

stimmte Leitlinien für die katalanische Regierung erarbeitet werden sollen. Auch die Kommunen spielen dabei eine wichtige Rolle, die finanziell unterstützt und fachlich betreut werden. In Aragòn ist es vorwiegend zwar nicht die regionale Regierung, die die Lokalen Agenden unterstützt; hier gehen aber von der Stiftung „Umwelt und Entwicklung" wichtige Impulse vor allem für Agenda-Prozesse im ländlichen Raum aus.

Darüber hinaus übernehmen bei der Umsetzung der Lokalen Agenda oftmals diejenigen Kommunen eine Vorreiterrolle, die sich in Form von Partnerschaften oder bestimmten Projekten international engagieren oder vernetzen und auf diese Weise den notwendigen politischen Rückhalt erhalten. Daneben haben eine Reihe von Bürgerbewegungen, insbesondere aus dem Umwelt- und Naturschutzbereich, die Ideen der Agenda 21 aufgegriffen. So sind viele Naturschutzgebiete, umweltwirksame Projekte und Lokale-Agenda-Prozesse dem aktiven Einsatz engagierter Bürger zu verdanken.

Eine weitere Besonderheit bildet in Spanien der Tourismus. Der damit verbundene hohe Ressourcenverbrauch, versiegelte Küsten und durch illegale Müllkippen verursachte Waldbrände haben die Bevölkerung vor allem in den Insel- und den übrigen Urlaubsgebieten für einen integralen Umweltschutz sensibel gemacht. Deshalb fiel dort, wo die Natur selbst wichtigster Verkaufsartikel ist, die Idee einer Verknüpfung von ökologischen und ökonomischen Belangen auf besonders fruchtbaren Boden. Umweltschutz wurde nicht mehr als Einschränkung der wirtschaftlichen Entwicklung gesehen, sondern als Voraussetzung für wirtschaftliches Wachstum erkannt[229].

c) Zusammenfassende Bewertung

In Spanien ist der Entwicklungsstand der Agenda 21 nach der Studie vor allem dadurch gekennzeichnet, dass die nationalstaatliche Ebene wenig zu deren Verbreitung und Umsetzung beigetragen hat. Deshalb haben vor allem die Autonomieregionen eigene Initiativen ins Leben gerufen und Programme aufgelegt, in die auch die Kommunen einbezogen sind. Mit deren Hilfe können Gemeinden das notwendige Hintergrundwissen über die Lokale Agenda und über entsprechende Finanzierungsmöglichkeiten erlangen.

Die Lokalen Agenden werden in erster Linie als Mittel zur Etablierung einer Umweltschutzpolitik verstanden, die sich von der Beseitigung der Umweltverschmutzung zu deren Vermeidung sowie zu einem bewussten Umgang mit natürlichen Ressourcen hin entwickelt. Obwohl mit dem Begriff der Nachhaltigkeit dementsprechend überwiegend ökologische Aspekte verbunden werden, war und ist gerade die von der Agenda 21 geforderte Integration von Themen vor allem für die vom Tourismus geprägten Kommunen der Grund, die Idee von einer Lokalen Agenda aufzugreifen. Erstmals wird darin die Möglichkeit gesehen, das auf den boomenden Tourismus gestützte

---

[229] Vgl. BMU/UBA, Lokale Agenda 21 im europäischen Vergleich, S. 141 ff.

Wirtschaftswachstum und die sozialen Bedürfnisse der einheimischen Bevölkerung mit Umweltschutzgesichtspunkten in Einklang zu bringen.

Weiterhin hat sich aus Sicht der Studie die infolge von langer Diktatur und erst kurzer Demokratie bislang nicht sehr ausgeprägte Kommunikations- und Kooperationskultur zwischen Kommunalverwaltung, örtlichen Gruppierungen und Bürgerschaft positiv entwickelt. Die Lokalen-Agenda-Prozesse führen Partizipation in diesem Sinne erst ein und füllen damit die Regelungen von der Beteiligung der Bürger an den örtlichen Angelegenheiten in der jungen Kommunalverfassung mit Leben. Die schon vorhandenen Bürgerinitiativen aus dem Umweltbereich leisten mit ihren Erfahrungen ihrerseits einen Beitrag zu dieser Art von Dialog. Austausch und Unterstützung stehen auch bei den internationalen Partnerschaften und Projekten im Vordergrund.

Insgesamt hat die Agenda 21 zu einer erhöhten Sensibilisierung breiter Bevölkerungsschichten dahingehend beigetragen, dass der Schutz der Umwelt und ein sparsamer Umgang mit natürlichen Ressourcen nicht mehr als Hindernis für eine positive wirtschaftliche und soziale Entwicklung angesehen werden; vielmehr wird nunmehr erkannt, dass eine verbesserte Umweltqualität mit einer höheren Lebensqualität einhergehen kann[230].

5. Europaweite Initiativen: „Europäische Kampagne" und „Charta von Aalborg"

Wie der Blick auf die Agenda-Aktivitäten in den vier vorstehenden Ländern Europas gezeigt hat, gibt es eine Vielzahl von unterschiedlichen Möglichkeiten, die Agenda 21 auf kommunaler Ebene – teilweise mit Unterstützung von nationaler oder regionaler Seite – umzusetzen. Das theoretische Verständnis von nachhaltiger Entwicklung und die praktischen Umsetzungsschwerpunkte der Lokalen Agenden variieren zwar zum Teil; die wesentlichen Grundprinzipien der Themenintegration und der Beteiligtenpartizipation sind aber überwiegend erkennbar, auch wenn die Auslegung dieser Begriffe nicht immer und überall vollkommen deckungsgleich ist.

Auch in der Absicht, ein gemeinsames Verständnis von Nachhaltigkeit und Lokaler Agenda zu entwickeln und zu fördern, haben sich seit 1994 europaweit eine Reihe von Kommunen zur „Europäischen Kampagne zukunftsbeständiger Städte und Gemeinden" zusammengeschlossen. Diese Kampagne nahm auf der ersten „Konferenz über zukunftsbeständige Städte und Gemeinden" im Mai 1994 in Aalborg, Dänemark, ihren Ausgang. Die Konferenz war von der Stadt Aalborg und der Europäischen Kommission veranstaltet und vom ICLEI inhaltlich ausgerichtet worden. Das Schlussdokument der Konferenz, die „Charta der Europäischen Städte und Gemeinden auf dem Weg zur Zukunftsbeständigkeit"[231] – kurz: „Charta von Aalborg" – haben am 27.05.1994 zu-

---

[230] Vgl. BMU/UBA, Lokale Agenda 21 im europäischen Vergleich, S. 145 ff.
[231] Deutsche Fassung zu beziehen bei Agenda-Transfer, Budapester Straße 11, 53111 Bonn.

nächst 80 europäische Kommunen und 253 Vertreter internationaler Organisationen, nationaler Regierungen und wissenschaftlicher Institute verabschiedet.

Mit der Unterzeichnung haben die beteiligten Kommunen in Teil II des Dokumentes nicht nur die genannte Kampagne initiiert, „um Städte und Gemeinden in ihrem Bemühen um Dauerhaftigkeit und Umweltverträglichkeit zu bestärken und zu unterstützen"[232]; sie haben sich in Teil III darüber hinaus verpflichtet, in Lokale-Agenda-Prozesse einzutreten und langfristige Handlungsprogramme mit dem Ziel der Zukunftsbeständigkeit zu erstellen: „Damit werden wir das Mandant erfüllen, welches den Kommunen durch Kapitel 28 der Agenda 21 ... gegeben worden ist"[233].

Mit der Unterzeichnung der „Charta von Aalborg" weiterhin verbunden ist die Verständigung der Beteiligten auf gemeinsame Grundsätze, Strategien und Instrumentarien und damit auf ein gemeinsames Verständnis dessen, was nachhaltige Entwicklung und Lokale Agenda bedeuten. Dieses Verständnis wird in Teil I des Dokumentes näher beschrieben. Ausgangspunkt ist die Feststellung, dass Städte und Gemeinden „Grundelemente unserer Gesellschaften und Staaten" und „Zentren der Industrie, des Handwerks und Handels, der Bildung und Kultur und der Verwaltung" sind. Es folgt die Erkenntnis, dass „unsere derzeitige städtische Lebensweise, insbesondere unser arbeits- und funktionsteiliges System, die Flächennutzung, der Verkehr, die Industrieproduktion, Landwirtschaft, der Konsum und die Freizeitaktivitäten und folglich unser gesamter Lebensstandard uns für die vielen Umweltprobleme wesentlich verantwortlich macht, denen die Menschheit gegenübersteht"[234].

Zur Lösung der Probleme werden dann „Idee und Grundsätze der Zukunftsbeständigkeit" aus der Agenda 21 aufgegriffen und in ihrem umfassendsten Sinne auf die kommunale Ebene übertragen. Das Prinzip der Nachhaltigkeit wird als das Mittel verstanden, den (städtischen) Lebensstandard mit der Tragfähigkeit der natürlichen Umwelt in Einklang zu bringen. Der integrierte und ganzheitliche Themenansatz der Agenda 21 mit dem Dreiklang Ökologie, Ökonomie und Soziales wird zum tragenden Leitbild auch der „Charta von Aalborg" erhoben: „Wir bemühen uns um soziale Gerechtigkeit, zukunftsbeständige Wirtschaftssysteme und eine nachhaltige Nutzung der natürlichen Umwelt. Soziale Gerechtigkeit muss notwendigerweise auf einer wirtschaftlichen Dauerhaftigkeit und Gerechtigkeit beruhen, und diese wiederum erfordern eine Nachhaltigkeit der Umweltnutzung"[235].

Diese allgemeinen Grundsätze werden schließlich auf die kommunale Ebene und die dortigen Akteure heruntergebrochen. Der Langfristigkeit der Agenda-21-Ideen und der Ortsbezogenheit der Lokalen-Agenda-Idee folgend wird betont, „dass Zukunftsbeständigkeit weder eine bloße Vision noch ein unveränderlicher Zustand ist, sondern ein kreativer, lokaler, auf die Schaffung eines Gleichgewichts abzielender Prozess, der

---

[232] „Charta von Aalborg", S. 7.
[233] „Charta von Aalborg", S. 8.
[234] „Charta von Aalborg", S. 1.
[235] „Charta von Aalborg", S. 2.

sich in sämtliche Bereiche der kommunalen Entscheidungsfindung erstreckt"[236]. An den jeweiligen Entscheidungsfindungsprozessen und an der Erstellung der Lokalen Agenden sollen – dem Auftrag aus Kapitel 28 der Agenda 21 entsprechend – „alle gesellschaftlichen Kräfte" in den Kommunen beteiligt werden, u.a. indem „Bürgern, Unternehmen, Interessengruppen" die dafür notwendigen Informationen zur Verfügung gestellt werden: „Wir werden dafür Sorge tragen, dass alle Bürger und interessierten Gruppen Zugang zu Informationen erhalten und es ihnen möglich ist, an den lokalen Entscheidungsfindungsprozessen mitzuwirken"[237]. Als Voraussetzung für die eigenverantwortliche Gestaltbarkeit dieser Prozesse wird das Recht auf kommunale Selbstverwaltung gesehen im Sinne einer Ausstattung der Kommunen mit ausreichenden rechtlichen Kompetenzen und mit einer soliden finanziellen Grundlage.

Bei allen Kommunen, die die „Charta von Aalborg" unterzeichnet haben, kann angesichts der zitierten Passagen von einem gemeinsamen und einheitlichen Verständnis der Begriffe Nachhaltigkeit und Lokale Agenda ausgegangen werden. Auf der „Zweiten Europäischen Konferenz über zukunftsbeständige Städte und Gemeinden", die im September 1996 in Lissabon stattfand, wurden die Fortschritte der „Europäischen Kampagne" bewertet und die 1994 in Aalborg gefassten Beschlüsse noch einmal bekräftigt. Heute sind es über 2.000 europäische Kommunen, die das Schlussdokument der ersten Konferenz unterzeichnet und sich damit der „Europäischen Kampagne" angeschlossen haben, wobei pro Jahr etwa 300 weitere kommunale und regionale Gebietskörperschaften hinzukommen[238]. Obgleich es sich bei der „Charta von Aalborg" wiederum „nur" um eine politische Absichtserklärung handelt, ist mit der „Europäischen Kampagne" ein europaweites Netzwerk von Kommunen entstanden, die sich der Umsetzung der Agenda 21 vor Ort und dem Leitbild der Nachhaltigkeit besonders verpflichtet fühlen.

B. Lokale Agenda in Deutschland

In der Bundesrepublik ist die Umsetzung der (Lokalen) Agenda 21 vor allem durch eine Vielzahl unterschiedlicher Akteure und Aktivitäten gekennzeichnet. So reicht nicht nur die Palette derjenigen, die die Ideen der Agenda 21 und insbesondere das Leitbild der Nachhaltigkeit aufgegriffen haben, von Regierungs- und Verwaltungsstellen auf Bundes-, Landes- und Kommunalebene über die kommunalen Spitzenverbände bis hin zu einer Reihe von Nichtregierungsorganisationen. Auch die konkrete Ausgestaltung der Lokalen-Agenda-Prozesse in den einzelnen Kommunen spiegelt die Vielfalt der unterschiedlichen Ansätze und Vorgehensweisen wider.

Diese Vielfalt ist nicht nur auf die inhaltliche Spannbreite und die Adressatenvielzahl der Agenda 21 zurückzuführen, sondern auch auf die besondere Ausgangssituation,

---

[236] „Charta von Aalborg", S. 3.
[237] „Charta von Aalborg", S. 6.
[238] Vgl. die jeweils aktuellen Zahlen unter www.sustainable-cities.org.

auf die die Ideen des Rio-Dokumentes in Deutschland trafen. Hier ist zum einen die insbesondere im Vergleich zu den betrachteten europäischen Ländern mit 14.631 sehr hohe Zahl der kommunalen Gebietskörperschaften zu nennen. Zum anderen waren und sind es vor allem die Wiedervereinigung, die seit Anfang der 90er Jahre zu verzeichnenden Bestrebungen zu grundlegenden Reformen in den Kommunalverwaltungen und die zunehmenden Finanzprobleme der Kommunen, die die Entwicklung der Lokalen-Agenda-Prozesse bis heute entscheidend mitprägen.

Zur Zeit der Rio-Konferenz und danach wurde das Zusammenwachsen der beiden wiedervereinigten Teile Deutschlands durch die Angleichung in erster Linie der sozialen und wirtschaftlichen Lebensverhältnisse in Ost- und Westdeutschland als vorrangige politische Aufgabe angesehen. Im Bereich des Umweltschutzes musste in den östlichen Bundesländern zunächst überwiegend Gefahrenabwehr betrieben werden. Mit dem Beitritt zum Grundgesetz erhielten die ostdeutschen Kommunen durch die Einführung der kommunalen Selbstverwaltung ein ganz neues Aufgabenspektrum, das eine umfassende Umstrukturierung und teilweise einen Neuaufbau der kommunalen Verwaltungsapparate erforderlich machte. Auch in den westdeutschen Kommunen begann mit Schlagworten wie „Neues Steuerungsmodell" oder „Total Quality Management" ein Wandel des Verständnisses von Wesen und Funktion der Verwaltung; seitdem wollen Städte und Gemeinden ihr Verwaltungshandeln mehr an den Wünschen und Bedürfnissen der Bürger ausrichten und sich weg von der „nur" vollziehenden Behörde hin zu einem stärker an Service orientierten Dienstleistungsunternehmen entwickeln. Ost- wie westdeutschen Kommunen gemein sind die finanziellen Probleme. Sinkenden Einnahmen (z.B. durch den Wegfall der Gewerbekapitalsteuer) stehen steigende Ausgaben durch gesetzlich übertragene Aufgaben (vor allem im sozialen Bereich) gegenüber. Das grenzt den Spielraum der Kommunen insbesondere bei den freiwilligen Selbstverwaltungsangelegenheiten ein[239].

1. Impulse auf Bundesebene

Vor allem die vorgenannten Aspekte haben dazu geführt, dass der ursprünglich in Rio beschlossene Zeitplan auch in Deutschland nicht eingehalten wurde. Hier informierte zunächst die Bundesregierung den Bundestag im September 1992 über die Ergebnisse des UN-Gipfels. Die vom Bundesumweltministerium im Anschluss veröffentlichten übersetzten Fassungen der in Rio verabschiedeten Dokumente führten auf Bundesebene erstmalig zu einer Auseinandersetzung der Öffentlichkeit mit diesem Thema.

a) Erste Initiativen

Als erster sichtbarer und zugleich sehr bedeutender Ausdruck dieser Beschäftigung mit dem Leitbild der nachhaltigen Entwicklung – insbesondere mit dessen zukunftsbezo-

---

[239] Vgl. BMU/UBA, Lokale Agenda 21 im europäischen Vergleich, S. 27 f.

gener Komponente – kann die Einfügung von Art. 20a in das Grundgesetz im Jahre 1994 betrachtet werden. Die Diskussion über die Grundgesetzänderung hatte zwar schon vor der Rio-Konferenz begonnen; auch spiegeln sich in dem eingefügten Artikel das wirtschaftliche und das soziale Element der Nachhaltigkeit nicht wider, was allerdings im Hinblick auf das Vorhandensein von diese Bereiche sichernden Grundrechten und Staatszielbestimmungen auch nicht verwunderlich ist. An der Formulierung „Der Staat schützt auch in Verantwortung für künftige Generationen die natürlichen Lebensgrundlagen ...“ wird jedoch deutlich, dass nicht nur das gegenwärtige Umweltbewusstsein gewachsen und die Umwelt zum grundgesetzlich schützenswerten Rechtsgut geworden ist, sondern auch der intergenerationelle und damit der zukunftsbezogene Aspekt des Nachhaltigkeitsgedankens Eingang in die deutsche Rechtsordnung gefunden hat.

1996 gelang dem Prinzip der Nachhaltigkeit mit allen seinen Komponenten auf bundesdeutscher Ebene dann der endgültige Durchbruch. In diesem Jahr stieß die damalige Bundesumweltministerin Merkel unter dem Motto „Schritte zu einer nachhaltigen, umweltgerechten Entwicklung“ einen Diskussionsprozess mit einer Reihe von gesellschaftlichen Gruppen zur der Frage an, „was Nachhaltigkeit bedeutet und welche Schritte sie erfordert, welche Folgerungen aus dem Leitbild der nachhaltigen Entwicklung entstehen und wie diese Folgerungen in die aktuellen wirtschaftlichen und sozialen Probleme unseres Landes einzuordnen sind“[240]. Die Ergebnisse des angestoßenen Diskussionsprozesses wurden auf einer Zwischenbilanzveranstaltung am 13.06.1997 in Bonn vorgestellt, an der Vertreter aus Politik, Wirtschaft und dem Umweltsektor teilnahmen.

Die dortigen Berichte wiederum flossen dann in den 1998 vorgelegten, bereits an früherer Stelle erwähnten „Entwurf eines umweltpolitischen Schwerpunktprogramms“[241] ein. Dieser Entwurf stellt aus umweltpolitischer Sicht Ziele und Maßstäbe auf, anhand derer das Leitbild der nachhaltigen Entwicklung verwirklicht werden kann, und enthält als eine zentrale Aufforderung, dass im kommenden Jahrzehnt möglichst alle Kommunen in den Prozess der Erstellung einer Lokalen Agenda eingetreten sein sollen.

Für die Kommunen haben insbesondere die kommunalen Spitzenverbände als die Interessenvertreter von Kreisen, Städten und Gemeinden – im Einzelnen sind dies der Deutsche Städtetag (DST), der Deutsche Städte- und Gemeindebund (DStGB) und der Deutsche Landkreistag (DLT) – die Idee der (Lokalen) Agenda 21 aufgegriffen. So haben die Präsidenten der kommunalen Spitzenverbände gemeinsam mit der damaligen Bundesumweltministerin am 10.09.1997 unter der Überschrift „Klima schützen – Umwelt gestalten – Kosten senken“ eine „gemeinsame Erklärung“ verabschiedet. Dar-

---

[240] So Dr. Angela Merkel in ihrer Eröffnungsrede auf der Zwischenbilanzveranstaltung der Initiative „Schritte zu einer nachhaltigen, umweltgerechten Entwicklung“ am 13.06.1997 in Bonn; vollständig abgedruckt in: BMU, Schritte zu einer nachhaltigen, umweltgerechten Entwicklung, Tagungsband zur Zwischenbilanzveranstaltung.
[241] BMU, Nachhaltige Entwicklung in Deutschland – Entwurf eines umweltpolitischen Schwerpunktprogramms; vgl. dazu bereits im 1. Teil unter A. 4. c).

in haben die Beteiligten eine engere Zusammenarbeit und gegenseitige Unterstützung u.a. auf den Gebieten lokaler Klimaschutz, Energieversorgung und Wasser- und Abfallwirtschaft vereinbart und die gemeinsame Absicht betont, alle Kommunen für Lokale-Agenda-Prozesse zu gewinnen[242].

Dieses Ziel ist in der „Gemeinsamen Erklärung der Umweltministerkonferenz des Bundes und der Länder und der kommunalen Spitzenverbände zur Lokalen Agenda 21" vom 08.05.1998 bestätigt und konkretisiert worden. Darin werden Grundprinzipien, Schwerpunkte und Handlungsfelder einer Lokalen Agenda aufgezeigt und empfohlen. Darüber hinaus enthält die Erklärung neben dem Aufruf an die Kommunen zur Erstellung einer Lokalen Agenda die Willensbekundung der Umweltminister des Bundes und der Länder, die Kommunen bei diesem Prozess mittels Durchführung von Informations- und Erfahrungsaustausch, Veröffentlichung von Informationsmaterialien und Bereitstellung von methodischen Hilfen zu unterstützen[243].

In Umsetzung dieser Ankündigungen organisierte das Bundesumweltministerium z.B. den Kongress „Nachhaltige Entwicklung in den Kommunen – Lokale Agenda 21", der am 02. und 03.06.1998 in Bonn stattfand und dem Erfahrungsaustausch von nationalen und kommunalen Akteuren auf dem Gebiet der Lokalen Agenda diente. Ferner erschien 1998 das vom Bundesumweltministerium und vom Umweltbundesamt gemeinsam herausgegebene „Handbuch Lokale Agenda 21", das vom ICLEI im Rahmen eines zweijährigen Forschungsvorhabens im Auftrag des Umweltbundesamtes erstellt worden war und den Kommunen als konkreter Handlungsleitfaden zur Erarbeitung einer Lokalen Agenda dienen soll[244].

b)   Aktuelle „Nachhaltigkeitsstrategie"

Nach den beschriebenen, relativ vereinzelt gebliebenen und eher auf den Umweltsektor begrenzten Aktionen und Programmen hat die Bundesregierung in den Folgejahren ihre Initiativen zum Thema nachhaltige Entwicklung gebündelt und am 17.04.2002 unter dem Titel „Perspektiven für Deutschland" eine umfassende, so genannte „Nationale Nachhaltigkeitsstrategie"[245] verabschiedet. Sie diente nicht nur als bundesdeutscher Beitrag zum Weltgipfel in Johannesburg, sondern fungiert auch als langfristiges innerdeutsches Programm, das zum Thema Nachhaltigkeit neue Anstöße und Perspektiven aufzeigen und die Grundlage für die weitere (gesellschafts-)politische Diskussion bilden soll.

---

[242] Vgl. Sanden, Umweltrecht, § 4 Rdnr. 11.

[243] Vgl. BMU/UBA, Lokale Agenda 21 im europäischen Vergleich, S. 29.

[244] BMU/UBA/Kuhn , Handbuch Lokale Agenda 21, S. 9 f.

[245] Als Download erhältlich unter www.nachhaltigkeitsrat.de und www.dialog-nachhaltigkeit.de, abgedruckt unter Bundesregierung, Perspektiven für Deutschland – Unsere Strategie für eine nachhaltige Entwicklung, 2002.

Der Fertigstellung der Strategie voraus gegangen waren die Einsetzung eines Staatssekretärsausschusses, die Berufung des Rates für Nachhaltige Entwicklung und ein breit angelegter gesellschaftlicher Dialog. Der als „Green Cabinet" bezeichnete Ausschuss setzt sich aus Staatssekretären aus verschiedenen Bundesministerien zusammen und hat die Grundzüge der Strategie erarbeitet. Der Rat für Nachhaltige Entwicklung wurde im April 2001 von Bundeskanzler Schröder zur Beratung der Bundesregierung berufen. Ihm gehören 17 Persönlichkeiten aus verschiedenen Bereichen wie Wirtschaft und Umwelt, Internationales und Entwicklung, Kirche und Gewerkschaft sowie Länder und Gemeinden an. Der Rat hat das „Green Cabinet" bei seiner Arbeit mit innovativen Vorschlägen und konkreten Beiträgen zur Strategie aktiv unterstützt und dient als Dialogforum[246].

Im November 2001 legte der Nachhaltigkeitsrat ein Dialogpapier zu Zielen und Schwerpunkten für eine nachhaltige Entwicklung in Deutschland vor. Bereits im Vorfeld hatten Bürger und gesellschaftliche Gruppen im Oktober und November 2001 in einer ersten Dialogphase Gelegenheit, insbesondere über das Internetforum „www.dialog-nachhaltigkeit.de" ihre Ideen und Vorschläge für die Nachhaltigkeitsstrategie einzubringen. Nach der Veröffentlichung eines ersten Strategieentwurfs der Bundesregierung wurde im Februar 2002 per Internet die zweite Dialogphase mit interessierten Bürgern und gesellschaftlichen Gruppen durchgeführt. Parallel dazu fanden direkte Gesprächsrunden mit Vertretern von Kommunen, Wirtschaft und Gewerkschaften, Umwelt- und Entwicklungsorganisationen, Landwirtschafts- und Verbraucherverbänden sowie von Wissenschaft und Kirchen statt. Zusätzlich reichten zahlreiche Organisationen und Verbände schriftliche Stellungnahmen ein, die ebenfalls ausgewertet und bei der Überarbeitung der Strategie berücksichtigt wurden[247].

Im Vorwort zur Strategie bezeichnet Bundeskanzler Schröder das Leitbild der nachhaltigen Entwicklung als den „roten Faden für den Weg in das 21. Jahrhundert", der Politik, Wirtschaft und Gesellschaft eine langfristige Orientierung biete, in welche Richtung Deutschland sich entwickeln soll. Dabei sei „Kern des Leitbildes", die Lebenschancen der heutigen und der zukünftigen Generationen zu erhalten[248]. In sieben Kapiteln werden dann verschiedene Schwerpunkte zum Thema Nachhaltigkeit aufgezeigt. Generationengerechtigkeit, Lebensqualität, sozialer Zusammenhalt und internationale Verantwortung bilden dabei die vier Grundkoordinaten des Leitbildes.

Diese Bereiche werden mit insgesamt 21 Indikatoren versehen, die – vergleichbar beispielsweise mit dem Bruttosozialprodukt, der Arbeitslosenquote und der Inflationsrate als Kennzahlen für die Beurteilung der wirtschaftlichen Entwicklung – als Gradmesser für die Umsetzung der Nachhaltigkeit dienen sollen. Solche Indikatoren sind zum Beispiel die Energie- und Rohstoffproduktivität (die angeben soll, welche Wirtschaftsleistung mit dem Einsatz einer bestimmten Energie- bzw. Rohstoffmenge erbracht wird),

---

[246] Vgl. unter www.dialog-nachhaltigkeit.de.
[247] Vgl. zum Ganzen www.dialog-nachhaltigkeit.de.
[248] Bundesregierung, Perspektiven für Deutschland, S. 8.

die Emissionen der Treibhausgase des Kyoto-Protokolls, der Anteil erneuerbarer E-
nergien am Energieverbrauch, die Zunahme der Siedlungs- und Verkehrsfläche, die
Erwerbstätigenquote, die Ausgaben für die Entwicklungszusammenarbeit und die Im-
porte in die Europäische Union aus Entwicklungsländern. Weiterhin werden konkrete
Handlungsfelder aufgezeigt, in denen prioritärer Handlungsbedarf gesehen wird. Hierzu gehören die Programmpunkte „Energie effizient nutzen – Klima wirksam schützen", „Mobilität sichern – Umwelt schonen", „Gesund produzieren – gesund ernäh-
ren", „Demographischen Wandel gestalten", „Alte Strukturen verändern – neue Ideen
entwickeln", „Innovative Unternehmen – erfolgreiche Wirtschaft" und „Flächeninanspruchnahme vermindern"[249].

Die Strategie zeigt, dass die Idee der nachhaltigen Entwicklung auch in der Bundesrepublik Deutschland auf fruchtbaren Boden gefallen ist und den Verantwortlichen als
Grundlage und „roter Faden" für ihr politisches Handeln dienen kann und soll. Ob und
inwieweit sie konkret in politische und rechtliche Maßnahmen umgesetzt werden wird,
kann zum jetzigen Zeitpunkt noch nicht beurteilt werden. Als ein erster sichtbarer „organisatorischer Ausfluss" der Strategie insbesondere für die Kommunen ist jedenfalls
die Einrichtung der „Bundesweiten Servicestelle Lokale Agenda 21" zu werten. Diese
Institution ist im August 2002 eröffnet worden und soll die Kommunen bei ihrer Arbeit zur Lokalen Agenda 21 unterstützen, ihre entsprechenden Aktivitäten vernetzen
und in der Öffentlichkeit für die Anliegen der Lokalen Agenda werben.

2. Stand und Verlauf der Lokalen-Agenda-Prozesse

Es war bereits die Rede davon, dass speziell für die Kommunen die kommunalen Spitzenverbände die Ideen der Agenda 21 aufgegriffen und sie in die Städte und Gemeinden transportiert haben. Um den Erfolg dieses Vermittlungsprozesses zu untersuchen
und den Stand und den Verlauf der eingeleiteten Lokalen-Agenda-Prozesse insbesondere in den größeren Städten zu dokumentieren, hat das Deutsche Institut für Urbanistik (difu) in Zusammenarbeit mit dem Deutschen Städtetag (DST) in den Jahren
1996[250], 1997[251] und 1999[252] Umfragen unter den Mitgliedstädten des DST durchgeführt und veröffentlicht. In den Folgejahren sind in Absprache mit den beteiligten
Städten dort keine weiteren Daten mehr erhoben worden, da sich nach Ansicht des difu
aufgrund der eingetretenen Umsetzungsphase in der Erfassung des rein quantitativen
Zahlenwerks kaum noch etwas geändert hätte[253]. Statt dessen hat das difu in Kooperation mit dem ICLEI im Auftrag des Bundesumweltministeriums und des Umweltbundesamtes im Jahre 2002 vor dem Hintergrund des Weltgipfels in Johannesburg eine

---

[249] Bundesregierung, Perspektiven für Deutschland, S. 65 ff, 95 ff.
[250] Rösler, Lokale Agenda 21.
[251] Rösler, Deutsche Städte auf dem Weg zur Lokalen Agenda 21.
[252] Rösler, Lokale Agenda in deutschen Städten auf Erfolgskurs.
[253] So die schriftliche Auskunft von Frau Rösler auf eine entsprechende Anfrage des Verfassers dieser
Arbeit.

qualitative Bilanz der zehn Jahre nach der Rio-Konferenz gezogen, in der nach bestimmten Kriterien ausgewählte Handlungsfelder im Vordergrund stehen[254].

In allen drei genannten Erhebungen wurden zur besseren Vergleichbarkeit grundlegende Fragen zum Umsetzungsstand der Lokalen Agenda in den betroffenen Städten
gleichermaßen gestellt, so z.b. die Frage, ob ein politischer Beschluss vorliegt, wer für
die Koordinierung des Lokalen-Agenda-Prozesses zuständig ist, welche Schwerpunkte
die Städte setzen und welche Schwierigkeiten es gibt. Daneben wurden jeweils aktuelle Entwicklungen besonders hervorgehoben. Im Folgenden wird grundsätzlich von den
Ergebnissen der letzten Umfrage aus dem Jahr 1999 ausgegangen, wobei zu Ver-
gleichszwecken sowohl auf die früheren Erhebungen aus den Jahren 1996 und 1997
Bezug genommen als auch die qualitative Bilanz aus dem Jahre 2002 mit einbezogen
wird.

Von den bei der letzten Umfrage angeschriebenen 262 DST-Mitgliedstädten haben
167 geantwortet, das entspricht einer Rücklaufquote von 64 %. Davon bezeichneten
150 Städte (90 %) die Entwicklung einer Lokalen Agenda als ihre Aufgabe. Dazu lag
bei 131 Städten (78 %) auch ein politischer Beschluss vor, 13 Städte bereiteten diesen
zum Zeitpunkt der Umfrage gerade vor. Zum Vergleich: 1996 hatten von 157 antwortenden Kommunen erst 83 (53 %) die Lokale Agenda als ihre Aufgabe angesehen, und
erst in 27 Städten (17 %) hatte es dazu einen politischer Beschluss gegeben. 1997 hatten von 150 antwortenden Kommunen 113 (75 %) angegeben, die Erstellung einer Lokalen Agenda als ihre Aufgabe zu betrachten, und in 57 Städten (38 %) war ein entsprechender politischer Beschluss gefasst worden[255].

Die Einrichtung von zentralen Informations- und Koordinierungsstellen in den Verwaltungen, die den Entwicklungsprozess der Lokalen Agenda koordinieren, die erforderliche Öffentlichkeitsarbeit organisieren und den Informationsfluss zwischen den
verschiedenen Arbeitsgruppen und Gremien unterstützen, halten die meisten Städte für
sinnvoll und hilfreich. Dementsprechend existierten 1999 in 128 Städten (77 %) innerhalb der Stadtverwaltungen institutionalisierte Stellen zur Betreuung und Koordinierung der Lokalen-Agenda-Prozesse (Agenda-Büro, Geschäftsstelle Lokale Agenda
o.ä.). Die meisten dieser Stellen sind in den Umweltämtern angesiedelt, einige in den
Ämtern für Stadtentwicklung bzw. Stadtplanung. Im Verhältnis dazu sind nur wenige
direkt dem Büro des Oberbürgermeisters zugeordnet[256].

Bei den inhaltlichen Schwerpunkten sind – nach allen drei Erhebungen – die Themen
Klimaschutz und Energie eindeutige Spitzenreiter, gefolgt von den Gebieten Verkehr
sowie Bürgerbeteiligung und Öffentlichkeitsarbeit. Weitere Schwerpunkte bilden die
Themenfelder Natur und Landschaft, Umwelterziehung und -bildung sowie Bauen und
Wohnen. Im Vergleich zu den früheren Erhebungen bezogen sich bei der Umfrage

[254] BMU/UBA, Lokale Agenda 21 und nachhaltige Entwicklung in Deutschen Kommunen – 10 Jahre
nach Rio: Bilanz und Perspektiven, 2002.
[255] Rösler, Lokale Agenda in deutschen Städten auf Erfolgskurs, S. 19 f.
[256] Rösler, Lokale Agenda in deutschen Städten auf Erfolgskurs, S. 20.

1999 erstmalig viele Nennungen auf Projekte für Frauen, Kinder und Jugendliche sowie auf Programme zu den Bereichen Soziales, Arbeit und Beschäftigung sowie Lebensstile und Konsumverhalten. Die Gebiete Abfallwirtschaft, Bodenschutz, Altlasten und Gesundheit finden sich unter den genannten Schwerpunktthemen dagegen weniger häufig und bilden damit – wie bei den früheren Erhebungen auch – die Schlusslichter der Schwerpunkteskala[257].

Bei der Auswahl und Zusammenstellung der in den Kommunen besonders häufig behandelten Themenfeldern und durchgeführten Maßnahmen in der qualitativen Bilanz aus dem Jahre 2002 haben deren Verfasser zusätzlich darauf abgestellt, dass die dort im Vordergrund stehenden, konkret ausgewählten Beispielprojekte gleichzeitig ökologische, ökonomische und soziale Auswirkungen aufweisen (Themenintegration) und möglichst viele unterschiedliche Akteure zu Mitwirkung und Kooperation ansprechen (Beteiligtenpartizipation)[258]. Nach diesen Kriterien haben die in den Umfragen am häufigsten genannten, eher dem Umweltsektor zuzuordnen Themen ihre Vorrangstellung zu Gunsten einer gleichberechtigten Einbeziehung auch der wirtschaftlichen und sozialen Dimension etwas verloren. So stehen in der Bilanz aus dem Jahre 2002 die folgenden zehn ausgewählten Handlungsfelder zwar nicht unbedingt von ihrer Häufigkeit, aber doch von ihrer Wertigkeit her gleichrangig nebeneinander: Kommunale Entwicklungszusammenarbeit, Klimaschutz/Energie, Flächeninanspruchnahme, Naturschutz, nachhaltige Wasserwirtschaft, nachhaltige Mobilität, nachhaltiger Konsum, Programme und Projekte von und für Frauen, Beteiligung von Kindern und Jugendlichen, Beteiligung der Wirtschaft[259].

Leitbilder für eine nachhaltige Entwicklung vor Ort haben 40 der insgesamt antwortenden Städte (24 %) erarbeitet, in weiteren 76 Kommunen (46 %) befanden sich diese zum Zeitpunkt der Umfrage in Vorbereitung, während 31 Städte (19 %) die Formulierung von Leitbildern nicht für erforderlich hielten. Einerseits fassen einige Städte die Entwicklung von Leitbildern als zentralen Kern einer Lokalen Agenda auf; diese dienen dort insbesondere der Öffentlichkeitsarbeit und als Leitlinien für die Arbeit der politischen Gremien und der Verwaltung. Andererseits wird die Diskussion der Leitbilder oft als sehr zeitaufwendig und äußerst schwierig empfunden, wohingegen konkrete Projekte auch aufgrund der meist vielfältigen persönlichen Interessen der Akteure häufig wesentlich engagierter angegangen werden[260].

Zur Initiierung und Durchführung des von Kapitel 28 der Agenda 21 geforderten Konsultationsprozesses mit der Bevölkerung gibt es zahlreiche Veranstaltungs-, Partizipations- und Kommunikationsformen. Dabei steht die (lokale) Pressearbeit immer noch an erster Stelle, wobei teilweise das fehlende Interesse der regionalen und überregionalen Presse bemängelt wird und teilweise, dass trotz intensiver und kontinuierlicher lokaler Pressearbeit zu wenig Interesse bei der Bevölkerung geweckt werden konnte.

---

[257] Rösler, Lokale Agenda in deutschen Städten auf Erfolgskurs, S. 21.
[258] BMU/UBA, Lokale Agenda 21 und nachhaltige Entwicklung in deutschen Kommunen, S. 54 f.
[259] BMU/UBA, Lokale Agenda 21 und nachhaltige Entwicklung in deutschen Kommunen, S. 55 ff.
[260] Rösler, Lokale Agenda in deutschen Städten auf Erfolgskurs, S. 21.

Neben Pressemitteilungen und Informationsbroschüren werden die Bürger und die örtlichen Gruppierungen in vielen Städten durch öffentliche Veranstaltungen in die Lokalen-Agenda-Prozesse mit einbezogen, z.B. Vortrags- und Diskussionsveranstaltungen, Ausstellungen, Foren, Runde Tische, Bürgerversammlungen, Zukunftswerkstätten. Besonders aktiv sind hier auch die Volkshochschulen. Neu hinzu gekommen in der Auflistung der Städte sind bei der jüngsten Umfrage im Vergleich zu den Erhebungen von 1996 und 1997 das Internet sowie Lokalfernsehen und -radio[261].

Bemerkenswert erscheint, dass 103 Städte (62 %) durch die Aktivitäten zur Lokalen Agenda neue Kooperationspartner gewonnen haben. Bisher haben vor allem Bürgerinitiativen, Bildungseinrichtungen, Gewerbe / Handwerk / Industrie, Umweltverbände, Religionsgemeinschaften, Vereine und viele ortsspezifische Gruppen und Einrichtungen ihre Bereitschaft zur Mitwirkung an diesem Prozess unter Beweis gestellt. Ebenso auffällig ist, dass die Zusammenarbeit mit anderen Kommunen nur eine ganz untergeordnete Rolle spielt[262].

Befragt nach den größten Hemmnissen für Einführung, Entwicklung und Umsetzung einer Lokalen Agenda gab in allen drei Umfragen ein Großteil der Städte das Fehlen von Finanzmitteln und von Personal für Organisation und Durchführung des Prozesses an. Insbesondere die Besetzung vieler Agenda-Büros und Koordinierungsstellen mit ABM-Kräften wird vielfach nicht als geeignete Lösung angesehen, da eine kontinuierliche Betreuung der Aktivitäten für notwendig erachtet wird. Weitere Nennungen bei den Schwierigkeiten lauten, dass in Politik und Verwaltung thematisch andere Prioritäten gesetzt werden und sich Privatwirtschaft und Bevölkerung – also gerade die nach dem Auftrag aus Kapitel 28 der Agenda 21 explizit in den Konsultationsprozess einzubeziehenden Gruppen – zu wenig oder gar nicht für die Erstellung einer Lokalen Agenda interessieren[263]. Mit diesem Desinteresse korrespondiert, dass es eine generelle oder häufige Diskrepanz zwischen Bewusstsein und Verhalten in großen Teilen der Bevölkerung zu geben scheint. So ist zwar den meisten bewusst, dass beispielsweise Energie eingespart und mit Naturgütern schonend umgegangen werden muss; dem stehen jedoch der Vorrang der materiellen Wohlsstandssteigerung und eine Tendenz zu unbegrenzter Mobilität mit entsprechend expansivem Konsumverhalten gegenüber. Aufgrund dieser verbreiteten Vorrangstellung der individuellen gegenüber den Allgemeininteressen ist zum einen eher selten ein dauerhaftes Engagement der Akteure zu verzeichnen; zum anderen kommt es häufig zu Interessenkonflikten zwischen verschiedenen Beteiligten[264].

Bei der Frage nach den Erfolgsfaktoren für das Gelingen einer Lokalen Agenda finden sich auf einer entsprechenden Punkteskala die Aspekte Unterstützung von Verwaltungsspitze und Politik, Verwirklichung von konkreten Projekten, kooperative Zusammenarbeit zwischen Verwaltung und externen Akteuren sowie Engagement und

[261] Rösler, Lokale Agenda in deutschen Städten auf Erfolgskurs, S. 23 ff.
[262] Rösler, Lokale Agenda in deutschen Städten auf Erfolgskurs, S. 26.
[263] Rösler, Lokale Agenda in deutschen Städten auf Erfolgskurs, S. 28 f.
[264] BMU/UBA, Lokale Agenda 21 und nachhaltige Entwicklung in deutschen Kommunen, S. 72, 132.

Kompetenz der Agenda-Beauftragten der Verwaltung mit Abstand ganz oben. Im Mittelfeld bewegen sich Gesichtspunkte wie Vorhandensein eines Leitbildes zur nachhaltigen Entwicklung, Mitwirkung der örtlichen und regionalen Presse und zielgerichteter Einsatz von Finanzmitteln für Maßnahmen, die den Prinzipien der Nachhaltigkeit entsprechen. Faktoren wie Art der Informationsvermittlung, ämterübergreifende Bearbeitung von Themen und verbindliche Regelungen werden demgegenüber für den Erfolg einer Lokalen Agenda als weniger wichtig angesehen[265].

Zusammenfassend konnten eine Steigerung der Akzeptanz von kommunalpolitischen Maßnahmen in Richtung Lokale Agenda und Nachhaltigkeit nur 29 Städte (17 %) bestätigen, während in 64 Städten (38 %) eine solche bisher nicht erzielt werden konnte und die restlichen Städte dazu überhaupt keine Angaben machen konnten[266].

3. Wertungen, Chancen, Probleme

Die Ergebnisse der Umfragen machen deutlich, dass sich die Aktivitäten zur Einführung, Entwicklung und Umsetzung der Lokalen Agenda in den Städten seit 1996 stetig ausgeweitet haben. Auch die Zahl der deutschen Kommunen insgesamt, die eine Lokale Agenda erstellen, steigt ständig an. Das geht aus den regelmäßig von „Agenda-Transfer", einer durch das Land Nordrhein-Westfalen geförderten Einrichtung zur Unterstützung und Vernetzung von Lokalen-Agenda-Aktivitäten, bundesweit durchgeführten, rein quantitativen Erhebungen hervor. Während danach z.B. im Juli 1999 erst in über 1.100 Kommunen ein politischer Beschluss zur Erarbeitung einer Lokalen Agenda vorlag, waren es im März 2003 mit fast 2.400 schon mehr als doppelt so viele Kommunen bundesweit, die mit einem solchen Beschluss ihre Bereitschaft zur Umsetzung des Auftrages der Agenda 21 dokumentierten[267]. Die aufgezeigten Umfrageergebnisse geben über die kontinuierlich wachsende Zahl der „agenda-aktiven" Kommunen hinaus auch Aufschluss über Art und Einzelheiten der Lokalen-Agenda-Prozesse.

a) Politischer Beschluss, personelle und finanzielle Mittel

Als positiv ist zunächst zu bewerten, dass es in der Mehrzahl der befragten DST-Mitgliedstädte sowohl einen politischen Beschluss zur Lokalen Agenda gibt als auch eine Anlauf- und Koordinierungsstelle innerhalb der Verwaltung für entsprechende Aktivitäten. Der Beschluss und die institutionalisierte Stelle verleihen dem Lokalen-Agenda-Prozess eine gewisse Verbindlichkeit; denn auf diese Weise kann nicht nur die Erarbeitung des örtlichen Aktionsprogramms aus dem unverbindlichen Diskussionsstadium in die politischen Strukturen und formalen Entscheidungsabläufe einge-

---

[265] Rösler, Lokale Agenda in deutschen Städten auf Erfolgskurs, S. 30.
[266] Rösler, Lokale Agenda in deutschen Städten auf Erfolgskurs, S. 28.
[267] Vgl. die jeweils aktuellen Zahlen unter www.agenda-service.de.

bunden werden. Auch die jeweiligen Agenda-Beauftragten müssen gegenüber den verantwortlichen Gremien in Rat und Verwaltungsspitze über ihre Tätigkeit Rechenschaft ablegen und sind deshalb an einer spürbaren Fortentwicklung des Prozesses interessiert, um so Erfolge vorweisen zu können.

Oftmals sind politischer Beschluss und Verwaltungsstelle allerdings noch keine Garanten für wirklichen Rückhalt und tatsächliche Unterstützung der Lokalen Agenda durch Politik und Verwaltung. Mancherorts scheint den Verantwortlichen ein öffentlichkeitswirksames (Lippen-)Bekenntnis zu den Grundsätzen der Agenda 21 wichtiger zu sein als eine inhaltliche Neuausrichtung der politischen und Verwaltungsstrukturen im Sinne der Leitgedanken der Agenda 21. So werden Agenda-Initiativen nicht immer wahr- oder ernstgenommen oder an Entscheidungsprozessen mit Agenda-Bezug beteiligt, so dass sie sich als „Spielwiese" neben der eigentlichen politischen Sacharbeit empfinden. Auch die thematisch getrennte Ausrichtung von Ratsausschüssen und Verwaltungsdezernaten und -ämtern ermöglicht zumeist keine themenübergreifende und integrative Behandlung von ökologischen, ökonomischen und sozialen Aspekten anstehender Maßnahmen und Projekte. Dass die Lokale Agenda in vielen Kommunalverwaltungen nicht als Querschnittsaufgabe wahrgenommen wird, belegen nicht zuletzt die Umfrageergebnisse, wonach die entsprechenden Stellen in den meisten befragten DST-Städten nicht beim Oberbürgermeisterbüro bzw. beim Hauptamt angesiedelt sind, sondern mit der Eingliederung beim Umweltamt in der Mehrzahl der Fälle dem Umweltsektor zugeordnet werden.

Interessant erscheint weiterhin, dass nur in einigen Kommunen zusätzliche Haushaltsmittel für die Arbeit der Lokalen Agenda bereitgestellt werden. Wo das nicht geschieht, werden entsprechende Aktivitäten oder auch die Verwaltungsstellen aus anderen „Töpfen" finanziert. Von den ABM-Stellen war insoweit schon die Rede. Hinzu kommen Mittel, die den Kommunen bundeslandspezifisch zur Verfügung gestellt werden. So fördert z.B. das Land Berlin insgesamt 48 „Lokale-Agenda-21-Koordinatoren", von denen je zwei in den 23 Berliner Bezirken und zwei auf Landesebene tätig sind. Hessen hatte beispielsweise im Haushalt 1998/1999 rund 5,2 Millionen Mark eingeplant, mit denen Maßnahmen zur Öffentlichkeitsarbeit und für die Gestaltung der Konsultationsprozesse in den Kommunen finanziell unterstützt wurden. Und in Thüringen wird die „Umsetzung der Agenda 21 unter Beteiligung von kleinen und mittleren Unternehmen" gefördert[268].

b) Inhaltliche Schwerpunkte

Bei den inhaltlichen Schwerpunkten ist bemerkenswert, dass gerade der Themenkomplex Klimaschutz und Energie nach den Umfragen schon seit Jahren den Spitzenreiterplatz einnimmt. Wenn man einerseits bedenkt, dass bei den Agenda-Prozessen nicht nur lokale Probleme thematisiert, sondern die örtlichen Entscheidungen im Idealfall

---

[268] Vgl. BMU/UBA, Lokale Agenda 21 im europäischen Vergleich, S. 38.

auch immer unter dem Gesichtspunkt der globalen Zusammenhänge und Auswirkungen abgewogen werden sollten, verwundert die intensive Beschäftigung mit dem Klimaschutz nicht. Wenn man sich andererseits jedoch vor Augen hält, dass die Kommunen sowohl aufgrund ihrer fehlenden rechtlichen Kompetenz als auch infolge ihres eher untergeordneten tatsächlichen Beitrages die Entwicklung des Weltklimas nur geringfügig beeinflussen dürften, erscheint die Betonung dieses Themenbereichs weniger nachvollziehbar.

Zu erklären ist sie aber zum einen damit, dass insbesondere viele Großstädte, die der DST zu seinen Mitgliedern zählt, Teilnehmer des so genannten Klimabündnisses sind. Dabei handelt es sich um einen Zusammenschluss europäischer Kommunen und indigener Völker Amazoniens, die sich bereits seit 1990 unter dem Motto „Global denken – lokal handeln in der Praxis" folgende Ziele gesetzt haben: Halbierung der Kohlendioxidemissionen in den europäischen Kommunen bis zum Jahr 2010, Tropenholzverzicht im kommunalen Bau- und Beschaffungswesen, Stopp für Produktion und Verbrauch von Fluor-Chlor-Kohlenwasserstoffen, Kooperation mit den amazonischen Indianervölkern zum Erhalt des tropischen Regenwaldes[269].

Auch wenn demnach die Mitgliedschaft im Klimabündnis nicht unmittelbar mit der Lokalen Agenda zusammenhängt, werden Aktivitäten zum Klimaschutz nach der Rio-Konferenz oft der Lokalen Agenda zugeordnet. Dass dies durchaus berechtigt ist, zeigen nicht nur die in der Agenda 21 speziell den Themenfeldern „Schutz der Erdatmosphäre" und „Bekämpfung der Entwaldung" gewidmeten Kapitel 9 und 11[270]. Auch einige zentrale Leitgedanken des Rio-Dokumentes wie kommunales Handeln in globaler Verantwortung oder verstärkte Kooperation zwischen (nördlichen) Industriestaaten und (südlichen) Entwicklungsländern lassen die intensive Beschäftigung der Kommunen mit dem Thema Klimaschutz nicht nur verständlich, sondern auch berechtigt erscheinen.

Zum anderen fallen in den Themenkomplex Klimaschutz und Energie auch kommunale Energiesparmaßnahmen beispielsweise durch Förderung und Nutzung von Solarenergie in öffentlichen Gebäuden oder durch an ökologischen Gesichtspunkten ausgerichtete Aufstellung von Bebauungsplänen (z.B. Festlegung der Dachneigung auf das für Fotovoltaikanlagen und Warmwasserkollektoren optimale Maß von 30 bis 45 Grad)[271]. Hierbei handelt es sich also um ein ureigenstes Betätigungsfeld der Kommunen. Auch wenn auf diese Weise in Teilbereichen eine Verknüpfung der kommunalen und der globalen Sphäre erreicht werden kann, ist die Kommunalpolitik vielerorts doch mehr auf die kurzfristige Lösung von lokalen Einzelfragen ausgerichtet als auf die strukturelle Einbeziehung von langfristigen globalen Auswirkungen in die örtliche Entscheidungsfindung.

---

[269] Forum Umwelt und Entwicklung, Lokale Agenda 21 – Ein Leitfaden, S. 23 f.

[270] Vgl. BMU, Umweltpolitik, Agenda 21, S.68-74 und 79-89.

[271] Vgl. BMU/UBA, Lokale Agenda 21 und nachhaltige Entwicklung in deutschen Kommunen, S. 64 ff.

Eine vergleichbare Tendenz zeichnet sich bei dem Verhältnis zwischen langfristigen abstrakten Leitbildern auf der einen und kurzfristigen konkreten Einzelprojekten auf der anderen Seite ab. Hier fällt auf, dass die Erstellung eines Leitbildes immerhin von einem Fünftel der Städte nicht für wichtig oder notwendig erachtet wird, obwohl es sich nach dem Willen der Agenda 21 dabei um einen Kernbestandteil einer Lokalen Agenda handelt; denn gemäß Kapitel 28 soll der geforderte Konsultationsprozess (zumindest am Anfang) auf ein im Konsens erarbeitetes Leitbild ausgerichtet sein, das im Laufe des Prozesses durch bestimmte Maßnahmen konkretisiert und umgesetzt wird. Die Erarbeitung eines solchen Leitbildes, das die zukünftige Entwicklung einer Stadt oder Gemeinde skizzieren soll, scheint aufgrund seiner Abstraktheit schwierig und langwierig, gleichwohl aber notwendig zu sein, wenn es als Orientierungspunkt und Leitlinie für die (politische) Arbeit vor Ort fungieren soll. Daneben dient der entsprechende Findungsprozess der Erfassung des Ist-Zustandes und der Formulierung von Nachhaltigkeitszielen, an der nach der Idee der Agenda 21 die Bürger auch schon mitwirken sollen. Erst durch den dadurch herbeigeführten größtmöglichen Konsens erhält die Lokale Agenda die notwendige Stoßkraft und Dynamik, um auch gegen Widerstände Profil zu bewahren und Durststrecken zu überstehen[272]. Demgegenüber schadet es selbstverständlich auch nicht, wenn sich Erfolge im Lokalen-Agenda-Prozess in Form von schon realisierten Projekten ausdrücken, noch bevor ein endgültiges Leitbild beschlossen worden ist.

c) **Bürgerbeteiligung und Öffentlichkeitsarbeit**

Die Vorteile von konkreten und damit auch zeitlich überschaubaren Projekten gegenüber langwierigen Leitbilddiskussionen in abstrakter Form werden ebenfalls in Zusammenhang mit dem Bereich Bürgerbeteiligung und Öffentlichkeitsarbeit deutlich. Einerseits lassen sich Bürger, die von einer bestimmten Maßnahme selbst betroffen sind und für die sie sich interessieren, leichter in die Arbeit für (oder auch gegen) diese Maßnahme einbinden. Weiterhin ist die erfolgreiche Verwirklichung von einzelnen Projekten nicht nur eine entscheidende Voraussetzung für die fortdauernde Motivation der Akteure, sondern auch – das ergibt sich insbesondere aus der letzten Umfrage – ein wichtiger Faktor für den Erfolg und die Akzeptanz einer Lokalen Agenda insgesamt[273]. Konkrete Erfolge lassen sich schließlich in der Öffentlichkeit besser „vermarkten", indem sie als positiver Werbeeffekt für die örtliche Agenda-Arbeit die Aufmerksamkeit auf diese lenken.

Nicht umsonst spielt nach allen durchgeführten Erhebungen die Öffentlichkeitsarbeit immer eine bedeutende Rolle, da über sie nicht nur der Konsultationsprozess mit der örtlichen Bevölkerung und den lokalen Gruppierungen eingeleitet wird, sondern auch der Informationsfluss über Ziele und Aktivitäten einer Lokalen Agenda stattfindet. Nur über gezielte Öffentlichkeitsarbeit in Form des Ansprechens bestimmter Gruppen las-

---

[272] Brunold, Die Neue Verwaltung 2001, 25 (26 f).
[273] Rösler, Lokale Agenda in deutschen Städten auf Erfolgskurs, S. 30.

sen sich diese zudem als Kooperationspartner gewinnen und dauerhaft in den Lokalen-Agenda-Prozess einbinden. Dieser Zusammenhang ergibt sich auch aus der jüngsten Umfrage[274], nach der die Öffentlichkeitsarbeit einen Schwerpunkt bildete und gleichzeitig fast zwei Drittel der Stadtverwaltungen angaben, durch den Lokalen-Agenda-Prozess neue Kooperationspartner gefunden zu haben.

Andererseits ist das mangelnde Interesse in der Bevölkerung eines der schwierigsten Probleme der Lokalen Agenda. In vielen Fällen sind in einer örtlichen Agenda-Initiative ohnehin diejenigen aktiv, die sich auch sonst in Parteien, Vereinen oder anderen organisierten Gruppen engagieren. Dagegen ist es sehr schwierig, die „unorganisierte" Bürgerschaft, die sich auch sonst am „öffentlichen Leben" nicht beteiligt, für eine Mitarbeit an einer Lokalen Agenda zu interessieren oder zu gewinnen. Daneben haben die örtlichen Agenda-Bündnisse nicht immer die Kapazität und den Einfluss, den einmal mit viel Engagement angestoßenen Prozess weiter voranzutreiben und die Umsetzung beschlossener Leitbilder und Maßnahmen einzufordern. Das liegt daran, dass es sich bei den Akteuren meistens um Ehrenamtliche oder um Hauptamtliche mit befristeten Stellen handelt mit der Folge einer hohen Fluktuation und einer geringen Kontinuität der Arbeit. Ein weiteres Problem ist die mangelnde Erfahrung und Kompetenz bei einigen Beteiligten hinsichtlich geeigneter Formen der Kooperation und Konsensfindung[275].

Insgesamt zeigt sich, dass die Lokale Agenda nach einer anfänglichen Zeit des nur sporadischen Aufgreifens seit 1996 eine stetige Ausweitung erfahren hat. Sie wird von vielen Stadtverwaltungen und örtlichen Gruppierungen nicht nur wahr-, sondern auch ernst genommen. Eine Vielzahl von Aktivitäten und Schwerpunktsetzungen entspricht den Leitgedanken der Agenda 21, andere dagegen werden nicht in deren Sinne betrieben. Schwierigkeiten bereitet vor allem, dass die Bevölkerung uninteressiert ist – dieses Phänomen lässt sich im Übrigen auch am verhaltenen Gebrauchmachen von Informationsansprüchen nach dem UIG und den Freiheitsinformationsgesetzen der Bundesländer ablesen[276] – und die Agenda 21 (wenn überhaupt) nur als eines von vielen Themen wahrnimmt und die Kontinuität der Arbeit mangels unsteter finanzieller oder personeller Mittel nicht immer gewährleistet ist.

C. Lokale Agenda in Nordrhein-Westfalen

Nachdem bisher bundesweite Tendenzen aufgezeigt worden sind, soll nun anhand von Nordrhein-Westfalen exemplarisch untersucht werden, welche Initiativen und Aktivitäten zur Lokalen Agenda auf Landesebene existieren. Hierzu eignet sich Nordrhein-Westfalen in besonderem Maße, und das nicht nur, weil es mit fast 18 Millionen Einwohnern das bevölkerungsreichste Bundesland ist; auch die Vielfalt der Programme

---

[274] Rösler, Lokale Agenda in deutschen Städten auf Erfolgskurs.

[275] Forum und Entwicklung, Lokale Agenda 21 – Ein Leitfaden, S. 28.

[276] Vgl. Knitsch, ZRP 2003, 113 (117); Hatje, EuR 1998, 734 (745); Partsch, LKV 2001, 98 (102); Stollmann, NWVBl. 2002, 216 (222).

und Projekte auf Landesebene und in den 31 Landkreisen mit 373 kreisangehörigen Städten und Gemeinden sowie in den 23 kreisfreien Städten spricht dafür, Nordrhein-Westfalen eingehender zu betrachten.

1. Quantitativer Überblick zu den Kommunen

Auffällig ist hier zunächst, dass die politischen Beschlüsse zur Erstellung einer Lokalen Agenda erst ab Anfang 1997 eine hohe Steigerungsrate aufweisen. Während die kreisfreie Stadt Wuppertal die erste Stadt war, die – erst im Jahre 1995 – einen Ratsbeschluss zur Erarbeitung einer Lokalen Agenda verabschiedete, und bis Ende 1996, also bis zu dem von der Agenda 21 vorgesehenen Bezugszeitpunkt, nur ca. 2 % der nordrhein-westfälischen Kommunen einen solchen Beschluss hatten, wuchs die Zahl der Kommunen mit einem politischen Beschluss zur Lokalen Agenda ab Anfang 1997 rasant an. So war in jenem Jahr bereits eine Steigerungsrate von 10 % zu verzeichnen, im Jahr 1998 setzte sich diese Steigerung mit einer Rate von 15 % fort, und im Jahre 1999 lag die Steigerungsrate schon bei über 20 %[277].

Im März 2003 hatten 266 aller 427 nordrhein-westfälischen Gebietskörperschaften (62,3 %) einen politischen Beschluss zur Erstellung einer Lokalen Agenda. Im bundesrepublikanischen Vergleich befindet sich Nordrhein-Westfalen damit in der Spitzenposition; dicht gefolgt von Hessen mit 275 von 447 kommunalen Gebietskörperschaften (61,5 %) und dem Saarland mit 35 von 58 Einheiten (60,3 %)[278].

Ein wesentlicher Grund für die skizzierte Entwicklung in Nordrhein-Westfalen ist das so genannte Gemeindefinanzierungsgesetz (GFG). Nach § 20 Abs. 1 Nr. 4 GFG wurde den Kommunen zunächst ein Betrag in Höhe von 0,50 DM (später 0,26 Euro) pro Einwohner für Maßnahmen der kommunalen Entwicklungsarbeit zur Verfügung gestellt, der gemäß einem Runderlass des Landesinnenministeriums vom 18.12.1996[279] seit dem Jahr 1997 auch in Lokale-Agenda-Projekte fließen kann. Die Mittel können von den Kommunen als pauschalierte Zuweisungen mit einem weit definierten Verwendungsrahmen ohne formellen Verwendungsnachweis eingesetzt werden. Dafür wurden in den Jahren ab 1997 Haushaltsmittel in Höhe von jeweils rund 9 Mio. DM bereit gestellt. Im Jahre 2003 sind die Mittel gekürzt worden, so dass seitdem nur noch 0,21 Euro pro Einwohner zur Verfügung stehen.

Rund ein Viertel der Kommunen mit politischem Beschluss zur Lokalen Agenda nutzen ausschließlich diese „GFG-Mittel" zur Finanzierung von Lokalen-Agenda-Prozessen, ein weiteres Viertel weist keine eigenen Positionen für die Lokale Agenda im Haushaltsplan aus; lediglich die verbleibende Hälfte der Kommunen mit Agenda-Beschluss stellt eigene Haushaltsmittel zur Verfügung, wobei wiederum knapp ein

---

[277] Bauersch, Die Umsetzung der lokalen Agenda 21 in Nordrhein-Westfalen, S.29.
[278] Vgl. die jeweils aktuellen Zahlen unter www.agenda-service.de.
[279] III A 1 – 11.90.70 – 1496 I / 96.

Viertel dieser Kommunen zusätzlich „GFG-Mittel" zur Finanzierung von Lokalen-Agenda-Aktivitäten heranzieht. Insgesamt spielen diese Mittel damit bei knapp der Hälfte der Kommunen mit Agenda-Beschluss eine bedeutende Rolle[280].

Ein Vergleich mit den kommunalen Gesamtausgaben zeigt allerdings, dass die für die Lokale Agenda eingesetzten Mittel verschwindend gering sind: Die Gesamtausgaben des Verwaltungshaushalts aller nordrhein-westfälischen Kommunen beliefen sich zum Beispiel im Jahre 1997 auf ca. 67,2 Mrd. DM. Das entspricht ca. 170 Mio. DM pro Kommune. Die im Jahre 1999 durchschnittlich von den Kommunen aufgewandten Mittel für die Lokale Agenda (eigene Haushalts- und / oder GFG-Mittel) lagen bei ca. 34.300 DM. Das entspricht ca. 0,02 % eines durchschnittlichen Gemeindehaushalts von 1997[281].

Bemerkenswert erscheint, dass es bei den Finanzmitteln ebenso wie bei anderen mit der Lokalen Agenda in Zusammenhang stehenden Merkmalen – wie z.B. die Einrichtung einer gesonderten personellen Zuständigkeit in den Kommunalverwaltungen, die Unterzeichnung der „Charta von Aalborg", die Mitgliedschaft im Klimabündnis – ein Stadt-Land-Gefälle gibt. Danach engagieren sich Großstädte in stärkerem Maße für die Ziele der Agenda 21 als kleinere Städte und Gemeinden in eher ländlichen Gegenden. Eine Erklärung dafür könnte die größere Finanz- und Personalkraft der Großstädte sein. So können zum einen mit den einwohnerzahlabhängigen „GFG-Mitteln" in den einwohnerstarken Städten Aktivitäten effektiv gefördert werden, während sich in den einwohnerschwachen Gemeinden damit nur relativ wenig bewegen lässt. Zum anderen sind große Kommunalverwaltungen mit mehreren Hundert bis Tausend Mitarbeitern leichter und besser in der Lage, einige Mitarbeiter für die Lokale Agenda freizustellen oder neue Stellen für diesen Aufgabenbereich einzurichten und das zuständige Personal auf Schulungen und Informationsveranstaltungen zu entsenden. Für kleinere Kommunen bedeuten solche Schritte einen im Verhältnis viel größeren finanziellen „Eigenanteil" und personellen Aufwand[282].

Darüber hinaus scheint in den Großstädten die politische Bereitschaft generell größer zu sein, neue Trendwellen aufzugreifen, sich an die Spitze einer neuen Bewegung zu stellen und neue Ideen auszuprobieren. Demgegenüber sind „Pioniergeist" und Experimentierfreude in ländlicheren Kommunen offenbar weniger stark ausgeprägt. Diese regieren auf neue Trends und Ideen zunächst eher zurückhaltend und warten ab, bis eine breitere Informationsgrundlage, erste Erfahrungen und fundierte Hinweise auf mögliche Erfolgsaussichten eines Projekts vorliegen. Das mag u.a. daran liegen, dass die (Lokale) Agenda 21 vor allem von Großstädten auch als ein Projekt angesehen wird, das sich im Hinblick auf die Außendarstellung und das Image einer Stadt oder aus Profilierungsgründen sowie Standort- und Wettbewerbsvorteilen schnell aufzugreifen lohnt[283].

---

[280] Bauersch, Die Umsetzung der lokalen Agenda 21 in Nordrhein-Westfalen, S. 54.

[281] Bauersch, Die Umsetzung der lokalen Agenda 21 in Nordrhein-Westfalen, S. 54.

[282] Bauersch, Die Umsetzung der lokalen Agenda 21 in Nordrhein-Westfalen, S. 78.

[283] Bauersch, Die Umsetzung der lokalen Agenda 21 in Nordrhein-Westfalen, S. 77.

Hinzu kommt, dass es in den Großstädten eine größere Anzahl von gesellschaftlichen Gruppierungen und wissenschaftlichen Institutionen gibt, die den Lokalen-Agenda-Prozess inhaltlich vorantreiben und organisatorisch begleiten. So sind aktive und die Umsetzung der Agenda 21 einfordernde Umwelt- und Entwicklungsverbände in Großstädten häufiger anzutreffen als in ländlichen Gegenden, und die Ausstattung der städtischen Gebiete mit (Volks-)Hochschulen und Forschungseinrichtungen ist „dichter" als im ländlich geprägten Raum. Schließlich werden insbesondere ökologische und soziale Probleme wie Verkehrskollaps und Lärmbelästigung oder Armut und Kriminalität in städtischen Ballungszentren stärker wahrgenommen, während sie in ländlichen Gebieten weniger offensichtlich in das Bewusstsein der lokalen Bevölkerung gelangen[284].

2. Weitere Akteure und Aktivitäten

Neben den Aktivitäten der Kommunen, auf die beispielhaft unter D.) ausführlich eingegangen wird, gibt es in Nordrhein-Westfalen sowohl einige nicht-staatliche Zusammenschlüsse und Einrichtungen, die bei der Umsetzung der Agenda 21 schon seit längerem aktiv sind, als auch staatliche Initiativen auf Regierungsebene, die aktuell an einer „Landesagenda" arbeiten.

a) Nicht-staatliche Zusammenschlüsse und Einrichtungen

Seit 1999 treffen sich Vertreter von Kommunalverwaltungen, lokalen Agenda-Organisationen und weiterer Gruppierungen wie Kirchen, Gewerkschaften, Verbänden usw. rund sechs Mal im Jahr, um sich über Erfahrungen und Aktivitäten in den Kommunen und Gruppierungen auszutauschen. Aus dieser zunächst informellen Struktur ist im März 2001 ein eingetragener Verein entstanden, der sich „Landesarbeitsgemeinschaft Agenda 21 NRW e.V." nennt. Diese rechtliche „Institutionalisierung" war aus Sicht der Mitglieder notwendig geworden, um den Ideen der (Lokalen) Agenda 21 mehr Gewicht zu verleihen und sie – auch gegenüber den politisch Verantwortlichen – wirkungsvoller umsetzen zu können. Ziele der Mitglieder der Landesarbeitsgemeinschaft sind u.a., sich bei Organisation und Durchführung von Agenda-Veranstaltungen gegenseitig zu unterstützen, von den Erfahrungen der anderen zu profitieren und die (Lokale) Agenda 21 in der (kommunalen) Praxis weiterzuentwickeln. Nach außen sollen die Interessen der Agenda-Kommunen gegenüber Dritten vertreten, finanzielle Mittel für die Agenda-Arbeit eingeworben und Bekanntheitsgrad und Akzeptanz der (Lokalen) Agenda 21 in der Öffentlichkeit gesteigert werden[285]. Mit der Landesarbeitsgemeinschaft Agenda 21 ist es gelungen, Agenda-Aktivitäten und -Akteure landesweit zu vernetzen und damit dem integrativen Ansatz der Agenda 21 sowohl inhaltlich als auch personell gerecht zu werden.

---

[284] Bauersch, Die Umsetzung der lokalen Agenda 21 in Nordrhein-Westfalen, S. 79 f.
[285] Agenda-Transfer, Lokale Agenda-21-Prozesse in Nordrhein-Westfalen, S. 3 f.

Eine ähnliche Aufgabe hat die schon an anderer Stelle erwähnte Einrichtung „Agenda-Transfer", die durch die nordrhein-westfälischen Ministerien für Umwelt und Städtebau gefördert wird. Diese Einrichtung begleitet Lokale-Agenda-Prozesse, koordiniert den Erfahrungs- und Informationsaustausch und vermittelt („transferiert") Wissen über die (Lokale) Agenda 21, und zwar durch Publikationen, Beratungen und Seminare. Zielgruppen der Arbeit von „Agenda-Transfer" sind in erster Linie Kommunen und Nichtregierungsorganisationen, wobei die Einrichtung schwerpunktmäßig zwar in Nordrhein-Westfalen tätig ist, aber auch bundesweit agiert[286].

Weiterhin hat sich im September 2001 die „NRW-Stiftung für Umwelt und Entwicklung" konstituiert. Vorsitzender des Stiftungsrates ist Ministerpräsident Peer Steinbrück, seine Stellvertreterin ist Umweltministerin Bärbel Höhn. Die Fördertätigkeit der Stiftung soll Anliegen der Agenda 21 unterstützen, indem Umwelt- und Entwicklungsprojekte gefördert werden. Ferner ist im Oktober 2001 der so genannte „Zukunftsrat Nordrhein-Westfalen" gegründet worden, dem 26 Persönlichkeiten aus Politik, Wirtschaft, Wissenschaft, Kirche, Kultur, Sport, Medien, Gewerkschaften und Umweltschutzverbänden angehören. Bis Ende 2003 sollen Strategien für eine nachhaltige Entwicklung Nordrhein-Westfalens aufgezeigt, Impulse für eine inhaltliche und konzeptionelle Orientierung und Ausgestaltung einer so genannten „Landesagenda" (dazu sogleich unter b) gegeben und beispielhafte Projekte angestoßen werden. Erste Themenschwerpunkte des Gremiums sind Zukunftstechnologien zur Erhöhung der Ressourceneffizienz, zukünftige Bildungs- und Fortbildungsanforderungen und die Bedeutung der demografischen Entwicklung für Politik und Gesellschaft in Nordrhein-Westfalen[287].

Schließlich sind in Nordrhein-Westfalen die beiden Landschaftsverbände Rheinland und Westfalen-Lippe in Sachen (Lokale) Agenda 21 aktiv. Sie treten als regionale Kommunalverbände für die Umsetzung der Ziele der Agenda 21 in den von ihnen betreuten Bereichen ein, d.h. insbesondere auf den Gebieten Kultur- und Landschaftspflege sowie Soziales. Daneben geben sie – teilweise gemeinsam mit den Landesuntergliederungen der kommunalen Spitzenverbände – den Kommunen Hilfestellungen bei deren Lokalen-Agenda-Prozessen. Ein Schwerpunkt stellt dabei die Integration der Ideen der Agenda 21 in die tägliche Verwaltungspraxis dar. Ein Beispiel für die Aktivitäten des Landschaftsverbandes Rheinland in diese Richtung bildet der in Zusammenarbeit mit den kommunalen Spitzenverbänden, der Landesarbeitgemeinschaft Agenda NRW und „Agenda-Transfer" durchgeführte Fachkongress „Agenda 21 als Führungsinstrument für zukunftsorientiertes Verwaltungshandeln"[288].

---

[286] Agenda-Transfer, Lokale Agenda-21-Prozesse in Nordrhein-Westfalen, S. 5.

[287] Vgl. unter www.agenda-transfer.de, Stichwort „Agenda News".

[288] Landschaftsverband Rheinland, Agenda 21 als Führungsinstrument für zukunftsorientiertes Verwaltungshandeln, Kongressbericht.

b) „Landesagenda" der Landesregierung

Das Land Nordrhein-Westfalen ist unter Federführung des Ministeriums für Umwelt und Naturschutz, Landwirtschaft und Verbraucherschutz (MUNLV) seit dem Jahre 2001 damit befasst, unter dem Titel „Agenda 21 NRW" eine „Landesagenda" zu entwickeln. Dazu ist zunächst im Januar 2001 ein „Staatssekretär(innen)-Ausschuss für nachhaltige Entwicklung" gebildet worden, der die Planungen der Landesregierung für den Agenda-Prozess und deren Nachhaltigkeitsaktivitäten ressortübergreifend koordiniert. Weiterhin wurde im MUNLV im Mai 2001 eine mit zwei Mitarbeitern besetzte Geschäftsstelle eingerichtet. Inhaltliche Schwerpunkte der „Landesagenda" sind die sechs Themenbereiche Klimaschutz und nachhaltige Mobilität, nachhaltiges Wirtschaften, Siedlungs- und Naturräume, Verbraucherschutz und Gesundheit, globale Verantwortung in der Einen Welt und nachhaltige Sozial- und Gesellschaftspolitik[289].

Zu allen sechs Themenkomplexen haben im Jahre 2002 so genannte „Agenda Konferenzen" als Auftaktveranstaltungen für den öffentlichen Prozess der „Agenda 21 NRW" stattgefunden. Daran haben insgesamt über 800 Vertreter aus Politik, Wirtschaft und Wissenschaft, Gewerkschaften und Kirchen, Umwelt- und Verbraucherschutzorganisationen sowie aus weiteren gesellschaftlichen Gruppierungen teilgenommen. Alle sechs Konferenzen arbeiteten nach ähnlichen Grundzügen: Im Anschluss an jeweils in die Thematik einführende Impulsreferate erörterten die Teilnehmer Grundsatzfragen zur nachhaltigen Entwicklung, diskutierten in verschiedenen Foren konkrete Projektvorschläge und skizzierten erste Ansätze für mögliche Leitbilder und Handlungsziele[290].

Mit der Durchführung der Agenda Konferenzen und dem sich anschließenden Prozess verfolgt die Landesregierung eine zweispurige Strategie: Zum einen sollen die auf den Konferenzen vorgestellten konkreten Projektvorschläge ausgearbeitet und umgesetzt werden. Zum anderen sollen die Leitbilder und Handlungsziele, die auf den Konferenzen als recht abstrakte Skizzen ihren Ausgangspunkt genommen haben, diskutiert und weiterentwickelt werden. Erste Ergebnisse dieser beiden Prozessstränge sind im weiteren Verlauf zusammengeführt, gebündelt und auf einer „Bilanz- und Perspektivenkonferenz" im November 2003 vorgestellt werden. Mittelfristig soll der Prozess in die Entwicklung einer politischen Strategie münden, langfristig soll er zu einer Verankerung des Nachhaltigkeitsgedankens auf allen Gebieten und Ebenen in Nordrhein-Westfalen beitragen[291].

---

[289] Vgl. Landschaftsverband Rheinland, Agenda 21 als Führungsinstrument für zukunftsorientiertes Verwaltungshandeln, S. 56 ff, Landesregierung, Agenda Konferenzen 2002, S. 9.

[290] Landesregierung, Agenda Konferenzen 2002, S. 11; von einer Darstellung der Einzelheiten wird abgesehen, da im Anschluss unter D.) selbst recherchierte Beispielprojekte aus einigen ausgewählten Kommunen vorgestellt werden.

[291] Landesregierung, Agenda Konferenzen 2002, S. 10, 64; zum aktuellen Stand vgl. im Internet unter www.agenda21nrw.de.

D. Lokale Agenda in ausgewählten Kommunen vor Ort

Nachdem in den vorausgegangenen Abschnitten der Umsetzungsstand der Lokalen Agenda und entsprechende Aktivitäten und Initiativen auf Europa-, Bundes- und Landesebene vorgestellt worden sind, soll nunmehr anhand von vier kommunalen Beispielen dargestellt werden, wie der Auftrag von Rio an die Kommunen zur Erstellung einer Lokalen Agenda konkret vor Ort umgesetzt wird.

1. Datengrundlage und Fragebogenkonzeption

Dazu ist in drei Städten (Köln, Leverkusen, Neuss) eine Umfrage durchgeführt worden, in einer weiteren Stadt (Pulheim) ist der Verfasser der vorliegenden Arbeit selbst Mitglied in einem Arbeitskreis zur Lokalen Agenda und kann deshalb eigene Kenntnisse und Erfahrungen einbringen. Da die Datengrundlage von vier Kommunen einerseits keine repräsentative Erhebung ermöglicht, andererseits aber zumindest ansatzweise ein Überblick über die Vielfalt und Verschiedenartigkeit der Lokalen-Agenda-Prozesse vermittelt werden soll, wurden vier Städte ausgewählt, die von ihrer Größe und Verwaltungsstruktur her recht unterschiedlich sind. Köln ist eine kreisfreie Großstadt, bei Leverkusen handelt es sich um eine eher mittelgroße kreisfreie Stadt, Neuss ist in die Reihe der größeren kreisangehörigen Städte einzuordnen, während Pulheim zu den kleineren kreisangehörigen Städten gehört (wobei diese Zuordnung nicht im Sinne der Legaldefinitionen des § 4 der nordrhein-westfälischen Gemeindeordnung zu verstehen ist, sondern nur grob die Größenverhältnisse der Städte charakterisieren soll).

Der der Umfrage zugrunde liegende Fragebogen wurde so konzipiert, dass sich aus seiner Beantwortung und Auswertung Verlauf und Struktur der jeweiligen Lokalen-Agenda-Prozesse ableiten lassen, und zwar ausgehend von ihren rechtlich-theoretischen Ursprüngen über die aktuelle praktische Situation bis hin zu schon erreichten Ergebnissen und Veränderungen. Im einzelnen wurden folgende Fragen gestellt:

- Von wem und wann ging die Initiative zur Erstellung einer Lokalen Agenda aus, von der Verwaltung, dem Stadtrat, bestimmten (schon bestehenden Institutionen (z.B. Kirchen, Hilfsorganisationen, Verbänden) oder von örtlichen (gerade zu diesem Zweck gegründeten) Bürgerbündnissen? Wer ist aktuell an der Lokalen Agenda beteiligt?

- Gibt es einen offiziellen (politischen) Beschluss der Verwaltungsspitze oder des Stadtrates zur Erstellung einer Lokalen Agenda?

- Welche finanziellen und personellen Mittel werden von der Verwaltung bzw. vom Stadtrat gegebenenfalls zur Verfügung gestellt?

- Wer übernimmt federführend die Koordination zwischen den Beteiligten und die Organisation des Ablauf des Agenda-Prozesses?

- Durch wen und auf welche Art und Weise wird die Bevölkerung bzw. Öffentlichkeit über die anstehenden (agenda-bezogenen) Entscheidungsprozesse informiert und in diese einbezogen? Beteiligt sich die Bevölkerung aktiv?

- Welche thematischen Schwerpunkte werden im Rahmen der Lokalen Agenda behandelt? Geht es dabei vorrangig um lokale (z.b. Stadtentwicklung, örtliche Verkehrskonzeption, ortsansässige Wirtschafts- und Gewerbebetriebe) oder um globale (z.B. Klimaschutz, „Dritte Welt" – „Eine Welt", Armut) Inhalte?

- Wurde bereits ein allgemeines, übergeordnetes Leitbild entwickelt und beschlossen? Welche konkreten Projekte / Maßnahmen / Aktivitäten wurden gegebenenfalls schon durchgeführt? In welchem Stadium befindet sich der Agenda-Prozess aktuell?

- Hat sich die Beschäftigung mit dem Thema Agenda in irgend einer Weise auf die Arbeits- und Entscheidungsstrukturen in Verwaltung und / oder Stadtrat und im Hinblick auf die Bürgerbeteiligung ausgewirkt?

Die drei angeschriebenen Städte Köln, Leverkusen und Neuss haben alle geantwortet und in Ergänzung zu ihren schriftlichen Angaben jeweils auf weitere aktuelle Informationen im Internet verwiesen. Diese wurden zum Teil in die Auswertung mit einbezogen. In Pulheim konnte der Verfasser aufgrund seiner eigenen Mitwirkung am Agenda-Prozess die aktuelle Entwicklung berücksichtigen.

Bei der Darstellung der Ergebnisse wird jeweils so vorgegangen, dass – in Anlehnung an den Fragebogen – zunächst der Ausgangspunkt der Lokalen-Agenda-Prozesse und die organisatorischen Strukturen der Agenda-Arbeit aufgezeigt werden. Im Anschluss daran wird die aktuelle Situation insbesondere im Hinblick auf Akteure und Aktivitäten beschrieben; schließlich wird ein zusammenfassender Blick auf die mit der Lokalen Agenda bislang erreichten Ergebnisse und Veränderungen geworfen. Dabei geht es insgesamt darum, einen Eindruck über die verschiedenen Ausgestaltungsmöglichkeiten und Umsetzungsformen der (Lokalen) Agenda 21 auf kommunaler Ebene zu vermitteln.

2. Köln

Köln hat rund eine Million Einwohner und bildet als größte Stadt Nordrhein-Westfalens mit Berlin im Osten, München im Süden und Hamburg im Norden ein Viereck der bedeutendsten Städte Deutschlands. Die geschichtsträchtige Stadt ist nicht nur wichtiger Wirtschafts- und Dienstleistungsstandort, sondern wird auch durch eine lebendige Kultur- und Medienlandschaft geprägt.

a) Ausgangspunkt und Organisationsstrukturen

Die Initiative zur Erarbeitung einer Lokalen Agenda ging in Köln nicht von der Stadtverwaltung oder vom Stadtrat aus, sondern von mehreren, schon auf einzelnen Themengebieten der Agenda 21 aktiven Gruppierungen, u.a. von der evangelischen Kirche, dem Klima-Forum, dem Energie-Forum und dem Nord-Süd-Forum. Während die Stadt bereits seit dem Jahre 1993 Mitglied im Klimabündnis ist, stellte das letztgenannte Forum (erst) im November 1996 einen Bürgerantrag nach § 24 der nordrhein-westfälischen Gemeindeordnung auf Erstellung einer Lokalen Agenda. Dem Antrag folgend beauftragte der Ausschuss für Umweltschutz und Abfallwirtschaft die Verwaltung im Februar 1997, ein Handlungskonzept für eine Lokale Agenda zu erarbeiten. Der Stadtrat beschloss dann im März 1998 die Erstellung einer Lokalen Agenda.

Trotz dieser grundsätzlichen Entscheidung für eine Lokale Agenda konnte sich die Stadt nicht dazu entschließen, selbst Träger und Koordinator des angestoßenen Prozesses zu sein. Deshalb wurde im September 1999 auf Vorschlag der Stadt der Verein „KölnAgenda e.V." gegründet, der diese Funktion übernommen hat. Seit Mai 2000 unterhält der Verein eine „Agenda-Info-Stelle", die die Vereins- und sonstigen Agenda-Aktivitäten in Köln koordiniert und als allgemeine Anlauf- und Informationsstelle für Interessierte fungiert. Die Stadt Köln ist Mitglied bei „KölnAgenda" und stellt dem Verein seit dem Jahr 2000 jeweils 100.000,00 DM bzw. 50.000,00 Euro zur Verfügung. Sie hat dagegen weder ein eigenes Agenda-Büro eingerichtet noch entfaltet sie innerhalb der Verwaltung oder in politischen Gremien spezifische eigene Agenda-Aktivitäten.

Neben diesen Zuschüssen finanziert sich „KölnAgenda" durch die Beiträge seiner Mitglieder, die sich pro Jahr auf ca. 5.500,00 Euro belaufen. Die „Info-Stelle" des Vereins ist mit einer befristeten ABM-Stelle und einer Halbtagskraft besetzt, die aus Mitteln des Vereins bestritten wird und für die Öffentlichkeitsarbeit verantwortlich ist. Einer der stellvertretenden Vereinsvorsitzenden ist im Umweltamt der Stadt Köln beschäftigt und fungiert so als weiteres Bindeglied zwischen Verein und Stadt. Die übrigen Mitarbeiter von „KölnAgenda" sind ehrenamtlich tätig. Weitere Mitglieder des Vereins sind u.a. die Stadtsparkasse Köln, die Kölner Niederlassung der Deutschen Telekom, Vertreter von Kirchen und Vereinen sowie Privatpersonen. Die Arbeit des Vereins wird in verschiedenen Arbeitskreisen und so genannten Stadtteilgruppen organisiert und von einer Koordinierungsgruppe vernetzt.

b) Akteure und Aktivitäten

Die Arbeitskreise von „KölnAgenda" befassen sich mit unterschiedlichen Bereichen, die nach der Idee der Agenda 21 zusammengedacht und -geführt werden sollen. Diesem Anliegen entsprechend zeichnen sich die Arbeitskreise u.a. dadurch aus, dass sie Kontakte zu „externen", auf den verschiedenen Sachgebieten tätigen Gruppierungen unterhalten und mit diesen zusammenarbeiten oder gemeinsame Projekte initiieren. So hat z.b. der Arbeitskreis „Bildung, Ausbildung und Wissenschaft" in Zusammenarbeit mit der Verbraucherzentrale NRW, der Deutschen Welthungerhilfe und dem Umweltamt der Stadt Köln eine Aktionswoche zum Thema „Weltfrühstück" durchgeführt, an der sich 54 Kölner Schulen beteiligten. Mit diesem Projekt sollte eine Verbindung hergestellt werden zwischen der Ernährung in den Schulen und den verschiedenen Kulturen in der Welt. In entsprechenden Unterrichtseinheiten wurden den Schülern Sitten und Gebräuche anderer Kulturen nähergebracht; den Erlös der Aktionswoche spendeten sie der Welthungerhilfe.

Umgekehrt gibt es auch „externe" Gruppierungen und Institutionen, die sich in ihrem Umfeld mit der Agenda 21 beschäftigen und sich gleichsam als „importierter" Arbeitskreis im „KölnAgenda e.V." engagieren. So ist es z.b. beim Evangelischen Stadtkirchenverband Köln, der selbst einen Arbeitskreis zum Thema Lokale Agenda 21 unterhält und mit diesem im Jahre 1997 zu den Agenda-Akteuren gestoßen ist. Die dem Stadtkirchenverband angehörenden vier evangelischen Kirchenkreise Kölns begleiten den Agenda-Prozess, indem sie kirchliche Gemeinden, Gruppen und Gremien über die Ziele der Agenda 21 informieren und sie ermutigen, die Ideen des Rio-Dokumentes aufzugreifen und sich an deren Umsetzung zu beteiligen. Ferner unterstützt die vom Stadtkirchenverband getragene Melanchthon-Akademie die Agenda-Arbeit mit Seminaren zu agenda-bezogenen Themen.

Weitere Arbeitskreise bei „KölnAgenda" behandeln die Themen „Zukunft der Arbeit" und „Öffentlichkeitsarbeit". Hier geht es um alles, was mit Bürgerengagement und Öffentlichkeitsbeteiligung zusammenhängt. So soll nach den Vorstellungen des Arbeitskreises „Zukunft der Arbeit" u.a. die ehrenamtliche Arbeit auf dem „3. Sektor zwischen Markt und Staat" gefördert und gewürdigt werden, indem das freiwillige Engagement im gesellschaftlichen (dem „dritten") Bereich in den Dienst einer nachhaltigen Erhaltung und Erneuerung der Kommune gestellt und als Anerkennung ein „Freiwilligenpass" ausgestellt wird. Damit soll ehrenamtliches Engagement mit einer Vergünstigung beim Entgelt für städtische Leistungen (z.B. beim Eintrittpreis in Theater oder beim Beitrag für Volkshochschulkurse) ausgeglichen werden. Daneben informiert der Arbeitskreis „Öffentlichkeitsarbeit" die Kölner Bevölkerung über die Arbeit von „KölnAgenda" in der Presse und im Lokalfunk. So gab es z.B. bereits über 50 Radiosendungen zur „Lokalen Agenda in Köln" im Bürgerfunk von Radio Köln.

Eine breite dauerhafte Resonanz in der Öffentlichkeit erhofft sich „KölnAgenda" auch von der im Jahre 2001 angestoßenen Leitbilddiskussion für Köln. Interessant daran ist, dass diese Diskussion ursprünglich von der Industrie- und Handelskammer Köln initiiert worden ist, die damit eine umfassende Neubestimmung des Images und der zukünftigen Entwicklung Kölns verbindet. Oberbürgermeister Schramma hat die Idee aufgegriffen und sich im Jahre 2002 unter dem Motto „Leitbild Köln 2020" an die Spitze der Initiative gesetzt. Zu zwei öffentlichen Impuls- bzw. Auftaktveranstaltungen im April und Mai 2002 wurden Vertreter aus Wirtschaft und Publizistik, Kultur und Wissenschaft sowie die Kölner Bürgerschaft eingeladen. Im Anschluss daran haben sich acht Leitbildgruppen und eine Koordinierungsgruppe gebildet, daneben ist ein Leitbildbeirat einberufen worden.

In den Leitbildgruppen werden Visionen und Vorstellungen zur Zukunft Kölns in verschiedenen Themenbereichen entworfen und diskutiert, z.b. Familie und Schule, Kunst und Kultur, Infrastruktur und Mobilität, Wirtschaft und Wissenschaft. Die dortigen Teilergebnisse werden in der Koordinierungsgruppe zusammengeführt und abgeglichen. Der aus 32, von Oberbürgermeister Schramma berufenen Persönlichkeiten bestehende Leitbildbeirat fungiert als Beratergremium, das Empfehlungen zum Leitbildprozess ausspricht. Der Prozess, an dem insgesamt ca. 250 Personen mitwirken, wird von einem professionellen Beratungsunternehmen moderiert.

„KölnAgenda" begleitet die Leitbilddiskussion mit ergänzenden Ideen und Veranstaltungen. Dazu gehört, dass der Verein sich kritisch zu der Auffächerung des Prozesses in acht Leitbildgruppen ausspricht. Auf diese Weise werde der Prozess in „Fachschubladen" aufgeteilt mit der Gefahr, dass die von der Agenda 21 geforderte gemeinsame und integrative Betrachtung von Themen und Zielen in den Hintergrund gerät. „KölnAgenda" konzentriert sich deshalb auf wenige „Querschnittsthemen" und trägt dazu bei, dass diese in der Leitbilddiskussion einen angemessenen Niederschlag finden. Hierzu gehören die drei Bereiche bzw. „Schlüsselbegriffe" Nachhaltigkeit, Gender Mainstreaming und Bürgerkommune Köln.

Mit dem ersten Komplex soll nicht nur darauf geachtet werden, dass die dem Nachhaltigkeitsgedanken immanente Verbindung von Ökologie, Ökonomie und Sozialem im Leitbildprozess Berücksichtigung findet, sondern es sollen auch ortsspezifische Indikatoren zur Mess- und Überprüfbarkeit der Umsetzung von Nachhaltigkeit entwickelt werden. Bei Gender Mainstreaming geht es um Geschlechtergerechtigkeit, um die Chancengleichheit von Frauen und Männern in allen Lebensbereichen und damit um eine integrierte Geschlechterpolitik, die bei allen (kommunalen) Planungen, Entscheidungen und Umsetzungen von Maßnahmen deren jeweilige geschlechtsspezifischen Auswirkungen analysieren, bewerten und berücksichtigen soll. Mit dem „Schlüsselbegriff" der Bürgerkommune will „KölnAgenda" das bürgerschaftliche Engagement insbesondere in den Stadtteilen und Vierteln fördern und zum Markenzeichen der Stadt machen. Dazu sollen u.a. die Bürger über die Vergabe von finanziellen Mitteln für bürgerschaftliche Projekte im Rahmen eines „Bürgerhaushalts" mitentscheiden können. Mit Hilfe einer „Bürgerstiftung" sollen finanzstarke Partner gefunden werden, die bürgerschaftliche Aktivitäten finanziell unterstützen[292].

c) Zusammenfassende Betrachtung

Der Lokale-Agenda-Prozess in Köln zeichnet sich dadurch aus, dass er nicht unmittelbar von der Stadt selbst getragen wird, sondern dafür eigens ein Verein gegründet

---

[292] Vgl. zum Ganzen auch im Internet unter www.koelnagenda.de und www.stadt-koeln.de.

worden ist. Dies hat – auch nach eigener Einschätzung des befragten Vereins – den Nachteil, dass Rat und Verwaltung die Lokale Agenda trotz des vorliegenden Ratsbeschlusses nicht als „eigenes" Projekt betrachten und sich demzufolge auch nicht als dessen „Motor" verstehen. Vielmehr wird „KölnAgenda" offenbar als eine von vielen Gruppierungen in Köln wahrgenommen, die die Stadt „nur" dadurch unterstützt, dass sie ihnen bestimmte finanzielle Zuschüsse für ihre Arbeit gewährt. Diese Konstellation bedingt auch, dass sich die Lokale Agenda auf die Arbeits- und Entscheidungsstrukturen in Rat und Verwaltung noch nicht ausgewirkt hat. Sie wird nicht als Querschnittsaufgabe innerhalb der politischen und Verwaltungsarbeit gesehen, sondern als neben dem allgemeinen Tagesgeschäft laufende, externe Aktion.

Dieses Verständnis dokumentiert sich auch darin, dass die Stadt eine eigene, von dem Agenda-Verein zunächst unabhängige Leitbilddiskussion initiiert hat. Dagegen ist zwar grundsätzlich nichts einzuwenden, aber diese parallelen Strukturen führen dazu, dass eine typische Agenda-Idee, nämlich die Diskussion und die Schaffung eines Leitbildes über die zukünftige Entwicklung der Kommune, „losgelöst" von der Lokalen Agenda umgesetzt wird. Das hat gleichzeitig zur Folge, dass der Leitbildprozess nicht auf das Agenda-Ziel der Nachhaltigkeit ausgerichtet ist, sondern scheinbar keinen „roten Faden" aufweist. Vor diesem Hintergrund ist es nachvollziehbar und „agendagerecht", dass „KölnAgenda" besonderen Wert auf die Einbringung der von ihm gewählten Querschnittsthemen legt.

Die angestoßene Leitbilddiskussion zielt auf das ab, was von der Agenda 21 als Konsultationsprozess und Öffentlichkeitsbeteiligung bezeichnet wird. Der Intention nach soll eine breite Mitwirkung der Kölner Bevölkerung an der umfassenden Diskussion über die zukünftige Entwicklung der Stadt erreicht werden. Dass aus den beiden Auftaktveranstaltungen ca. 250 Interessierte den Weg in die Leitbildgruppen gefunden haben und dort mitarbeiten, ist begrüßenswert; angesichts der Einwohnerzahlen Kölns kann allerdings von einer umfassenden und „flächendeckenden" Einbeziehung der Bevölkerung keine Rede sein.

Positiv ist zu bewerten, dass es „KölnAgenda" aufgrund seiner „institutionalisierten" Form als eingetragener Verein gelungen ist, im Sinne der Agenda 21 viele Akteure aus unterschiedlichen Bereichen zusammenzuführen und für die Ideen des Rio-Dokumentes zu gewinnen. Die Mitgliedschaft der Stadtsparkasse und der Deutschen Telekom belegen, dass sich auch der Wirtschafts- und Dienstleistungssektor für Nachhaltigkeit interessiert. Im Hinblick auf die Beteiligung unterschiedlicher Institutionen und die damit verbundene Verknüpfung verschiedener Themengebiete ist weiterhin z.B. bei dem Projekt „Weltfrühstück" als Erfolg zu verbuchen, dass lokale und globale Problemstellungen auf dem Bildungssektor vernetzt wurden.

Vom Verein selbst wird ferner zu Recht darauf hingewiesen, dass eine Beteiligung von Bürgern im Sinne der Agenda auch bereits darin zu sehen ist, dass sie sich in den verschiedenen Arbeitskreisen engagieren oder Mitglied des Vereins werden und auf diese Weise ihr Interesse an der Agenda-Arbeit dokumentieren. Auch wenn an der „großen", stadtweiten Leitbilddiskussion im Vergleich zur Einwohnerzahl relativ wenige beteiligt sind, finden sich insbesondere in den Stadtteilgruppen zahlreiche Engagierte, die ganz konkret ihren unmittelbaren Wohn- und Lebensbereich mitgestalten.

Insgesamt zeigt sich, dass die besondere „Vereinssituation" in Köln Vor- und Nachteile hat. So gibt es bei der projektbezogenen Arbeit positive Ansätze hinsichtlich der Integration unterschiedlicher Themenfelder und der Partizipation verschiedener Beteiligter. Bei der Leitbilddiskussion wird dagegen deutlich, dass eine zufrieden stellende Verzahnung der Aktivitäten von Stadt und Agenda-Verein noch nicht erreicht werden konnte.

3. Leverkusen

In der Stadt Leverkusen leben ca. 161.000 Menschen. Der landes- und bundesweiten Öffentlichkeit ist die Stadt in erster Linie als Wirtschafts- und Fußballstandort bekannt. Der Pharmakonzern „Bayer" mit der deutschen Hauptniederlassung in Leverkusen prägen Gesicht und Image der Stadt ebenso wie der Fußballclub „Bayer 04 Leverkusen".

a)   Ausgangspunkt und Organisationsstrukturen

Nachdem Leverkusen im Jahre 1995 dem Klimabündnis beigetreten war, fiel der offizielle Startschuss zur Erstellung einer Lokalen Agenda im September 1996. Damals beschloss der Rat auf Antrag verschiedener Fraktionen, die Verwaltung mit der Initiierung einer Lokalen Agenda für Leverkusen zu beauftragen. Das darauf folgende Jahr stand dann im Zeichen der verwaltungsinternen Information zum Thema Agenda und der Vorbereitung und Planung des Prozesses. Dazu wurde u.a. vom Fachbereich Umwelt ein Workshop zum Thema „Lokale Agenda 21 in Leverkusen" organisiert, im Dezember 1997 fand eine Zukunftswerkstatt „Öffentlichkeitsarbeit" statt. Aus den internen Vorbereitungen ging u.a. ein Faltblatt hervor, mit dem die Verwaltung dann an die Öffentlichkeit trat, um die Leverkusener Bevölkerung über die Inhalte der Agenda 21 zu informieren. Das gleiche Ziel hatte eine zwölfmonatige Plakataktion, in deren Rahmen pro Monat eine bekannte Persönlichkeit jeweils auf einem Plakat ein bestimmtes Agenda-Thema medienwirksam vorstellte. Die Plakate hingen anschließend in öffentlichen Einrichtungen, Geschäftslokalen oder Vereinsheimen aus, die Aktion wurde in einer Broschüre dokumentiert.

Im Februar 1998 konstituierte sich aus einem Zusammentreffen verschiedener Leverkusener Gruppierungen wie Umweltschutzverbänden, Eine-Welt-Gruppen, Kirchen, der Verbraucherzentrale und dem Allgemeinen Deutschen Fahrrad-Club (ADFC) ein so genanntes „Bürgerforum", das sich vierteljährlich trifft und allen am Lokalen-Agenda-Prozess Interessierten offen steht. Innerhalb des „Bürgerforums" wird die Arbeit in sechs Arbeitskreisen zu den Themen Verkehr, Energie, Eine Welt, Soziale Gerechtigkeit, Stadtökologie und Öffentlichkeitsarbeit organisiert, wobei die Arbeitskreise von jeweils fachkundigen Personen betreut werden.

Die Koordination der Arbeit hat über einen Zeitraum von mehreren Jahren hinweg ein „Agenda-Büro" übernommen, das im Juni 1998 auf Initiative des Verwaltungsfachbereichs Umwelt seine Arbeit zunächst aufnahm, dann aber aufgrund eines Ratsbeschlusses aus dem Oktober 2002 zum Dezember 2002 seine Tätigkeit im Zuge allgemeiner Sparmaßnahmen einstellen musste. Die innerhalb der Verwaltung angesiedelte Stelle des „Agenda-Büros" war mit einer hauptamtlichen Mitarbeiterin (25 Stunden pro Woche) besetzt. Das Büro war u.a. für die Information über die Agenda-Arbeit, für die Organisation und Koordination des Agenda-Prozesses und für die Öffentlichkeitsarbeit verantwortlich und fungierte als allgemeine Anlaufstelle für alle an der Lokalen Agenda Interessierten. Seit Januar 2003 steht eine Mitarbeiterin des Fachbereichs Umwelt als Ansprechpartnerin für Agenda-Fragen zu Verfügung, die – wie zuvor bereits parallel zur Tätigkeit der Mitarbeiterin im „Agenda-Büro" – vier Stunden ihrer Arbeitszeit für die Lokale Agenda abstellt. Daneben wurde im Haushaltsplan z.B. für das Jahr 2001 ein Betrag in Höhe von 90.000 DM für die Agenda-Arbeit zur Verfügung gestellt.

b) Akteure und Aktivitäten

Neben der schon erwähnten Plakataktion wurde das Umweltfest 1998 in Leverkusen als Auftaktveranstaltung für die Lokale Agenda verstanden. Dabei haben sich viele örtliche Vereine und Organisationen präsentiert und gezeigt, welche Vorstellungen sie von einem „zukunftsfähigen" Leverkusen haben. Des weiteren haben die Arbeitskreise des Bürgerforums und das „Agenda-Büro" eine Reihe von Veranstaltungen durchgeführt. So fand z.B. unter dem Motto „Jacke wie Hose" eine Ausstellung zum Thema „Frauenarbeit in weltweiten Bekleidungsfabriken" statt, die der Arbeitskreis „Eine Welt" in Zusammenarbeit mit dem Frauenbüro und einigen Leverkusener Schulen und Kirchengemeinden ausgerichtet hatte. Das „Agenda-Büro" informierte Passanten auf Marktplätzen und in Fußgängerzonen aus einem „Agenda-Bus" heraus über die Lokale Agenda.

Neben den Veranstaltungen erarbeiten die Arbeitskreise eine Reihe von Vorschlägen, wie die Stadt Leverkusen „nachhaltiger" gestaltet werden kann. Ein Ergebnis dieser Arbeit ist, dass der Hauptausschuss im Juni 2000 die Verwaltung beauftragt hat, die in den Arbeitskreisen entwickelten Ideen und Anregungen durch die Verwaltungsfachbereiche mit den Agenda-Aktiven gemeinsam auf Realisierungsmöglichkeiten überprüfen zu lassen.

Weiterhin fand im September 2000 eine „Agenda-Werkstatt" statt, aus der – basierend auf der Arbeit in den Arbeitskreisen – sehr konkrete Projektvorschläge hervorgegangen sind, deren Umsetzung dem Stadtrat empfohlen wird. So soll auf Anregung des Arbeitskreises „Stadtökologie" ein stadtweites Flächeninformationssystem eingerichtet werden, in dem sämtliche umwelt- und flächenrelevanten Daten (z.B. Bebauungspläne, Biotopkartierungen, Grundwasserdaten, Altlasten), erfasst, gebündelt und der Leverkusener Bevölkerung zugänglich gemacht werden sollen. Der Arbeitskreis „Energie" hat den Aufbau eines „Energiemanagements" vorgeschlagen, das die Energiesparmöglichkeiten an öffentlichen Gebäuden systematisch ausloten soll.

Nach den Vorstellungen des Arbeitskreises „Verkehr" soll ein Schüler- und Job-Ticket eingeführt werden. Der Arbeitskreis „Eine Welt" möchte den Austausch mit den sechs Partnerstädten Leverkusens intensivieren, indem auch Aktivitäten und Erfahrungen bei den jeweiligen Lokalen Agenden vernetzt werden mit dem Ziel, eine Informations- und Ideenbörse einzurichten. Der Arbeitskreis „Soziale Gerechtigkeit" macht sich für ein generationenübergreifendes und international ausgerichtetes „Bürger-, Kultur- und Begegnungszentrum" stark. Die weitere Entwicklung aller dieser Initiativen und Projekte soll vom Arbeitskreis „Öffentlichkeitsarbeit" begleitet, in der Leverkusener Bevölkerung bekannt gemacht und dokumentiert werden[293].

c)   Zusammenfassende Betrachtung

Die Lokale Agenda in Leverkusen ist dadurch gekennzeichnet, dass es zum einen zumindest zeitweise eine starke Verankerung des Agenda-Prozesses in der Stadtverwaltung und zum anderen eine relativ breite und gut organisierte Beteiligung der bzw. in der Öffentlichkeit gibt. Weiterhin existierten über einen relativ langen Zeitraum hinweg eine konstruktive Zusammenarbeit zwischen den Agenda-Aktiven in den Arbeitskreisen, dem „Agenda-Büro" innerhalb der Verwaltung und den politischen Gremien in Rat und Ausschüssen sowie eine fruchtbare Verknüpfung ihrer Aktivitäten.

Relativ früh hat sich der Stadtrat für die Erstellung einer Lokalen Agenda ausgesprochen und dem Beschluss auch Taten folgen lassen. Die Einrichtung einer eigenen Agenda-Stelle in der Verwaltung und die Finanzierung des Agenda-Prozesses durch eigene Haushaltsmittel schienen zu belegen, dass der Ratsbeschluss nicht lediglich ein Lippenbekenntnis war, sondern Rat und Verwaltung es durchaus ernst meinten mit der Nachhaltigkeit. Professionell hat sich die Verwaltung dazu zunächst intern über das Thema Agenda 21 informiert und den öffentlichen Prozess gut vorbereitet. Nachdem man dann an die Öffentlichkeit gegangen ist, haben alle Akteure stets auf eine breit angelegte Information und Mitwirkung der Leverkusener Bevölkerung abgezielt. Die Bildung des Bürgerforums und der Arbeitskreise, die beide regelmäßig zusammentreffen und die allen Interessierten offen stehen, sind ein Ergebnis dieser intensiven „Informationspolitik". Von einer breiten und umfassenden Beteiligung aller Bevölkerungsgruppen kann zwar nicht gesprochen werden; trotzdem ist die Struktur der Agenda-Arbeit darauf angelegt und auch geeignet, möglichst viele einzubeziehen.

---

[293] Vgl. zum Ganzen auch im Internet unter www.agenda-leverkusen.de.

Bemerkenswert ist ferner, dass die in den Arbeitskreisen erarbeiteten Vorschläge Eingang in das politische „Alltagsgeschäft" gefunden haben und die Lokale Agenda grundsätzlich als Querschnittsaufgabe aller politischen und Verwaltungsbereiche verstanden worden ist. Die Ergebnisse der „Agenda-Werkstatt" zeigen zudem, dass die Umsetzung konkreter Projekte und die Diskussion eines abstrakten Leitbildes keinen Widerspruch bedeuten müssen. Vielmehr kann sich die Zukunftsfähigkeit einer Stadt im Sinne der Agenda 21 auch aus der Summe einzelner Maßnahmen ergeben.

Die Schließung des „Agenda-Büros" relativiert die ansonsten überwiegend positiv erscheinende Leverkusener Agenda allerdings etwas und zeigt deutlich, dass in Zeiten knapper Kassen selbst eine gut funktionierende Agenda-Arbeit schnell dem Rotstift zum Opfer fallen kann. Außerdem entsteht der Eindruck, dass die Lokale Agenda möglicherweise doch eher als „Randerscheinung" neben der täglichen Politik gesehen wird, die man leicht einsparen kann. Mit dem Wegfall des „Agenda-Büros" werden Organisation und Vernetzung der Agenda-Aktivtäten jedenfalls nicht einfacher werden.

4. Neuss

Neuss ist mit rund 150.000 Einwohnern eine große kreisangehörige Stadt und als Sitz der Kreisverwaltung gleichzeitig „Kreis- bzw. Hauptstadt" des gleichnamigen Kreises. Neuss ist gekennzeichnet durch seine Lage zwischen der Landeshauptstadt Düsseldorf und der Millionenstadt Köln.

a) Ausgangspunkt und Organisationsstrukturen

Anlass dafür, sich in Neuss mit der Themenstellung der Lokalen Agenda zu befassen, war eine Diskussion im Ausschuss für Umwelt und Grünflächen im Mai 1996. Damals ging es um die Frage, ob die Stadt Mitglied im Klimabündnis werden sollte und ob bzw. wie dieses mit der Agenda 21 zusammenhängt. Die Verwaltung wurde beauftragt, für die nächste Ausschusssitzung einen entsprechenden Bericht zu erarbeiten. Der Bericht führte dann in der Oktobersitzung dazu, dass der Ausschuss sich für die Erarbeitung einer Lokalen Agenda in Neuss aussprach. Parallel dazu entschied der Hauptausschuss Anfang November, dass die „GFG-Mittel" des Landes zukünftig auch für die Agenda-Arbeit verwendet werden sollen. Auf dieser Grundlage beschloss der Stadtrat am 09.11.1996 einstimmig die Erstellung einer Lokalen Agenda, indem er die Verwaltung beauftragte, „einen Aktionsplan für die drängendsten Fragen des 21. Jahrhunderts" für Neuss zu erarbeiten.

In Umsetzung dieser Beschlusslage gründete sich im April 1997 ein Arbeitskreis aus Vertretern des Amtes für Umweltschutz und Abfallwirtschaft, des Bundes für Umwelt und Naturschutz Deutschlands (BUND) und der schon länger aktiven „Neusser Eine Welt Initiative" (NEWI). Die erste „Amtshandlung" dieser Gruppe bestand darin, den im Juni 1997 stattfindenden „Tag der Umwelt" dazu zu nutzen, Vertreter von Institutionen und Verbänden über die Agenda 21 und die dahingehenden Aktivitäten der Stadt zu informieren. U.a. die Diskussionsergebnisse dieser Veranstaltung dienten dazu, ein Konzept für die Organisationsstruktur der Agenda-Arbeit zu entwickeln. Das Konzept, auf dem der Lokale-Agenda-Prozess auch heute noch fußt, hat der Stadtrat dann am 07.11.1997 einstimmig beschlossen. Danach wird die Lokale Agenda in drei Institutionsebenen organisiert, und zwar in vier Foren, einem Lenkungskreis und dem Agenda-Beirat.

Den vier Foren, die zu den Themenkreisen Umwelt, Stadtentwicklung, Wirtschaft und Lebensstile eingerichtet worden sind, fällt die „Basisarbeit" zu; dazu gehören nach den Vorstellungen der Agenda-Aktiven in erster Linie das Erarbeiten eines lokal abgestimmten Leitbildes einer zukunftsfähigen Entwicklung und das Aufzeigen von Handlungsmöglichkeiten zur Umsetzung des Leitbildes. Jedes Forum wird von einem Leiter betreut, der gleichzeitig Mitglied im Lenkungskreis ist. Diesem Gremium gehören neben den Forenleitern jeweils zwei Vertreter der NEWI und des BUND und als Sprecher der Leiter des Umweltschutzamtes der Stadtverwaltung an. Der Lenkungskreis hat die Aufgabe, den Lokalen-Agenda-Prozess zu organisieren und zu koordinieren, und fungiert damit gleichsam als „Geschäftsstelle".

Der Agenda-Beirat schließlich ist das Bindeglied zwischen Lenkungskreis und den politischen Gremien. Er besteht aus einem Sprecher der Foren, einem Vertreter der NEWI, dem Leiter des Umweltschutzamtes, dem Planungsdezernenten, dem Sozialdezernenten, dem Umweltdezernenten und je einem Vertreter der Ratsfraktionen. Als Leiter des Beirates fungiert der Umweltdezernent, für die „Geschäftsführung" ist der Leiter des Umweltschutzamtes zuständig. Der Agenda-Beirat berät die Vorschläge und Anregungen aus den Foren und erstellt die Berichte und Beschlussvorlagen für die Fachausschüsse und den Stadtrat.

Da die Federführung für Organisation und Koordination des Lokalen-Agenda-Prozess innerhalb der Stadtverwaltung beim Umweltschutzamt und dort bei dessen Leiter liegt, hat die Stadt Neuss keine neue Stelle speziell für die Agenda-Arbeit eingerichtet. Während in den ersten Jahren zur Finanzierung des Prozesses ausschließlich „GFG-Mittel" verwendet wurden, stehen seit dem Jahr 2001 eigene Haushaltmittel in Höhe von 30.000,00 DM bzw. 15.000,00 Euro bereit, die in erster Linie der Umsetzung von Projekten der Foren dienen.

b) Akteure und Aktivitäten

Mit einer öffentlichen Auftaktveranstaltung zur „neuss agenda 21" am 09.03.1998 leitete die Stadt Neuss den Lokalen-Agenda-Prozess auch für die Bevölkerung offiziell ein. Mit Flugblättern und in Zeitungsanzeigen wurden die Bürger auf die Veranstaltung aufmerksam gemacht und zur Teilnahme eingeladen. Sicherlich nicht zuletzt die mitveröffentlichte Referentenliste, an deren Spitze Prof. Dr. Ernst Ulrich von Weizsäcker stand, der Präsident des Wuppertal Instituts für Klima, Umwelt und Energie, trug zum Gelingen der Veranstaltung bei. So folgten über 280 Bürger der Einladung, das Ereignis und die dortigen Vorträge fanden auch in der Presse ein reges Echo. Verlauf und Ergebnisse der Veranstaltung wurden in einer Dokumentation zusammengestellt, die die Stadt Neuss veröffentlicht hat.

Darüber hinaus wurde die Neusser Agenda sowohl innerhalb der Verwaltung als auch in der Öffentlichkeit durch weitere Maßnahmen bekannt gemacht. So fanden im Frühjahr 1999 ein Agenda-Workshop für Verwaltungsmitarbeiter und eine Weiterbildungsmaßnahme statt unter dem Motto „Bildung für eine nachhaltige Entwicklung – BürgerInnen werden fit für die neuss agenda 21". Ferner wurde ein Aktionsprojekt unter dem Motto „Tag der Plätze" veranstaltet, in dessen Rahmen das Forum „Stadtentwicklung" zusammen mit betroffenen Anwohnern und interessierten Bürgern die Neugestaltung bestimmter Straßenzüge und Plätze diskutierte. Bei weiteren Aktionen wurden Verbindungen hergestellt zwischen der „neuss agenda 21" und bestimmten neuen Ausdrucksformen, so z.B. mit dem Kunstprojekt „Denk`Mal Eine Welt". In dessen Rahmen sollten verschiedene, eigens zu diesem Zweck kreierte Kunstwerke sie betrachtenden Personen Denkanstösse und Gesprächsanlässe geben, sich mit wesentlichen Problemstellungen einer globalen zukünftigen Entwicklung zu beschäftigen.

Daneben ist die Stadt Neuss in Zusammenarbeit mit der „Neusser Eine Welt Initiative" sehr aktiv auf dem Gebiet des fairen Handelns. So wird z.B. die Einführung fair gehandelter Produkte in öffentlichen Einrichtungen und bei Neusser Vereinen gefördert. Ferner beteiligt sich Neuss an der „Rheinischen AfFaire", bei der in verschiedenen Städten entlang des Rheins fair gehandelter Kaffee in speziell für die jeweiligen Städte kreierten Verpackungen zum Kauf angeboten wird.

Neben den einzelnen Projekten haben die Foren im Verlauf des Jahres 1999 ein Leitbild und zehn Leitziele bzw. Handlungsfelder entwickelt, die in den nächsten Jahren die (politische) Arbeit in Neuss prägen und die Stadt auf ihrem Weg zu einer nachhaltigen Entwicklung voranbringen sollen. Der Stadtrat hat die erarbeiteten Ergebnisse in seiner Sitzung am 26.05.2000 einstimmig bestätigt und als Arbeitsprogramm beschlossen. Danach steht der weitere Agenda-Prozess unter dem Leitthema: „Die Stadt Neuss will zukunftsfähig in das 21. Jahrhundert gehen". Dieses übergeordnete Leitbild wird in Gestalt von zehn Handlungsfeldern konkretisiert, die als recht allgemein gehaltene Leitziele formuliert sind. So soll sich z.B. die Stadtentwicklung an ökologischen, sozialen und gestalterischen Standards orientieren; Bürgerbeteiligung und –initiativen sollen gefördert werden; das Rad- und Fußwegenetz soll ausgebaut, die Nutzung von Solarenergie intensiviert werden; alle Bildungseinrichtungen sollen die Ziele der (Lokalen) Agenda 21 als Querschnittsaufgabe berücksichtigen. Zur Zeit sind die Foren damit befasst, die Zielvorgaben durch die Erarbeitung von konkreten Maßnahmenvorschlägen „mit Leben zu füllen" und umzusetzen[294].

---

[294] Vgl. zum Ganzen auch im Internet unter www.stadt.neuss.de, Stichwort „Umwelt".

c)   Zusammenfassende Betrachtung

Für die Lokale Agenda in Neuss ist in erster Linie die enge Verzahnung zwischen politischen Gremien, Verwaltung und „externen" Akteuren charakteristisch. Schon die organisatorischen Strukturen in Form von Agenda-Beirat, Lenkungskreis und Foren mit der Beteiligung von Vertretern aus Politik, Verwaltung und Bürgerinitiativen bieten geeignete Voraussetzungen für die Ausgestaltung des Agenda-Prozesses als breit angelegte Kampagne. Die Zusammenarbeit der einzelnen Akteure funktioniert offensichtlich gut und hat sowohl eine Reihe von konkreten und öffentlichkeitswirksamen Aktionen hervorgebracht als auch die Entwicklung und Verabschiedung eines allgemeinen Leitbildes. Der Prozess selbst verläuft sehr strukturiert und logisch aufeinander aufbauend. Ausgehend von der Entscheidung, überhaupt eine Lokale Agenda zu erstellen, über die Erarbeitung eines Leitbildes bis hin zu dessen – zur Zeit erfolgender – Umsetzung weist die „neuss agenda 21" vieles von dem auf, was man sich unter einem funktionierenden Lokalen-Agenda-Prozess vorstellen könnte.

Diesem „äußeren Erscheinungsbild" entsprechend wird auch von dem befragten Leiter des Umweltschutzamtes selbst die Einschätzung geteilt, dass die Akzeptanz der Lokalen Agenda in Politik, Verwaltung und Bevölkerung wächst und sie in die vorhandenen Strukturen und Geschehnisse der Stadt eingebunden werden konnte. Auch die entsprechenden Arbeits-, Entscheidungs- und Mitwirkungsprozesse hat „neuss agenda 21" insoweit beeinflusst, als bestimmte Ausschuss- und Ratsbeschlüsse auf den Agenda-Prozess Bezug nehmen und die Einbeziehung des einen oder anderen Forums ausdrücklich vorsehen. So wurden z.B. im Rahmen der Aktion „Tag der Plätze" städtische Entscheidungen zur Neugestaltung der betroffenen Plätze und Straßenzüge zurückgestellt, bis das Forum „Stadtentwicklung" die Arbeit mit den Anwohnern vor Ort abgeschlossen und die gemeinsam erarbeiteten Vorschläge vorgelegt hatte.

Trotz dieser Erfolge ist kritisch anzumerken, dass nach Auskunft des Umweltschutzamtsleiters sein Amt zwar inzwischen über eine Datei von ca. 200 Adressen von Agenda-Interessierten verfügt, die Zahl der dauerhaft Aktiven in den Foren aber bei unter 50 liegt. Vor diesem Hintergrund kann trotz der teilweise großen Öffentlichkeitswirksamkeit einzelner Projekte nicht von einer breiten Bevölkerungsbewegung gesprochen werden. Insgesamt jedoch überzeugt der Lokale-Agenda-Prozess in Neuss, und zwar durch seinen gut organisierten und kontinuierlichen Verlauf und durch seine stets auf die Einbeziehung unterschiedlicher Akteure angelegte Struktur.

5.   Pulheim

Pulheim ist eine ca. 52.000 Einwohner zählende Stadt im Erftkreis. In ihrem heutigen Zuschnitt ist sie 1975 im Rahmen der kommunalen Gebietsreform aus mehreren kleinen, bis dahin selbständigen Gemeinden entstanden. Im Laufe der Jahre ist sie zu einer eigenständigen Kommune geworden, die – am nordwestlichen Rand von Köln gelegen

– einerseits ihr ländliches Gepräge bewahrt, andererseits aber auch kleinstädtisches Flair entwickelt hat.

a) Ausgangspunkt und Organisationsstrukturen

Die Initiative zur Erarbeitung einer Lokalen Agenda ging in Pulheim von Mitgliedern verschiedener Organisationen (z.b. evangelische und katholische Kirchengemeinden, Naturschutzbund, Frauencafé) sowie von bis dahin „unorganisierten" interessierten Bürgern aus. Die Akteure riefen nach einigen losen Zusammenkünften im Jahre 1998 den Arbeitskreis „Lokale Agenda 21 – Zukunftsfähige Stadt Pulheim" ins Leben, der seitdem den Lokalen-Agenda-Prozess koordiniert und vorantreibt. Während die Arbeit in den ersten beiden Jahren „einschichtig", d.h. im Rahmen von regelmäßigen Treffen aller Beteiligten in einer Großgruppe, organisiert wurde, existieren seit dem Jahre 2000 ein Koordinierungskreis und drei Foren zu den Themenfeldern Stadtentwicklung, Verkehr/Energie sowie Umwelt/Mitwelt.

Die Neustrukturierung wurde für sinnvoll erachtet, nachdem sich der Haupt- und Finanzausschuss auf Antrag des Arbeitskreises am 09.05.2000 für die Erstellung einer Lokalen Agenda ausgesprochen und den Arbeitskreis mit der Erarbeitung eines Leitbildes und eines „lokalen Handlungsprogramms für eine nachhaltige Entwicklung" beauftragt hatte. Gleichzeitig legte der Ausschuss fest, dass für die Lokale Agenda bis auf weiteres eine Arbeitskraft aus der Verwaltung (konkret aus dem Ratsbüro) im Umfang von bis zu einem Drittel der regelmäßigen Arbeitszeit und finanzielle Mittel nach Maßgabe der Haushaltssatzung zur Verfügung gestellt werden. Diese Mittel betragen sei dem Jahr 2000 jeweils 4.000,00 DM bzw. 2.000,00 Euro.

Während der entsprechende Verwaltungsmitarbeiter für die organisatorische Unterstützung des Arbeitskreises zuständig ist (z.B. Versenden der Einladungen zu den Sitzungen und Protokollieren derselben), findet die inhaltliche Arbeit – d.h. die Entwicklung eines Leitbildes und die Vorbereitung von Projekten – in den Foren statt, die jeweils Sprecher in den Koordinierungskreis entsenden. Dieses Gremium hat – wie der Name schon vermuten lässt – die Aufgabe, den Lokalen-Agenda-Prozess zu koordinieren, indem die in den Foren erarbeiteten Ergebnisse gebündelt, die Kontakte mit der Verwaltung und den politischen Gremien gepflegt und verschiedene Agenda-Veranstaltungen organisiert und durchgeführt werden.

b) Akteure und Aktivitäten

Eine offizielle Auftaktveranstaltung als solche hat es nicht gegeben. Statt dessen ist der Arbeitskreis mit vielen einzelnen Aktionen an die Öffentlichkeit und mit verschiedenen Anträgen an die zuständigen Rats- und Ausschussgremien herangetreten. So unterhält der Arbeitskreis bei dem in Pulheim alljährlich stattfindenden Stadtfest, bei dem auch Vereine und andere Gruppierungen sich und ihre Arbeit vorstellen, einen eigenen Stand. Hier werden die Besucher mittels Informationsmaterialien und im persönlichen Gespräch über die Ideen der Agenda 21 und die Arbeit der Lokalen Agenda informiert. Im Rahmen weiterer Aktionen wurde die Installation von Photovoltaikanlagen auf städtischen und kirchlichen Gebäuden begleitet.

Ein sehr öffentlichkeitswirksames Projekt war der so genannte „Agenda-Baum". Dazu wurde ein stilisierter Baum an 15 verschiedenen Orten im Stadtgebiet über jeweils mehrere Wochen aufgestellt, z.B. in Schulen, Kirchengemeinden oder Sparkassen. Auf einer Informationstafel wurden die jeweiligen Besucher über die Agenda 21 und das Projekt informiert und aufgefordert, ihre Vorstellungen zu einer zukunftsfähigen Entwicklung ihrer Stadt in Form von stilisierten Blättern an den Baum zu heften. Nach insgesamt ca. einem Jahr der Wanderung wurden die angehefteten „Wunsch-Blätter" – es waren fast 500 – ausgewertet. Weit über die Hälfte der Anregungen bezog sich auf die Themenbereiche Verkehr und Mobilität sowie Umwelt und Natur. Dabei standen Wünsche nach mehr Radwegen und stärkerer Verkehrberuhigung sowie nach mehr Spielplätzen und Grünflächen im Vordergrund. Die Ergebnisse stellte der Arbeitskreis in einer Ratssitzung vor, in der Bürgermeister und Vertreter aller Fraktionen die Absicht äußerten, die Anregungen in ihre weitere Arbeit einfließen lassen zu wollen.

Mit einer weiteren Aktion wurden bzw. werden ebenfalls viele Bürger angesprochen. So hat der Arbeitskreis auf einem städtischen Grundstück eine Streuobstwiese angelegt, für die interessierte „Betroffene" anlässlich eines Festtages (Heirat, Geburt eines Kindes) einen Obstbaum spenden können. Dieses Projekt – wie auch andere – hat der Arbeitskreis an die zuständigen Ausschuss- und Ratsgremien herangetragen, indem jeweils ein Antrag nach § 24 GO NRW gestellt wurde, hier konkret gerichtet auf die Überlassung eines städtischen Grundstücks.

Auf diese Weise wurde auch die Anregung des Arbeitskreises positiv aufgenommen, künftige Bebauungspläne an den Erfordernissen der Nachhaltigkeit (z.B. flächensparende Bauweise, Möglichkeit der Solarenergienutzung) auszurichten. Hierzu hat die Stadt einen von einem professionellen Büro mit vorbereiteten und moderierten Workshop zum Thema „Kriterien für eine qualitätsvolle zukunftsorientierte Stadtentwicklung" durchgeführt und dazu Vertreter von Fraktionen, Vereinen und anderen Gruppierungen (auch der Lokalen Agenda) eingeladen. Bei dem Workshop wurden Vorstellungen über die zukünftige Entwicklung der Stadt diskutiert; die Ergebnisse sollen in die weitere Rats- und Ausschussarbeit einfließen. Eine ähnliche Veranstaltung hat auch der Arbeitskreis selbst durchgeführt; hierzu war allerdings die gesamte Pulheimer Bevölkerung eingeladen, sich über die Agenda 21 zu informieren und ihre Ideen über die zukünftige Entwicklung ihrer Stadt einzubringen.

Die Stadt Pulheim beschäftigt sich ferner mit einem Großprojekt, das organisatorisch zwar nicht unmittelbar mit dem Arbeitskreis zusammenhängt, von diesem aber begleitet wird und inhaltlich mit der Idee der Lokalen Agenda als einem zukunftsorientierten Aktionsprogramm einer Stadt in Verbindung gebracht werden kann. So existiert für den Hauptort Pulheim ein so genannter „Masterplan", der von professionellen Stadtplanern entworfen worden ist und in relativ groben, noch nicht bis ins Detail ausgereiften Zügen die Stadtentwicklung der nächsten (wohl 10 bis 20) Jahre skizziert. Hierin haben Architekten und Verkehrsplaner die vorhandenen Bebauungs- und Verkehrswegestrukturen aufgenommen und weiterentwickelt, neue Ansätze und Möglichkeiten aufgezeigt und das Ganze zu einer Art Gesamtkonzept zusammengeführt. Die Entwürfe wurden in den zuständigen Ausschüssen und im Rat vorgestellt und diskutiert und dienen zur Zeit als „Rahmenvorgaben" für die weitere Planung einzelner konkreter Vorhaben[295].

c)   Zusammenfassende Betrachtung

Kennzeichnend für den Lokalen-Agenda-Prozess in Pulheim ist, dass er nicht unmittelbar von der Stadt selbst getragen wird, sondern von dem Arbeitskreis „Lokale Agenda 21", den interessierte Bürger eigens für die Umsetzung der Ideen der Agenda 21 vor Ort gegründet haben. Stadtverwaltung und Stadtrat begleiten die Arbeit des Arbeitskreises zwar wohlwollend und nehmen erarbeitete Vorschläge zustimmend auf, setzen sich aber nicht an die Spitze der Bewegung.

Besonders interessant und eigentümlich erscheint hier das Verhältnis zwischen dem in erster Linie von Bürgern getragenen Arbeitskreis auf der einen und den Rats- und Verwaltungsgremien auf der anderen Seite. Anregungen und Vorschläge des Arbeitskreises werden nicht „intern", d.h. durch die Verwaltung, den zuständigen Ausschüssen und dem Rat als Verwaltungsvorlage zur Entscheidung vorgelegt, sondern „extern", also von außen über den Weg des § 24 GO NRW. Diese Vorgehensweise mag u.a. darin begründet liegen, dass der von der Verwaltung bereit gestellte Mitarbeiter – seiner ihm vom Haupt- und Finanzausschuss zugedachten Aufgabe entsprechend – den Arbeitskreis nur organisatorisch unterstützt, inhaltlich jedoch keine eigenen Akzente setzt bzw. setzen darf. Außerdem wurde die Erarbeitung eines Leitbildes und eines lokalen Handlungsprogramms ausdrücklich dem Arbeitskreis übertragen, ohne dass sich Rat und Verwaltung diese Aufgabe zu eigen gemacht hätten. Von daher verwundert es nicht, dass die Beschäftigung mit der Lokalen Agenda die Arbeits- und Entscheidungsstrukturen in Rat und Verwaltung noch nicht verändert haben.

Dass trotz des insoweit geringen eigenen Engagements der Verwaltung die Aktiven im Arbeitskreis eine Reihe von sowohl öffentlichkeitswirksamen Aktionen als auch wirkungsvollen Anträgen nach § 24 GO NRW organisieren und durchsetzen konnten, spricht im Ansatz für die Realisierbarkeit der Idee der Agenda 21 von möglichst breiter Mitwirkung der Bürgerschaft. Trotzdem sollte nicht verkannt werden, dass auch in Pulheim die Zahl der dauerhaft Aktiven sehr gering ist. Das mag auch darauf zurückzuführen sein, dass manche sich enttäuscht zurückziehen, wenn ihre Vorschläge und Vorstellungen nicht direkt in die Tat umgesetzt werden oder auf dem zuweilen aufwendigen Weg durch die Entscheidungsgremien Änderungen erfahren. Ebenso schei-

---

[295] Vgl. zum Ganzen auch im Internet unter www.agenda21.pulheim.de.

nen sich einige nur deshalb zu engagieren, weil sie von einer Maßnahme persönlich betroffen sind und darauf über die Lokale Agenda meinen Einfluss nehmen zu können – wobei es für einen solchen Fall auch jede andere Initiative sein könnte, in der man sich für oder gegen die Maßnahme einsetzen würde. Diese Einschätzung belegt – wenn auch nur mittelbar – nicht zuletzt die an sich erfolgreiche „Agenda-Baum"-Aktion. Viele hundert Bürger haben zwar ihre Wünsche an ihr Umfeld formuliert, aber nur ganz wenige waren bereit, sich konkret an einer Umsetzung zu beteiligen oder überhaupt mitzuarbeiten.

Auch wenn der Agenda-Arbeitskreis das bei ihm „in Auftrag gegebene" Leitbild und Handlungsprogramm bislang noch nicht vollständig entwickelt hat, könnten Ansätze dafür mit dem „Masterplan" und in den Ergebnissen des Workshops schon vorliegen. Hier besteht zwar die Gefahr, dass vorhandene Konzepte mit der Lokalen Agenda lediglich eine neue Überschrift erhalten, ohne eine wirkliche Neuausrichtung der zukünftigen Entwicklung an ökologischen, ökonomischen und sozialen Gesichtspunkten zu beinhalten. Insgesamt sollte jedoch vor dem Hintergrund geringer personeller und finanzieller Ressourcen vorhandenes Potential für die (Lokale) Agenda 21 nutzbar gemacht werden, indem – gemäß Kapitel 28 des Rio-Dokumentes – auch vorhandene kommunale Leitlinien und Programme zur Verwirklichung der Ziele der Agenda 21 neu bewertet und modifiziert werden.

6. Zusammenfassender Vergleich

Die vorgeschilderten Ergebnisse der Umfrage haben gezeigt, dass es eine Fülle von unterschiedlichen Möglichkeiten und Vorstellungen gibt, wie die Agenda 21 und der Auftrag aus Kapitel 28 an die Kommunen auf lokaler Ebene umgesetzt werden kann. Akteure und Aktivitäten sind vielfältig.

Während in Köln und Pulheim der Agenda-Prozess vorwiegend von der Bürgerschaft getragen wird, sind in Leverkusen und Neuss eher Stadtrat und vor allem Stadtverwaltung die treibenden Kräfte. Das führt in Köln und Pulheim dazu, dass die Lokale Agenda als neben dem eigentlichen politischen Tagesgeschäft verlaufender Prozess betrachtet wird und es „nur" zu vereinzelten Berührungspunkten zwischen Lokaler Agenda und städtischer Politik kommt. In Köln ergeben sich solche Punkte über die Mitgliedschaft der Stadt im Agenda-Verein und dessen Beteiligung am städtischen Leitbildprozess, in Pulheim werden sie vor allem über die vom Arbeitskreis an die politischen Entscheidungsgremien herangetragenen Anregungen und Anträge nach § 24 GO NRW herbeigeführt. Die eigentliche Rat- und Ausschussarbeit und die Strukturen in der Verwaltung haben sich in diesen beiden Städten durch die Agenda-Arbeit dementsprechend noch nicht geändert.

In Leverkusen und Neuss scheint die Erstellung der Lokalen Agenda mittlerweile in die Arbeit der Verwaltung und der Rats- und Ausschussgremien integriert zu sein. Hier sind Verwaltungsmitarbeiter Koordinator und „Anlaufstelle" für alles, was mit der Lokalen Agenda zusammenhängt. Über den Agenda-Beirat oder regelmäßige Berichte in den zuständigen Ausschüssen werden die politischen Entscheidungsträger am Agenda-Prozess beteiligt und nehmen in Beschlüssen teilweise schon auf ihn Bezug.

Inhaltlich überwiegen in allen Städten ortsbezogene Themen wie z.B. die Entwicklung von an Nachhaltigkeitskriterien orientierten Verkehrskonzepten (Leverkusen, Pulheim), Bebauungsplänen (Pulheim) oder Begegnungsstätten (Leverkusen). Dabei nehmen Planung und Gestaltung von einzelnen Stadtvierteln (Köln) oder bestimmten Bereichen (Neuss) unter Mitwirkung von betroffenen Anwohnern breiten Raum ein. Daneben beschäftigen sich die Agenda-Aktiven auch mit globalen Problemstellungen wie beispielsweise der Thematik von fair gehandelten Produkten (Neuss) oder dem Austausch zwischen den Kulturen (Köln). Neben der Arbeit an konkreten Projekten spielt in allen Städten die allgemeine Leitbilddiskussion eine Rolle. Dabei reicht der Stand der Debatte von jüngst erst angestoßenen Überlegungen (Köln) über das Stadium der derzeitigen Erarbeitung (Leverkusen, Pulheim) bis hin zu einem schon beschlossenen Leitbild, für dessen Umsetzung momentan Maßnahmenvorschläge entwickelt werden (Neuss).

Allen Lokalen Agenden ist gemeinsam, dass sie auf eine möglichst große Einbeziehung vieler verschiedener Akteure aus unterschiedlichen Organisationen und vor allem aus der Bürgerschaft ausgerichtet sind. Hierzu gibt es in keiner der Städte ein bestimmtes oder wie auch immer institutionalisiertes Verfahren, vielmehr geschieht die Einbindung über die Mitwirkung in Arbeitskreisen oder Foren und ist offen ausgestaltet. Hierin engagieren sich bislang nicht organisierte Bürger, Mitglieder aus schon bestehenden Vereinen oder Gruppierungen und komplette Institutionen, die als Gesamtheit die Agenda-Arbeit unterstützen. Eine breite Öffentlichkeitsbeteiligung im Sinne einer regelmäßigen Partizipation an die Entwicklung der Stadt betreffenden Entscheidungsprozessen ist nirgendwo zu verzeichnen, die Zahl der dauerhaft Aktiven überall relativ gering.

Dieser Befund lässt Schlussfolgerungen zu und wirft neue Fragen auf. So ist es auf der einen Seite ein großes Verdienst der Agenda 21, dass sie eine Reihe von Menschen überall auf der Welt für Umwelt- und Entwicklungsfragen sensibel gemacht und aufgezeigt hat, dass Ökologie, Ökonomie und Soziales keine Widersprüche bilden müssen. Niemals zuvor hat ein UN-Dokument so viel Resonanz auf allen Ebenen hervorgerufen, noch nie wurden globale Probleme so „tief" und „hautnah" heruntergebrochen bis auf die lokale Ebene wie im Rahmen der Lokalen Agenda. Auf der anderen Seite hat der in Rio angestoßene Prozess sich noch nicht zu einer verbindlichen Struktur verfestigt, hat das, was Kapitel 28 als Konsultationsprozess bezeichnet, noch immer keine klaren Konturen angenommen. Eine Reihe von Fragen ist nach wie vor offen, so z.B., wie dem Prinzip der Nachhaltigkeit auf kommunaler Ebene rechtsverbindliche Formen gegeben werden können oder wie der Konsultationsprozess vor dem Hintergrund der geltenden Rechtsordnung institutionalisiert werden kann. An diese und weitere Fragen soll das nächste Kapitel eine Annäherung bringen.

3. Teil: Auswirkungen der Agenda 21 - Möglichkeiten und Grenzen ihrer Umsetzung

Die vorausgegangenen Untersuchungen zum Umsetzungsstand der Agenda 21 auf kommunaler Ebene haben gezeigt, dass es in den Städten und Gemeinden noch nicht zu einer durchgreifenden „Verrechtlichung" der Ideen des Rio-Dokumentes im kommunalen Alltag gekommen ist. Es gibt zwar eine Reihe von Ratsbeschlüssen, die sich zu den Leitgedanken der Agenda 21 bekennen und deren Umsetzung in der eigenen Kommune fördern wollen; ebenso hat das Prinzip der Nachhaltigkeit eine gewisse Verbindlichkeit erlangt, wenn sich ihm beispielsweise Bebauungspläne verpflichtet fühlen.

Davon abgesehen jedoch scheinen die Grundsätze des Rio-Dokumentes keinen Eingang in konkrete kommunale Normen und Regelungen gefunden zu haben. So ist zum Beispiel keine Satzung bekannt, die ausdrücklich die integrierte Berücksichtigung und Behandlung von Ökologie, Ökonomie und Sozialem bei Ratsbeschlüssen vorschreibt und so dem Prinzip der Integration von verschiedenen Themen Rechnung trägt. Ebenso wenig haben die Kommunen das, was Kapitel 28 der Agenda 21 als „Konsultationsprozess" bezeichnet, zu einem institutionalisierten Verfahren in der Weise entwickelt, dass sie bei Entscheidungsprozessen beispielsweise die verbindliche Einbeziehung der Bürger regeln und so das Prinzip der Partizipation umsetzen.

Auch wenn es in der Praxis – wie die Umfragen gezeigt haben – einerseits eine große Vielfalt von thematischen und organisatorischen Möglichkeiten der Realisierung von Agenda-Ideen gibt, belegt die Analyse der Lokalen Agenden andererseits auch, dass mit dieser Vielfalt an tatsächlichen Aktionen noch keine rechtsverbindliche Ausgestaltung und „Absicherung" der Agenda 21 vor Ort verbunden ist. Nach wie vor ist offen, in welchen Verfahren und mit welcher Verbindlichkeit die verschiedenen Themengebiete integriert behandelt und die gesellschaftlichen Gruppen an Entscheidungsfindungsprozessen beteiligt werden sollen. Zum einen liegt das sicherlich auch daran, dass es sich bei der Agenda 21 – wie bereits aufgezeigt – „nur" um eine politische Absichtserklärung handelt und es daher – anders als bei einem völkerrechtlichen Vertrag – schon auf Bundesebene keine rechtliche Verpflichtung zur Umsetzung dieses Rio-Dokumentes gibt.

Zum anderen wirft dieser Befund jedoch die Frage auf, ob die Kommunen bei der rechtlichen Ausgestaltung der (Lokalen) Agenda 21 vor Ort nicht auch deshalb so zurückhaltend sind, weil bereits eine Reihe von übergeordneten gesetzlichen Vorgaben existiert, die zwar nicht alle unmittelbar auf die Agenda 21 zurückgehen, die aber mit deren Forderungen mittelbar in Zusammenhang gebracht werden können und die Kommunen in dem einen oder anderen – (auch) agenda-relevanten – Bereich rechtlich binden. Darüber hinaus rückt die Frage ins Blickfeld – wenn die Kommunen die Agenda 21 schon nicht umsetzen *müssen* –, was die Kommunen in Ergänzung zu möglicherweise sich bereits aus anderen Gebieten ergebenden rechtlichen Verpflichtungen denn de iure tun *dürfen*, um das Rio-Dokument vor Ort zu verwirklichen.

Die Agenda 21 ist aufgrund ihrer Forderungen nach einer integrierten Betrachtungsweise von Ökologie, Ökonomie und Sozialem sowie nach umfassender Einbeziehung von gesellschaftlichen Gruppen in den Diskurs über die zukünftige Entwicklung ein Dokument mit Bezügen zu einer Reihe von Rechtsgebieten. Deshalb stellt sich die Frage, ob und gegebenenfalls welche rechtlichen Vorgaben in diesen Bereichen für die Kommunen bereits existieren, die ihrerseits auf die Agenda 21 zurückgehen oder zumindest in die gleiche Richtung zielen wie deren Leitbilder und so für die Agenda-Arbeit vor Ort nutzbar gemacht werden können oder sogar müssen.

Wie sich aus den Umfragen ergeben hat, stehen in den Städten und Gemeinden bei der Beschäftigung mit der (Lokalen) Agenda 21 bestimmte Themenfelder im Vordergrund. Großen Raum nimmt mit häufigen Nennungen zu Klimaschutz und Energie sowie Natur und Landschaft der Umweltbereich ein. Daneben stehen bei den meisten Kommunen Bürgerbeteiligung und Öffentlichkeitsarbeit ganz oben auf der Tagesordnung. Einen weiteren Schwerpunkt bildet angesichts der zahlreichen Nennungen zu den Themen Verkehr und Mobilität sowie Bauen und Wohnen die Beschäftigung mit dem Komplex Stadtentwicklung. Da diese drei Themenbereiche demnach am häufigsten mit der Erarbeitung einer Lokalen Agenda in Zusammenhang gebracht werden, soll im Hinblick auf die eingangs aufgeworfenen Fragen im Folgenden untersucht werden, welche Auswirkungen die Agenda 21 in diesen Bereichen hat in dem Sinne, dass deren Ideen dort bereits zu rechtlichen Verpflichtungen erstarkt oder vorhandene Normen „im Lichte" des Rio-Dokumentes neu auszulegen sind. Für diesen Fall würden sich auch für die Kommunen mittelbare rechtliche Auswirkungen des Rio-Dokumentes ergeben, indem die Kommunen auf den genannten Themenfeldern diese gesetzlichen Vorgaben berücksichtigen und einhalten müssen.

A. Nachhaltigkeit und Integration insbesondere im Umweltbereich

Der Umweltbereich spielt nach den Umfragen bei der kommunalen Agenda-Arbeit eine herausragende Rolle. Deshalb soll er – auch wenn damit die anderen beiden Zieldimensionen der Nachhaltigkeit, also Wirtschaft und Soziales, etwas in den Hintergrund treten – nachfolgend intensiver daraufhin analysiert werden, ob das Prinzip der Nachhaltigkeit dort zu einem Rechtsgrundsatz erstarkt ist und wo und wie es gegebenenfalls Eingang in (umweltrechtliche) Normen gefunden hat. Dabei wird jedoch der Bezug zur Frage der integrierten Behandlung von Ökonomie, Ökologie und Sozialem im Sinne der Rio-Dokumente immer wieder hergestellt. Angesichts der Eigenschaft der Agenda 21 als internationalem Völkerrechtsdokument soll zudem zwischen den verschiedenen relevanten Ebenen der Rechtsgeltung, also Völker-, Europa- und nationalem Recht unterschieden werden.

1. Völkerrechtliche Ebene

Im Völkerrecht liegt der Ursprung vieler internationaler Umweltabkommen, die Auswirkungen auf die Nationalstaaten und auch auf die Kommunen haben. Für die hier interessierenden Fragen ist besonders die Rechtsquelle des Völkergewohnheitsrechts von Bedeutung, das mit dem „soft-law"-Bereich, dem – wie im 1. Teil, A 4. a) gezeigt – auch die Agenda 21 zuzurechnen ist, in gewissem Zusammenhang steht. So ist allgemein anerkannt, dass „soft-law"-Dokumente wie politische Absichtserklärungen, Aktionsprogramme oder Deklarationen nicht nur den Abschluss völkerrechtlicher Verträge anstoßen und deren inhaltliche Ausgestaltung vorgeben, sondern auch das Herausbilden von Völkergewohnheitsrecht bewirken können[296]. Hintergrund ist, dass im Völkerrecht eine Wechselwirkung zwischen politischer Entwicklung und Rechtsentstehung besteht, in der sich politisch motivierte Verhaltensweisen zu Rechtsprinzipien verdichten können[297]. Die Voraussetzungen für die Entstehung völkergewohnheitsrechtlicher Regeln richten sich nach Art. 38 Abs. 1 b) des IGH-Statuts. Danach ist das „internationale Gewohnheitsrecht ... Ausdruck einer allgemeinen, als Recht erkannten Übung". Objektives Element der Gewohnheitsrechtsbildung ist demnach eine allgemeine Staatenpraxis von gewisser Dauer, zu dem als subjektives Element hinzukommen muss, dass diese Übung von der Rechtsüberzeugung der Staaten getragen ist[298].

Nach diesen Kriterien kann bislang wohl noch nicht davon gesprochen werden, dass sich das in der Agenda 21 niedergelegte Prinzip der nachhaltigen Entwicklung schon zu einem Grundsatz des Völkergewohnheitsrechts entwickelt hat. Unabhängig davon, ob man das Nachhaltigkeitsprinzip entsprechend seiner Ursprünge als Fortentwicklung des Gebots zur schonenden Nutzung der Ressourcen[299] oder moderner als „eng verwandt" mit dem Vorsorgeprinzip bzw. aus diesem abgeleitet[300] betrachtet, ist man sich weitgehend darüber einig, dass es noch nicht zu einem Völkergewohnheitsrechtsgrundsatz erstarkt ist[301].

Es wird zwar anerkannt, dass dieses Leitbild das Umweltvölkerrecht seit der Rio-Konferenz maßgeblich prägt; letztlich wird aber zu Recht für zweifelhaft gehalten, ob sich hinter „sustainable development" ein normatives Konzept verbirgt, das den Staaten ein bestimmtes Verhalten als unmittelbar „gesollt" vorschreibt. Vielmehr wird unter Hinweis darauf, dass die „Heimatdokumente" der Nachhaltigkeit lediglich politische Absichtserklärungen sind, nachvollziehbar und zutreffend dahingehend argumentiert, dass dieses Prinzip mehr bewusstseinsschärfende Bedeutung hat und als Leitma-

---

[296] Beyerlin, Umweltvölkerrecht, Rdnr. 134; Ketteler, NuR 2002, 513 (ebenda).
[297] Calliess, DVBl. 1998, 559 (561).
[298] Beyerlin, Umweltvölkerrecht, Rdnr. 108.
[299] So Graf Vitzthum, Völkerrecht, 5. Abschnitt Rdnr. 161.
[300] So Hoppe/Beckmann/Kauch, Umweltrecht, § 1 Rdnr. 77, 133; dazu auch nachfolgend.
[301] Herdegen, Völkerrecht, § 51 Rdnr. 5; Graf Vitzthum, Völkerrecht, 5. Abschnitt Rdnr. 161; Beyerlin, Umweltvölkerrecht, Rdnr. 125; Murswiek, NuR 2002, 641 (644).

xime oder Richtschnur den Akteuren in den internationalen Umweltbeziehungen nur politisch-moralische Handlungsziele vorgibt[302].

Wie bereits an anderer Stelle erwähnt, kann jedoch auch und gerade eine solche politisch-moralische Verpflichtung als verbindlicher Handlungsmaßstab dienen und rechtsgestaltend wirken. Insofern spiegeln die Ergebnisse von Rio und der schon beschriebene Rio-Folgeprozess die auch schon vorher bekannte Normierungspraxis der Staaten wider, globale Umweltschutzziele nicht „uno actu", sondern unter Einsatz von rechtlichen und außerrechtlichen Instrumenten schrittweise zu verwirklichen. Insofern lässt sich feststellen, dass das Prinzip der nachhaltigen Entwicklung im Völkerrecht jedenfalls im „soft-law"-Bereich seinen festen Platz gefunden hat und aus dieser Position heraus Grundlage und Kristallisationspunkt für künftige Völkerrechtssätze sein wird[303]. Zur Frage einer „Verrechtlichung" der Ideen der Agenda 21 in einem auch für die kommunale Ebene relevanten Bereich trifft dieser Befund noch keine Aussage. Deshalb soll nunmehr aufgrund des schon näheren Bezugs zu den Kommunen die europarechtliche Ebene ins Blickfeld genommen werden.

2. Europarechtliche Ebene

Das europäische Primärrecht in Form der Verträge ist in der Bundesrepublik unmittelbar geltendes Recht, so dass auch die Kommunen davon betroffen sind. In der Europäischen Union sind die Leitgedanken der Agenda 21, insbesondere das Prinzip der Nachhaltigkeit, auf fruchtbaren Boden gefallen. Von dem fünften, für die Jahre 1993 bis 1998 geltenden Umweltaktionsprogramm mit dem (beziehungsreichen) Titel „Für eine dauerhafte und umweltgerechte Entwicklung" war schon bei den Ausführungen über den Rio-Folgeprozess (1. Teil, A 4. c) die Rede. Daneben hat der Grundsatz der nachhaltigen Entwicklung aber auch Eingang in die Verträge der Europäischen Union gefunden und ist damit rechtlich verbindlich verankert. So wurde er durch den Amsterdamer Vertrag vom 07.10.1997[304] an verschiedenen Stellen im europäischen Primärrecht ausdrücklich festgeschrieben.

a) Rechtliche Verankerung des Nachhaltigkeitsgrundsatzes im europäischen Primärrecht

Bereits nach der 7. Erwägung der Präambel zum EUV, die die grundsätzlichen Leitgedanken der europäischen Integration nennt, gilt es, den wirtschaftlichen und sozialen Fortschritt der europäischen Völker „unter Berücksichtigung des Grundsatzes der nachhaltigen Entwicklung" zu fördern. Aus dieser Formulierung folgt, dass der Umweltschutz als ein Element der Nachhaltigkeit nunmehr auch in der Europäischen Uni-

---

[302] Herdegen, Völkerrecht, § 51 Rdnr. 5; Graf Vitzthum, Völkerrecht, 5. Abschnitt Rdnr. 161; Beyerlin, Umweltvölkerrecht, Rdnr. 125; Murswiek, NuR 2002, 641 (644).
[303] Calliess, DVBl. 1998, 559 (561).
[304] ABlEG 1997 Nr. C 340; BGBl. II 1998, 386.

on notwendig integraler Bestandteil jeder Entwicklung und ein dem wirtschaftlichen und sozialen Fortschritt immanenter Faktor ist. Der integrativen Grundidee des Nachhaltigkeitsprinzips folgend geht die Präambel noch über das hinaus, was seit dem Maastrichter Vertrag (der die oben zitierte Wendung noch nicht enthielt) schon als gleichberechtigtes Nebeneinander von Ökologie und Ökonomie postuliert wurde: Ökologie wird nun nicht mehr „nur" als gleichberechtigter Partner neben der Ökonomie begriffen, sondern „sogar" als Teil des wirtschaftlichen und sozialen Fortkommens[305].

Diese schon in der Präambel zum Ausdruck kommende Verbindung von Umwelt, Wirtschaft und Sozialem wird in Art. 2 EUV wieder aufgegriffen und damit in den „Gemeinsamen Bestimmungen" für die europäische Ebene allgemein verbindlich gemacht. Danach setzt sich die Union als ein Ziel „die Förderung des wirtschaftlichen und sozialen Fortschritts und die Erzielung einer ausgewogenen und nachhaltigen Entwicklung". Mit dieser in Amsterdam beschlossenen Änderung der bisherigen Formulierung „die Förderung eines ausgewogenen und dauerhaften wirtschaftlichen und sozialen Fortschritts" wurde der Gedanke der Nachhaltigkeit entsprechend der internationalen Terminologie ausdrücklich verankert, der bislang in dem Begriff „dauerhaft" lediglich angedeutet war. Und während dieser Begriff dem „wirtschaftlichen und sozialen Fortschritt" bisher lediglich als Attribut vorangestellt war, wurde das Nachhaltigkeitsprinzip mit der verselbständigten substantivischen Wendung „Erzielung einer ... nachhaltigen Entwicklung" mit dem wirtschaftlichen und sozialen Fortschritt auch sprachlich auf eine Ebene gestellt. Durch das „und" werden alle Elemente der Nachhaltigkeit gleichberechtigt und untrennbar miteinander verbunden[306].

Weiterhin legt Art. 2 EGV als allgemeine Aufgabennorm, die vor der Amsterdamer Vertragsänderung „ein beständiges, nichtinflationäres und umweltverträgliches Wachstum" verlangte, die Gemeinschaft nun auf eine „harmonische, ausgewogene und nachhaltige Entwicklung des Wirtschaftslebens" fest. Durch den Grundsatz der Nachhaltigkeit wird damit der Umweltschutz – korrespondierend mit dem 7. Erwägungsgrund der Präambel zum EUV und mit Art. 2 EUV – zum integralen Bestandteil der wirtschaftlichen Entwicklung.

Ferner wurde im Rahmen der Vertragsänderung von Amsterdam die Querschnittsklausel des Art. 130 r Abs. 2 S. 3 EGV a.F. („Die Erfordernisse des Umweltschutzes müssen bei der Festlegung und Durchführung anderer Gemeinschaftspolitiken einbezogen werden.") aus dem Abschnitt über die Umweltpolitik in die allgemeinen Bestimmungen „vor die Klammer" gezogen und um die Ausrichtung auf das Ziel der Nachhaltigkeit ergänzt. In dem „neuen" Art. 6 EGV heißt es nun: „Die Erfordernisse des Umweltschutzes müssen bei der Festlegung und Durchführung der in Art. 3 genannten

---

[305] Frenz, Europäisches Umweltrecht, § 1 Rdnr. 6.
[306] Frenz, Europäisches Umweltrecht, § 1 Rdnr. 7.

Gemeinschaftspolitiken und -maßnahmen insbesondere zur Förderung einer nachhaltigen Entwicklung einbezogen werden"[307].

Diese Formulierung bewirkt dreierlei: Zum ersten wird durch die Bezugnahme auf die Gemeinschaftspolitiken der umfassende Anspruch der Querschnittsklausel dokumentiert, jedes Tätigwerden der Gemeinschaft zu prägen. Zum zweiten gibt der Begriff der Einbeziehung vor, dass Umweltbelange im Rahmen der Abwägung mit anderen, eventuell kollidierenden Rechtsgütern nicht „weggewogen" werden dürfen, sondern integraler Bestandteil jeder Maßnahme geworden sein und daher ihren Inhalt erkennbar mitgeprägt haben müssen. Zum dritten wird die Querschnittsklausel durch die Ausrichtung auf das Ziel der Förderung einer nachhaltigen Entwicklung zu einem maßgeblichen Instrument der Umsetzung dieses Prinzips, indem sie als primärrechtliches Gebot die Einbeziehung von Umweltbelangen in alle Politikbereiche unter Beachtung dieses Grundsatzes verlangt[308].

Schließlich hat die Nachhaltigkeit auch in die auf dem EU-Gipfeltreffen im Dezember 2000 in Nizza deklarierte, bislang noch weitgehend unverbindliche Grundrechte-Charta Eingang gefunden. Diese nimmt an zwei Stellen auf sie Bezug. In der Präambel heißt es, dass die Europäische Union bestrebt ist, „eine ausgewogene und nachhaltige Entwicklung zu fördern"; und Art. 37 lautet: „Ein hohes Umweltschutzniveau und die Verbesserung der Umweltqualität müssen in die Politiken der Union einbezogen und nach dem Grundsatz der nachhaltigen Entwicklung sichergestellt werden"[309]. Hierzu wird zwar kritisch angemerkt, dass sich diese Formulierung als rein objektiv-rechtliche Wiederholung der voraufgeführten Vorschriften darstelle und daher als staatszielartige Bestimmung in einem Grundrechte-Katalog als Ausdruck subjektiv-rechtlicher Rechtspositionen deplaziert sei[310]. Bemerkenswert ist jedoch, dass auch und gerade an der EU-Grundrechte-Charta der herausgehobene Stellenwert deutlich wird, der dem Nachhaltigkeitsgrundsatz auf europäischer Ebene eingeräumt wird.

In den (eigentlichen) Vertragsbestimmungen über die Umweltpolitik (Art. 130 r EGV a.F. / Art. 174 ff. EGV n.F.) ist der Grundsatz der Nachhaltigkeit explizit nicht genannt. Dennoch ist er bei der vorzunehmenden Zusammenschau dieser Vorschriften mit seinen oben beschriebenen Nennungen in den allgemeinen Regelungen auch hier präsent. So ist das in Art. 6 EGV ausdrücklich festgeschriebene Nachhaltigkeitsprinzip bei den in Art. 3 EGV benannten Politiken und damit auch bei der Umweltpolitik des Art. 3 Abs. 1 lit. l EGV zu beachten. Mithin sind die umweltspezifischen Zielsetzungen und Handlungsmaßstäbe des Art. 174 EGV im Sinne des Nachhaltigkeitsgrundsatzes auszulegen und können als dessen konkrete Ausprägungen verstanden werden[311].

---

[307] Vgl. Röger, Zur Entwicklung des europäischen Umweltrechts im allgemeinen und den in der Bundesrepublik durch die Umweltinformationsrichtlinie ausgelösten Irritationen im besonderen, S.138 f; Frenz, ZG 1999, 143 (144); Calliess, DVBl. 1998, 559 (565).

[308] Calliess, DVBl. 1998, 559 (565 f).

[309] Vgl. Menzel, ZRP 2001, 221 (225); Calliess, ZUR Sonderheft 2003, 129 (ebenda).

[310] Calliess, ZUR Sonderheft 2003, 129 (ebenda).

[311] Murswiek, NuR 2002, 641 (644).

Sie sind außerdem bei der innerstaatlichen Vollziehung des Gemeinschaftsrechts sowie zur Vermeidung von Widersprüchen bei der Auslegung und Anwendung deutscher Umweltnormen mit dem EG-Recht auch im nationalen (Umwelt-)Recht zu beachten[312]. Auf diesem Gebiet sind nicht zuletzt die Städte und Gemeinden Rechtsanwender und Vollzugsbehörden der entsprechenden Vorschriften. Deshalb soll auf die diese beeinflussenden Prinzipien des Art. 174 EGV nachfolgend eingegangen werden.

b)   Umweltrechtliche Zielvorgaben und Handlungsgrundsätze des Primärrechts

Art. 174 Abs. 1 EGV nennt Ziele und Aufgaben der gemeinschaftlichen Umweltpolitik und konkretisiert damit die einzubeziehenden „Erfordernisse des Umweltschutzes" im Sinne des Art. 6 EGV. Sie reichen ganz allgemein von der Erhaltung und dem Schutz der Umwelt und der Verbesserung ihrer Qualität über den Gesundheitsschutz und die umsichtige und rationelle Verwendung der natürlichen Ressourcen bis hin zur Förderung von Maßnahmen auf internationaler Ebene zur Bewältigung globaler Umweltprobleme. Mit diesem Katalog umschreibt die Vorschrift nicht nur verbindlich das Tätigkeitsfeld der Gemeinschaft auf dem Gebiet der Umweltpolitik, sondern konstituiert auch eine Pflicht der am Rechtssetzungsprozess beteiligten Gemeinschaftsorgane zur Ergreifung derjenigen Maßnahmen, die für die Erfüllung der genannten Ziele erforderlich sind[313].

Während Abs. 1 des Art. 174 EGV mit den anzustrebenden Zielen die Ergebnisse und Resultate der entsprechenden Umweltpolitik benennt, gibt Abs. 2 der Vorschrift mit den einzusetzenden Mitteln zur Verwirklichung der Zielvorgaben den Weg dorthin vor. Dieser Absatz enthält eine Reihe von Anforderungen an die inhaltliche Ausgestaltung der Umweltpolitik in Gestalt von Handlungsgrundsätzen, die auf dem Weg zur Zielerreichung zu beachten sind. So muss die gemeinschaftliche Umweltpolitik auf ein hohes Schutzniveau abzielen. Das bedeutet in Ansehung der in Art. 174 Abs. 1 EGV genannten Ziele u.a., die bestehende Umwelt durch darauf abzielende Maßnahmen in weitgehendem Umfang zu erhalten und zugleich präventiv für sie zu sorgen sowie die Umweltqualität deutlich feststellbar zu verbessern. Des weiteren beinhaltet ein hohes Schutzniveau, die natürlichen Ressourcen so schonend wie möglich zu verwenden und entsprechende internationale Maßnahmen deutlich und akzentuiert zu fördern[314].

Speziell die schonende Ressourcenverwendung und die Erhaltung und Verbesserung der Umwelt als solche sind in Verbindung mit dem Grundsatz der nachhaltigen Entwicklung zu sehen, wie er in die oben aufgeführten Vorschriften des EG- und EU-Vertrages aufgenommen wurde und damit auch die Auslegung der Umweltbestimmungen beeinflusst. Ein hohes Schutzniveau bestimmt sich demnach auch und insbesondere danach, dass der Umweltschutz in Einklang mit der wirtschaftlichen und sozi-

---

[312] Menzel, ZRP 2001, 221 (224); Calliess, DVBl. 1998, 559 (566).
[313] Epiney, Umweltrecht in der Europäischen Union, 5.Kapitel A. I.
[314] Frenz, Europäisches Umweltrecht, § 3 Rdnr. 126.

alen Entwicklung und im Bewusstsein der Endlichkeit der natürlichen Ressourcen mit Blick auch auf künftige Generationen langfristig verbessert wird[315].

Art. 174 Abs. 2 EGV nennt als weitere Grundsätze, auf denen die Umweltpolitik der Gemeinschaft beruht, das Vorbeuge- und Vorsorgeprinzip. Grundgedanke dieser Prinzipien ist die Erkenntnis, dass Umweltbelastungen in erster Linie mit präventiven Maßnahmen zu begegnen ist, so dass Umweltschäden möglichst schon zu vermeiden und nicht erst nachträglich zu beseitigen sind. Unter dem Einfluss des Gedankens der Nachhaltigkeit stellen die beiden Prinzipien einen umfassend gestaltenden, nicht lediglich auf konkrete negative Umweltentwicklungen reagierenden Umweltschutz sicher. Sie ermöglichen eine vorausschauende Bewirtschaftung der Umwelt, die ihrer Belastung von vornherein in dem Maße vorbaut, dass auch künftigen Generationen Lebensqualität und Lebensstandard erhalten bleiben[316].

Der weiterhin geltende Ursprungsgrundsatz betrifft die Frage, wann und wo Umweltbeeinträchtigungen in erster Linie zu bekämpfen sind. Er verlangt, dass umweltpolitische Maßnahmen vorzugsweise dort anzusetzen haben, wo die entsprechenden Belastungen entstehen, also am Ursprung oder an der Quelle. Dieses Prinzip ist damit objektbezogen in dem Sinne, dass Umweltbelastungen ursprungsnah, d.h. zu einem frühest möglichen Zeitpunkt nach ihrer Entstehung und so nah wie möglich an ihrer Quelle zu begegnen ist. Insofern weist das Ursprungsprinzip zwar eine gewisse Nähe zum Vorsorge- und Vorbeugegrundsatz auf, denn beide Prinzipien zielen auf eine möglichst frühzeitige Verhinderung bzw. Bekämpfung von Umweltschäden. Dennoch gibt es spezifische Unterschiede: Während das Vorsorge- und Vorbeugeprinzip vorrangig bestimmt, wann (zeitlich) eine Maßnahme präventiv schon ergriffen werden kann, legt der Ursprungsgrundsatz in erster Linie fest, wo (geographisch) die Maßnahme ansetzen kann bzw. muss[317].

Der letzte in Art. 174 Abs. 2 EGV genannte Grundsatz besagt, dass sich die Handlungsrichtung gemeinschaftlich erlassener und durch die einzelnen Mitgliedstaaten und ihre Untergliederungen umzusetzender Umweltmaßnahmen auf den Verursacher von Umweltbelastungen zu beziehen hat. Dieser entsprechend als Verursacherprinzip bezeichnete Grundsatz regelt die Kostenzurechnung in dem Sinne, dass derjenige die Kosten für die Vermeidung, Verringerung und Beseitigung von Umweltbeeinträchtigungen zu tragen hat, der für sie verantwortlich ist. Diese Heranziehung erstreckt sich auch darauf, bei dem Verantwortlichen eine Anreizwirkung zu umweltgerechtem Verhalten zu erzeugen[318].

---

[315] Frenz, Europäisches Umweltrecht, § 1 Rdnr. 41, § 3 Rdnr. 127.

[316] Epiney, Umweltrecht in der Europäischen Union, 5. Kapitel A. II. 2.; Frenz, Europäisches Umweltrecht, § 3 Rdnr. 142 ff.

[317] Epiney, Umweltrecht in der Europäischen Union, 5. Kapitel A. II. 3.; Frenz, Europäisches Umweltrecht, § 3 Rdnr. 150 ff.

[318] Epiney, Umweltrecht in der Europäischen Union, 5. Kapitel A. II. 4.; Frenz, Europäisches Umweltrecht, § 3 Rdnr. 161.

Die aufgeführten Grundsätze führen einerseits zwar nicht zu unmittelbaren Rechtsfolgen in dem Sinne, dass aus ihnen konkrete Handlungspflichten abgeleitet werden könnten; vielmehr bedürfen sie der Operationalisierung und Konkretisierung durch gemeinschaftliches Sekundärrecht. Aber sie sind andererseits auch mehr als bloße „Orientierungsrahmen" oder politische Handlungsmaximen. Die Grundsätze sind zwingender Natur und damit rechtlich verbindlich; es sind generell zu wahrende und zu befolgende Rechtsprinzipien, die für die Gemeinschaftsorgane unmittelbare Wirkung als Wertungsmaßstäbe für ihre umweltbezogenen und sonstigen Maßnahmen entfalten. Denn im Zusammenhang mit der schon erwähnten Querschnittsklausel und dem in den weiteren allgemeinen Vorschriften verankerten Nachhaltigkeitsprinzip sind sie allgemein bei der Auslegung und Anwendung gemeinschaftlicher Vorschriften heranzuziehen und bei allen Gemeinschaftspolitiken zu beachten[319].

Während die Umweltpolitik gemäß Art. 174 Abs. 2 EGV auf den dargestellten Grundsätzen „beruht", enthält Art. 174 Abs. 3 EGV bei der Erarbeitung der Umweltpolitik lediglich zu berücksichtigende Faktoren wie z.b. die verfügbaren wissenschaftlichen und technischen Daten, die Umweltbedingungen in den einzelnen Regionen oder die wirtschaftliche und soziale Entwicklung der Gemeinschaft insgesamt. Hierauf braucht jedoch im Hinblick auf die hier interessierende Frage nach der Bedeutung des EU-Rechts für die (kommunale) Agenda-Arbeit nicht näher eingegangen zu werden.

Die aufgeführten Zielvorgaben und Handlungsprinzipien des Art. 174 EGV konkretisieren die nach Art. 6 EGV in alle Gemeinschaftspolitiken einzubeziehenden „Erfordernisse des Umweltschutzes". Da die Einbeziehung nach dem Wortlaut der Querschnittsklausel „insbesondere zur Förderung einer nachhaltigen Entwicklung" zu geschehen hat, sind die beschriebenen Grundsätze des Art. 174 EGV im Lichte des Nachhaltigkeitsprinzips auszulegen und anzuwenden. Gleichzeitig fungieren sie für den Umweltbereich selbst wiederum als Ausprägungen des in den allgemeinen, „vor die Klammer gezogenen" Vorschriften (Präambel und Art. 2 EUV, Art. 2 und 6 EGV) normierten Gebotes zur Beachtung des Nachhaltigkeitsgrundsatzes und geben ihm so fassbare Konturen. Insbesondere indem die Querschnittsklausel die Integration der Umweltbelange in andere Politiken zur Förderung einer nachhaltigen Entwicklung verlangt, trägt sie in geradezu idealer Weise den Vorgaben des Prinzips der nachhaltigen Entwicklung Rechnung, indem sie Umweltvorsorge und wirtschaftliche und soziale Entwicklung in rechtlich verbindlicher Weise zueinander in Bezug setzt[320].

Festzuhalten bleibt daher, dass das Gemeinschaftsrecht das Leitbild der nachhaltigen Entwicklung zu einem verbindlichen Rechtsprinzip ausgestaltet hat, das an zentralen „Schlüsselstellen" im Primärrecht ausdrücklich verankert ist und so die verschiedenen Politikbereiche des Gemeinschaftsrechts im Sinne der Nachhaltigkeit verknüpft.

---

[319] Epiney, Umweltrecht in der Europäischen Union, 5. Kapitel A. II. 6.; Frenz, Europäisches Umweltrecht, § 3 Rdnr. 137, 138.
[320] Calliess, DVBl. 1998, 559 (568).

c) Verwirklichung des Nachhaltigkeitsprinzips im europäischen Sekundärrecht

Es hat sich gezeigt, dass das Prinzip der nachhaltigen Entwicklung in einer Reihe von europäischen Vertragnormen und damit im Primärrecht seinen Niederschlag gefunden hat und so das Handeln der Gemeinschaftsorgane und der das Gemeinschaftsrecht umsetzenden Mitgliedstaaten mitbestimmt. „Vorläufer" einer entsprechenden Umsetzung der in dem Prinzip enthaltenen Ideen gab es auch schon vor seiner ausdrücklichen Verankerung im EU- bzw. EG-Vertrag, und zwar im europäischen Sekundärrecht. Auch vorher wurde auf dieser Rechtsetzungsebene beispielsweise versucht, einen Umweltschutz zu verwirklichen, der frühzeitig einsetzt und mehrere Umweltmedien erfasst und damit auf die langfristige Sicherung der natürlichen Lebensgrundlagen abzielt. So geht die Umweltverträglichkeitsprüfung auf die europäische Richtlinie 85/227/EWG vom 27.06.1985[321] zurück und soll sicherstellen, dass bei bestimmten Großvorhaben zur wirksamen Umweltvorsorge nach einheitlichen Grundsätzen die Auswirkungen auf Menschen, Tiere, Pflanzen, Boden, Wasser, Luft, Klima und Landschaft – einschließlich der jeweiligen Wechselwirkungen – frühzeitig und umfassend ermittelt, beschrieben und bewertet werden[322].

Auf EG-Verordnungsebene kann als Beispiel für die Verwirklichung der Agenda-Idee von der Kooperation zwischen Staat und Wirtschaft die („Öko-Audit"-)Verordnung (EWG) Nr. 1836/93 vom 29.06.1993[323] angeführt werden, die die natürlichen Lebensgrundlagen durch eine langfristige Verhaltensänderung umweltrelevanter Akteure dauerhaft zu sichern sucht. Sie regelt die freiwillige Beteiligung gewerblicher Unternehmen an einem „Gemeinschaftssystem für das Umweltmanagement und die Umweltbetriebsprüfung" und will die Adressaten zu einem eigenmotivierten umweltgerechten Verhalten veranlassen[324]. Und die schon ganz zu Beginn der Arbeit im Rahmen der Einleitung beispielhaft erwähnte Richtlinie 96/61/EG über die integrierte Vermeidung und Verminderung der Umweltverschmutzung vom 24.09.1996 (IPPC-RL) dient unter anderem – nunmehr auch explizit so formuliert – der „Umsetzung des Grundsatzes der nachhaltigen und umweltgerechten Entwicklung"[325].

Die Verankerung des Nachhaltigkeitsgrundsatzes im europäischen Primär- und Sekundärrecht strahlt auch auf die Vollziehung des Gemeinschaftsrechts durch die Mitgliedstaaten sowie auf die Auslegung und Anwendung der nationalen (Umwelt)-Regelungen aus, schon allein um Widersprüche des nationalen Rechts mit den EU-Normen zu vermeiden. Um nationales Recht soll es im Folgenden gehen.

---

[321] ABl. L 175, S 40.
[322] Vgl. §§ 1 Nr. 1, 2 Abs. 1 UVPG.
[323] ABl. L 168, S. 1.
[324] Frenz, Europäisches Umweltrecht, § 1 Rdnr. 43; Breuer in: Schmidt-Aßmann, Besonderes Verwaltungsrecht, 5. Kapitel Rdnr. 110.
[325] Vgl. 8. Erwägungsgrund, ABl. L 257 vom 10.10.1996, S. 26.

3. Verfassungsrechtliche Ebene

In der Bundesrepublik hat der Gedanke der Nachhaltigkeit insbesondere in seiner umweltbezogenen Ausprägung Eingang (sogar) in das Verfassungsrecht gefunden. Mit
dem Änderungsgesetz vom 27.10.1994 wurde der schon in anderem Zusammenhang
erwähnte Art. 20 a GG in das Grundgesetz eingefügt. Danach schützt der Staat „auch
in Verantwortung für die künftigen Generationen die natürlichen Lebensgrundlagen im
Rahmen der verfassungsmäßigen Ordnung durch die Gesetzgebung und nach Maßgabe
von Gesetz und Recht durch die vollziehende Gewalt und die Rechtsprechung".

Die zeitliche Nähe der Einfügung dieser Norm ins Grundgesetz mit der Verabschiedung der Agenda 21 auf der UN-Konferenz im Jahre 1992 lässt auf den ersten Blick
den nahe liegenden Schluss zu, dass diese Norm in direktem Zusammenhang mit den
Ergebnissen von Rio steht. Dem ist – jedenfalls in seiner Unmittelbarkeit – jedoch
nicht so, denn Ansätze zur Verankerung einer Pflicht zum Umweltschutz im Grundgesetz gab es schon seit den 70er Jahren. Während zunächst vielfach ein Grundrecht auf
menschenwürdige Umwelt gefordert wurde, trat zunehmend die Absicht in den Vordergrund, die Staatsaufgabe Umweltschutz als Staatszielbestimmung im Grundgesetz
festzuschreiben. Dies geschah letztlich erst im Zuge der „Verfassungsreform" im Jahre
1994, die durch den Einigungsvertrag angestoßen worden war[326]. Trotz dieser frühen
Ursprünge der Bestimmung lässt sich insbesondere an der Formulierung „auch in Verantwortung für die künftigen Generationen" ablesen, dass der mit der Rio-Konferenz
weltweit einsetzende Diskurs über eine nachhaltige Entwicklung, der eine zukunftsbezogene und damit auch intergenerationelle Komponente immanent ist, auch an der
bundesdeutschen Diskussion über das Staatsziel „Umweltschutz" und dessen Ausgestaltung im Grundgesetz nicht spurlos vorübergegangen ist.

a) Staatsziel Umweltschutz in Art. 20 a GG

Die Ausgestaltung der Verpflichtung des Staates zum Schutz der Umwelt als Staatszielbestimmung hat Auswirkungen in zwei Richtungen: Zum einen handelt es sich bei
Staatszielbestimmungen um Verfassungsnormen mit rechtlich bindender Wirkung, die
die Staatstätigkeit auf die dauernde Beachtung in ihnen enthaltener Wertentscheidun-
gen und die fortlaufende Erfüllung in ihnen formulierter Aufgaben und Ziele verpflichten. Sie fungieren nicht als bloße Programmsätze, sondern als verbindliche
Richtlinien und Direktiven für das staatliche Handeln, die auch bei der Auslegung des
einfachen Rechts zu beachten sind. Daraus folgt zum anderen, dass Staatszielbestimmungen im Gegensatz zu den Grundrechten objektiv-rechtliche Gewährleistungen ih-

---

[326] Vgl. Hoppe/Beckmann/Kauch, Umweltrecht, § 4 Rdnr. 6, 7.

rer Inhalte darstellen und nicht als Grundlage für die Ableitung subjektiver Rechtspositionen herangezogen werden können[327].

Wenn Art. 20 a GG demnach kein „Umweltgrundrecht" ist, stellt sich die Frage, welche konkreten Anforderungen diese Bestimmung an das staatliche Handeln und die – auch kommunale – Rechtsanwendung stellt. Aus der Verpflichtung zum „Schutz" der Umwelt lassen sich unterschiedliche Pflichten ableiten, die – auch unter Berücksichtigung der zu Art. 174 EGV herausgearbeiteten Gehalte – in verschiedenen Prinzipien ihren Ausdruck finden. Zunächst ergibt sich eine Pflicht des Staates, eigene Eingriffe in die natürlichen Lebensgrundlagen zu unterlassen (Achtungspflicht). Daneben enthält Art. 20 a GG eine Verpflichtung zu positivem Handeln. So hat der Staat bereits eingetretene Umweltschäden zu beseitigen und die Pflege solcher Umweltgüter zu betreiben, die ohne menschliches Handeln nicht erhalten blieben (Erhaltungs- und Wiederherstellungspflicht). Schließlich ist der Verfassungsnorm eine Pflicht des Staates zur Abwehr von Eingriffen Privater in die natürlichen Lebensgrundlagen zu entnehmen, die sich nicht auf die Bekämpfung akuter Gefahren beschränkt, sondern sich vielmehr schon auf eine wirksame Vermeidung erkennbar entstehender Gefahren erstreckt (Gefahrenabwehr- und Gefahrenvorsorgepflicht)[328].

In eine zukunftsorientierte Richtung konkretisiert und verstärkt werden die vorgenannten Pflichten durch die zusätzlich gebotene Ausrichtung des Schutzes auf die „künftigen Generationen". Dadurch wird das Staatsziel Umweltschutz um die Dimension des „Nachweltschutzes" erweitert. Die Aufnahme dieses Zusatzes über die Zukunftsverantwortung entspricht der Bedeutung, die der Aspekt der vorausschauenden Langzeitverantwortung im Zuge der Diskussion über die nachhaltige Entwicklung in den letzten Jahren gewonnen hat. Diesem zukunftsbezogenen Prinzip ist der in Art. 20 a GG statuierte Umweltschutz damit verpflichtet[329].

Gerade dieser dem Nachhaltigkeitsprinzip immanente und von Art. 20 a GG ausdrücklich angeordnete intergenerationelle Aspekt ist es auch, der über das reine Vorsorgeprinzip hinausgeht und die weiteren oben genannten Grundsätze und Pflichten nicht nur vereinigt, sondern auf das übergeordnete Ziel der Nachhaltigkeit ausrichtet. Das ergibt sich daraus, dass die drei oben aufgeführten Pflichtenkreise bereits in dem Begriff „Schutz" enthalten sind und deshalb als dessen Teilausprägungen schon aus dieser Verpflichtung hergeleitet werden können. Zusätzlich hinzu kommt durch die Wendung „auch in Verantwortung für die künftigen Generationen", dass der Staat seine

---

[327] BVerwG NVwZ 1998, 398 (399); Murswiek in: Sachs, GG, Art. 20 a Rdnr. 12; Klein in: Schmidt-Bleibtreu/Klein, GG, Art. 20 a Rdnr. 3; Jarass in: Jarass/Pieroth, GG, Art. 20 a Rdnr. 3; Epiney in: v.Mangoldt/Klein/Starck, GG, Art. 20 a Rdnr. 33.

[328] Jarass in: Jarass/Pieroth, GG, Art. 20 a Rdnr. 4, 5; Klein in: Schmidt-Bleibtreu/Klein, GG, Art. 20 a Rdnr. 9; Murswiek in: Sachs, GG, Art. 20 a Rdnr. 33 ff; ders., NVwZ 1996, 222 (225); Hoppe/Beckmann/Kauch, Umweltrecht, § 4 Rdnr. 15 ff.

[329] Hoppe/Beckmann/Kauch, Umweltrecht, § Rdnr. 19, 20; Jarass in: Jarass/Pieroth, GG, Art. 20 a Rdnr. 7; Murswiek, NVwZ 1996, 222 (225).

„Schutz"-Pflicht mit den drei darin enthaltenen Elementen nicht auf die „jetzige" Umwelt und Generation beschränken darf, sondern auf die Nachwelt erstrecken muss.

Daraus ergeben sich rechtliche Konsequenzen bei der Konkretisierung von Art und Umfang des durch Art. 20 a GG gebotenen Schutzes und damit für das Schutzniveau: So dürfen die lebensnotwendigen Umweltgüter wie Wasser, Boden und Luft nicht erschöpft werden, sondern müssen als Lebensgrundlagen in substantiellem Maß erhalten bleiben. Über diese Minimalanforderung hinaus muss mit nicht erneuerbaren Ressourcen sparsam und schonend umgegangen werden. Nachwachsende Rohstoffe dürfen nur in einem zukunftsbeständigen Maße verbraucht werden in dem Sinne, dass ihre Nutzbarkeit auch für künftige Generationen gewährleistet bleibt. Bei der Bewertung von Schadstoffbelastungen darf nicht nur auf aktuelle Umweltauswirkungen abgestellt werden; vielmehr ist die Akkumulation über einen längeren Zeitraum hinweg mit einzubeziehen. Schließlich ist bei der Bewertung von Risiken unter dem Aspekt der Langzeitrisiken zu berücksichtigen, dass schädliche Auswirkungen von heutigen Umwelteingriffen möglicherweise erst nach vielen Jahren erkennbar werden[330].

Neben der Ausstattung dieser einzelnen Zielvorgaben mit Verfassungsrang soll durch die Aufnahme des Staatsziels Umweltschutz in das Grundgesetz die Umweltsituation verbessert werden, indem der tatsächlich praktizierte Umweltschutz intensiviert wird. Daraus folgt gleichzeitig ein allgemeines Verschlechterungsverbot in dem Sinne, dass das Umweltschutzniveau nicht hinter dasjenige bei Einfügung von Art. 20 a GG zurückfallen darf[331].

Schließlich ist bei der Bestimmung des Schutzniveaus zu beachten, dass einerseits die Aufwertung der natürlichen Lebensgrundlagen zum Verfassungsgut Eingriffe in die Integrität dieses Schutzgutes rechtfertigungsbedürftig macht, andererseits die Schutzpflicht unter dem Vorbehalt der verfassungsmäßigen Ordnung steht. Das bedeutet, dass die Umwelt zwar nicht absolut geschützt ist – ebenso wenig wie andere Schutzgüter mit Verfassungsrang –, aber jede Beeinträchtigung und jeder Eingriff anhand eines Gemeinwohlzwecks bzw. durch die Notwendigkeit zur Verwirklichung privater Freiheit legitimiert werden muss. Dabei sind jeweils eine Abwägung und ein Ausgleich mit den anderen Verfassungsgütern vorzunehmen[332].

Dies gilt umgekehrt auch für erforderliche Eingriffe in andere Schutzgüter aufgrund von Umweltbelangen. In diesem Zusammenhang ist aufgrund der Zukunftsbezogenheit von Art. 20 a GG allerdings zum einen zu bedenken, dass die damit verbundene Notwendigkeit der Erzielung langfristiger Ergebnisse größere Unsicherheiten birgt als die Verfolgung kurzfristiger Resultate. Zum anderen sind die in dieser Vorschrift ge-

---

[330] Epiney in: von Mangoldt/Klein/Starck, GG, Art. 20 a Rdnr. 31, 66; Jarass in Jarass/ Pieroth, GG, Art. 20 a Rdnr. 7; Hoppe/Beckmann/Kauch, Umweltrecht, § 4 Rdnr. 19, 21; Murswiek, NVwZ 1996, 222 (225f).
[331] Epiney in: von Mangoldt/Klein/Starck, GG, Art. 20 a Rdnr. 65; Murswiek, NVwZ 1996, 222 (226); Hoppe/Beckmann/Kauch, Umweltrecht, § 4 Rdnr. 20.
[332] Jarass in: Jarass/Pieroth, GG, Art. 20 a Rdnr. 9; Murswiek, NVwZ 1996, 222 (227).

schützten fundamentalen Umweltgüter von so grundlegender Bedeutung für das Leben, dass sie bei der Abwägung im Hinblick auf die Unvorhersehbarkeit des zeitlichen Eintritts und des Ausmaßes potentieller Schädigungen zu diesen in ein besonderes Verhältnis gesetzt werden müssen, das unter Umständen zu einer Absenkung der Rechtfertigungslast für Eingriffe in andere Schutzgüter führt: Je wichtiger das betroffene Umweltgut als Grundlage für das Leben und je größer oder je weniger reversibel die potentielle Schädigung ist, desto geringer braucht die erforderliche Wahrscheinlichkeit der Zerstörung des Umweltgutes zu sein, um eine staatliche Handlungspflicht auszulösen[333].

Diese kann dann – natürlich nur auf der Grundlage einer einfachgesetzlich konkretisierten Ermächtigungsnorm sowie in dem durch Art. 20 a GG selbst und Art. 20 Abs. 3 GG vorgegebenen Rahmen – zu auf „niedrigerem Rechtfertigungsniveau" vorzunehmenden Eingriffen in andere Rechtsgüter berechtigen. Je „gewichtiger" ein Umweltgut oder ein Umweltproblem in diesem Sinne ist, desto eher wird es bei der im Rahmen von Art. 20 a GG anzustellenden Gesamtbetrachtung andere Belange zurückdrängen.

Insgesamt zeigt sich, dass die Einfügung des Art. 20 a GG in erster Linie einer effektiven Gewährleistung des Umweltschutzes unter Beachtung auch der nachfolgenden Generationen dient. In der Verfassungsnorm kommt damit vor allen Dingen der ressourcen- und umweltbezogene Aspekt des Nachhaltigkeitsprinzips zum Ausdruck, während die wirtschaftliche und soziale Dimension zurücktreten[334]. Dies liegt nicht daran, dass der verfassungsändernde Gesetzgeber diese beiden Bereiche vernachlässigen wollte; vielmehr sollte mit der Verankerung der Staatszielbestimmung „Umweltschutz" die umweltrechtliche „Lücke" des Grundgesetzes geschlossen werden. Denn die beiden anderen Elemente der Nachhaltigkeit, also Wirtschaft und Soziales, waren und sind im Grundgesetz durch die „Wirtschaftsgrundrechte" der Art. 2 Abs. 1, 9, 12 und 14 GG und das Gebot zur Wahrung des gesamtwirtschaftlichen Gleichgewichts in Art. 109 Abs. 2 GG sowie durch das Sozialstaatprinzip in Art. 20 Abs. 1 GG schon vorher geschützt[335].

Da die (genannten) Staatszielbestimmungen und Grundrechte zunächst ohne einen einheitlichen Zielbegriff – abgesehen vom Schutz der Menschenwürde – recht „unverbunden" nebeneinander stehen, lässt sich die von der Nachhaltigkeit geforderte integrative und ganzheitliche Betrachtungsweise seiner drei Dimensionen am ehesten über die „Einheit der Verfassung" erreichen: Alle im Grundgesetz verankerten Ziele und Rechte sind gleichwertig und müssen im oben beschriebenen Sinne zu praktischer Konkordanz geführt, also zu einem bestmöglichen Ausgleich gebracht werden[336].

---

[333] Frenz, ZG 1999, 143 (154 ff); Murswiek, NVwZ 1996, 222 (227f).
[334] Ketteler, NuR 2002, 513 (517).
[335] Menzel, ZRP 2001, 221 (225f).
[336] Menzel, ZRP 2001, 221 (226).

b) Kommunen als einer der Adressaten

Indem Art. 20 a GG erklärt, der Staat schütze die natürlichen Lebensgrundlagen durch die Gesetzgebung, durch die vollziehende Gewalt und durch die Rechtsprechung, bestimmt er alle drei Staatsgewalten zu seinen Normadressaten. Gebunden sind damit die Bundesrepublik Deutschland, die Länder, die Kommunen und alle sonstigen juristischen Personen des öffentlichen Rechts und sämtliche Träger hoheitlicher Gewalt. Die Form der Umsetzung des Staatsziels Umweltschutz durch die jeweilige Gewalt richtet sich nach deren spezifischen Aufgaben und Zuständigkeiten[337].

Angesichts der Konkretisierungsbedürftigkeit des recht weit und relativ unbestimmt gefassten Umweltschutzziels wendet sich der Handlungs- und Gestaltungsauftrag des Art. 20 a GG in erster Linie an den Gesetzgeber, der ihn durch den Erlass geeigneter Umweltschutzvorschriften, aber auch durch darauf gerichtete Initiativen in der Europäischen Union – insofern schließt sich der Kreis mit den vorausgegangenen Ausführungen zu Art. 174 EGV wieder – umzusetzen hat[338]. Obgleich ihm dabei grundsätzlich ein weiter Gestaltungsspielraum zusteht und sich aufgrund der schon vorher vorhandenen Umweltschutzlegislatur konkrete Gesetzgebungspflichten aus Art. 20 a GG nur in eher geringem Umfang ableiten lassen, können sich insbesondere im Hinblick auf die vorstehenden Überlegungen unter a) unter bestimmten Umständen konkrete Ansätze für eine solches Tätigwerden ergeben.

Dabei schreibt die Verfassungsnorm dem Gesetzgeber zwar nicht vor, welche Gesetze er im Einzelnen mit welchem Inhalt zu erlassen hat, sie legt ihm aber eine ergebnisbezogene Verantwortung auf: Er hat dafür zu sorgen und einzustehen, dass das ökologische Realkapital erhalten bleibt und nur so genutzt wird, dass es dauerhaft nutzbar bleibt. Art. 20 a GG beinhaltet somit durchaus eine rechtliche Verpflichtung und damit mehr als einen unverbindlichen politischen Programmsatz; bei dieser Norm handelt es sich also um „rechtsetzungsorientiertes Recht"[339]. Bei schon bestehenden Umweltschutznormen gestaltet sich der Schutzauftrag – soll er sich effektiv auch auf die künftigen Generationen erstrecken – als Nachbesserungspflicht des Gesetzgebers aus; er hat die vorhandenen Regelungswerke regelmäßig an die neuesten Erkenntnisse von Wissenschaft und Technik anzupassen[340].

Bedeutung kommt Art. 20 a GG auch bei der Anwendung und Auslegung des einfachen Gesetzesrechts durch vollziehende Gewalt und Rechtsprechung zu. Während auf letztere nicht näher eingegangen werden soll, ist die Exekutive, zu der auch die Kommunen gehören, im Zusammenhang mit deren Agenda-Tätigkeit von besonderer Relevanz. Die vollziehende Gewalt allgemein hat bei Gesetzesanwendung und -auslegung die Gehalte von Art. 20 a GG zur Auslegung von Generalklauseln und unbestimmten

---

[337] Kloepfer, Umweltrecht, § 3 Rdnr. 32.
[338] Hoppe/Beckmann/Kauch, Umweltrecht, § 4 Rdnr. 26; Murswiek, NVwZ 1996, 222 (229); ders., NuR 2002, 641 (647).
[339] Murswiek, NuR 2002, 641 (647).
[340] Kloepfer, Umweltrecht, § 3 Rdnr. 39.

Rechtsbegriffen sowie bei der Ermessensausübung und der planerischen Abwägung heranzuziehen. Hier kommt der Verfassungsnorm vor allem bei den Umweltgesetzen, aber auch bei anderen Regelungen wie dem Baugesetzbuch in erster Linie interpretations- und ermessensleitende Funktion zu. Dabei ist insbesondere der vorgeschriebenen Verantwortung für die künftigen Generationen Rechnung zu tragen, indem beispielsweise Normen, die auf das öffentliche Interesse oder öffentliche Belange abstellen, mit Blick auf die Interessen und Belange auch der Nachwelt zukunftsbezogen anzuwenden und auszulegen sind[341].

Vor dem Hintergrund der ausdrücklichen Erwähnung der Exekutive im Verfassungstext kann die Staatszielbestimmung in zweierlei Hinsicht gedeutet werden: Negativ soll sie durch den ausdrücklichen Hinweis auf den (wegen der bereits festgeschriebenen Bindung nach Art. 20 Abs. 3 GG an sich überflüssigen) Maßgabevorbehalt „von Gesetz und Recht" die Exekutive an den Respekt vor dem politischen Primat des Gesetzgebers erinnern. Positiv wird die Exekutive durch ihre spezielle Nennung ausdrücklich zur Verwirklichung des Staatsziels Umweltschutz aufgefordert[342].

Die zuletzt genannten Punkte erlangen im Hinblick auf die Tätigkeit der Kommunen zur Erarbeitung der Lokalen Agenden besondere Bedeutung. Städte und Gemeinden sind als Verwaltungsträger Teil der vollziehenden Gewalt und sollen damit als Adressat des Umweltschutzauftrages an seiner Umsetzung mitwirken. Nach den Untersuchungen im zweiten Teil dieser Arbeit bildet der Umweltschutz bei den Agenda-Aktivitäten der Kommunen auch einen Schwerpunkt. Was können oder – besser – was müssen Städte und Gemeinden vor dem Hintergrund des Verfassungsauftrages zum Umweltschutz bei ihren diesbezüglichen Aktivitäten leisten und beachten?

Bei der Beantwortung dieser Frage ist zunächst davon auszugehen, dass die Kommunen im Rahmen ihrer Aufgaben und Zuständigkeiten handeln müssen. Dazu gehört zum einen, dass sie im Bereich der staatlichen Auftragsverwaltung als Unterbehörden der Landesverwaltung fungieren und in dieser Eigenschaft insbesondere ordnungsbehördliche Maßnahmen als Bestandteil des staatlich übertragenen Wirkungskreises treffen. Da Umweltschutz ursprünglich und heute zu einem wesentlichen Teil immer noch Gefahrenabwehr war und ist, liegt hierin ein großes Betätigungsfeld der Kommunen. Zu nennen ist in diesem Zusammenhang beispielsweise die Problematik der Altlasten. Hier haben die Kommunen in ihrer Eigenschaft als Ordnungsbehörden altlastenverdächtige Flächen zu ermitteln, das davon ausgehende Gefährdungspotential abzuschätzen und gegebenenfalls entsprechende Maßnahmen zur Gefahrenabwehr wie Sanierung und / oder Überwachung anzuordnen und durchzuführen[343].

Zum anderen gehört der eigene Wirkungskreis der Kommunen und damit der durch Art. 28 Abs. 2 GG garantierte und bereits an anderer Stelle (1. Teil, B 3.) angespro-

---

[341] Murswiek, NVwZ 1996, 222 (229).
[342] Kloepfer, Umweltrecht, § 3 Rdnr. 40.
[343] Hoppe, DVBl. 1990, 609 (614f, 616); Kloepfer, Umweltrecht, § 3 Rdnr. 103.

chene Bereich der kommunalen Selbstverwaltung hierher. Relevante Ausprägungen der entsprechenden Garantie sind im vorliegenden „Umwelt"-Zusammenhang in erster Linie die Planungshoheit und die Daseinsvorsorge. Zu den „Angelegenheiten der örtlichen Gemeinschaft" im Sinne des Art. 28 Abs. 2 GG gehört beispielsweise, dass Städte und Gemeinden im Rahmen der Bauleitplanung bei der Neuausweisung von Bau- und Gewerbegebieten die damit verbundenen wirtschaftlichen und sozialen Vorteile mit der nachteiligen lokalen Flächenversiegelung im Lichte des Art. 20 a GG abwägen.

Das Staatsziel Umweltschutz kann im Bereich der Daseinsvorsorge dadurch konkretisiert werden, dass die Kommunen umweltfreundliche öffentliche Einrichtungen und Dienstleistungen schaffen, bereit stellen und bei den entsprechenden Voraussetzungen für die Grundstücke ihres Gebietes durch Satzung einen Anschluss- und Benutzungszwang vorschreiben[344]. Zu nennen sind die öffentliche Wasserver- und Abwasserentsorgung, die Energieversorgung aus umweltfreundlicher Energiegewinnung und die umweltgerechte Abfallentsorgung und -verwertung, das Betreiben des öffentlichen Personennahverkehrs und das Gestalten eines umweltschonenden Straßenreinigungs- und Winterdienstes. Konkrete Mittel hierzu sind beispielsweise im Bereich der Abfallvermeidung die Abfallberatung der Bürgerschaft, die Einführung spezieller Behälter für organische Abfälle („Biotonne") und die Staffelung der von den Kommunen zu erhebenden Entsorgungsgebühren im Verhältnis zum Volumen des Abfallbehältnisses[345].

Die vorstehenden Möglichkeiten sollen an dieser Stelle nur beispielhaft erwähnt werden. Da sich der Handlungs- und Gestaltungsauftrag aus Art. 20 a GG zum Schutz der natürlichen Lebensgrundlagen in erster Linie an den Gesetzgeber wendet, erfolgt die weitere Erörterung der kommunalen Umsetzung des Staatsziels Umweltschutz und damit auch des Nachhaltigkeitsgedankens im Rahmen der nachfolgenden Ausführungen über die Verwirklichung der nachhaltigen Entwicklung auf einfachgesetzlicher Ebene.

4. Einfachgesetzliche Ebene

Bevor auf spezielle einfachgesetzliche Ausgestaltungen des Nachhaltigkeitsprinzips im Umweltbereich eingegangen wird, sollen als allgemeine Elemente der (Umwelt)Rechtsordnung die umweltpolitischen Rechtsprinzipien angesprochen werden, die dem staatlichen Umweltschutz zugrunde liegen. Sie lassen sich aus gesetzlichen Einzelbestimmungen des nationalen und internationalen Umwelt(völker)rechts aufleiten (wie beispielsweise aus dem schon erörterten Art. 174 EGV) und fungieren als „vor die Klammer gezogene", also grundlegende Konzeptionen und Direktiven, die als normative Abwägungsargumente charakterisiert werden können und Umweltgesetzge-

---

[344] Vgl. z.B. § 9 GO NRW.
[345] Hoppe, DVBl. 1990, 609 (609 ff); Kloepfer, Umweltrecht, § 3 Rdnr. 103.

bung und Umweltpolitik die Richtung weisen[346]. Auch hieraus können sich folglich für die Kommunen bei ihrer Arbeit zur Lokalen Agenda Anhaltspunkte und Leitlinien ergeben, die das Handeln der Kommunen auf dem agenda-relevanten Gebiet des Umweltschutzes prägen.

a) Handlungsprinzipien des Umweltrechts

Gemeinhin anerkannt und zu den wesentlichen Kerngehalten des Umweltschutzes gerechnet werden das Vorsorge-, das Verursacher- und das Kooperationsprinzip[347].

Das Vorsorgeprinzip besagt (vergleichbar dem entsprechenden Grundsatz im Europarecht), dass Umweltpolitik sich nicht in der Beseitigung eingetretener Schäden und in der Abwehr drohender Gefahren erschöpfen, sondern bereits das Entstehen von Umweltbelastungen unterhalb der Gefahrenschwelle verhindern und so die Umwelt vorausschauend gestalten soll. Nach dem Verursacherprinzip (auch hier die Parallelität zum Europarecht) trägt derjenige die sachliche und finanzielle Verantwortung für die Vermeidung, Verminderung und Beseitigung von Umweltbelastungen, der sie verursacht. Das Instrumentarium einer verursacherorientierten Umweltpolitik reicht von Geboten und Verboten über flexible Kompensationsregelungen bis hin zu Umweltabgaben. Das Kooperationsprinzip fordert ein faires Zusammenwirken aller staatlichen und gesellschaftlichen Kräfte im umweltpolitischen Willensbildungs- und Entscheidungsprozess. Dies dient dem Ziel, die Informationslage der Beteiligten und die Akzeptanz umweltbezogener Entscheidungen zu verbessern und ein ausgewogenes Verhältnis zwischen individuellen Freiheiten und gesellschaftlichen Bedürfnissen herzustellen, ohne den Grundsatz der staatlichen Verantwortung in Frage zu stellen[348].

Im Hinblick auf die Beschäftigung der Kommunen mit der Agenda 21 ist besonders interessant, ob das in diesem Rio-Dokument ausgeformte Prinzip der Nachhaltigkeit in den genannten Grundsätzen aufgeht oder ob ihm daneben eine eigenständige, vielleicht sogar umfassendere Bedeutung zukommt. Damit in Zusammenhang steht die Frage, ob das Nachhaltigkeitsprinzip in der Bundesrepublik bereits positivrechtliche Ausprägungen erfahren hat, die die Kommunen direkt oder mittelbar betreffen.

Der Stellenwert des Prinzips der nachhaltigen Entwicklung in der deutschen Rechtsordnung wird in der Literatur sehr unterschiedlich bestimmt. Während ihm aufgrund seiner Allumfassenheit vereinzelt die Qualität eines eigenständigen Rechtsprinzips zugestanden wird[349], erkennen andere in ihm eine enge Verwandtschaft mit dem Vor-

---

[346] Sanden, Umweltrecht, § 4 Rdnr. 1; Hoppe/Beckmann/Kauch, Umweltrecht, § 1 Rdnr.76.

[347] Kloepfer, Umweltrecht, § 3 Rdnr. 38; Breuer in: Schmidt-Aßmann, Besonderes Verwaltungsrecht, 5. Kapitel Rdnr. 6 ff; Hoppe/Beckmann/Kauch, Umweltrecht, § 1 Rdnr. 76.

[348] Hoppe/Beckmann/Kauch, Umweltrecht, § 1 Rdnr. 78 ff; Breuer in: Schmidt-Aßmann, Besonderes Verwaltungsrecht, 5. Kapitel Rdnr. 7 ff.

[349] Sanden, Umweltrecht, § 4 Rdnr. 2.

sorgeprinzip[350] oder eine Verstärkung des Kooperationsprinzips[351]. In der Tat sind gewisse Parallelitäten und Überschneidungen zwischen den allgemein anerkannten Prinzipien und dem Leitbild der Nachhaltigkeit nicht von der Hand zu weisen. So gehört zu einer vorsorgenden Umweltpolitik sicherlich, dass die Naturgrundlagen nicht nur gegen substanzverletzende Eingriffe geschützt werden, sondern in ihrer Substanz auch in Zukunft erhalten bleiben und deshalb schonend in Anspruch genommen werden. Die darin zum Ausdruck kommende Zukunftsbezogenheit des Vorsorgeprinzips ist auch ein wesentlicher Bestandteil des Nachhaltigkeitsgedankens.

Des weiteren sollen aufgrund der dem letztgenannten Prinzip inne wohnenden Verknüpfung von ökologischen, ökonomischen und sozialen Aspekten auch danach alle staatlichen und insbesondere gesellschaftlichen Kräfte aus den Bereichen Umwelt, Wirtschaft und Sozialem bei der zukünftigen Entwicklung der Menschheit zusammenwirken. Kooperation und Beteiligung von unterschiedlichen Interessengruppen an Willensbildungs- und Entscheidungsprozessen sind auch nach dem Nachhaltigkeitsprinzip wichtige Voraussetzungen für eine zukunftsbeständige Akzeptanz gemeinsam getroffener Entscheidungen. Worin liegt also das Eigenständige des Nachhaltigkeitsgedankens im Vergleich zu den übrigen Grundsätzen des bundesdeutschen Umweltrechts? Um sich der Beantwortung dieser Frage zu nähern, erscheint es sinnvoll, zunächst nach positivrechtlichen Ausformungen des Nachhaltigkeitsprinzips im deutschen Umweltrecht Ausschau zu halten und deren jeweilige Bedeutung näher zu untersuchen.

b) Positivrechtliche Ausprägungen des Nachhaltigkeitsprinzips

Wie bereits an früherer Stelle erwähnt, stammt der Begriff der Nachhaltigkeit aus der Forstwirtschaft. Ursprünglich bezog er sich dort nur auf die ökonomische Nutzfunktion des Waldes im Sinne einer substanzerhaltenden Verwendung, d.h. dass dem Wald nur so viel Holz entnommen werden sollte wie nachwächst, um auf Dauer sowie nach Art und Menge etwa gleich bleibende Erträge zu sichern. Im Laufe der Zeit führte das Nachhaltigkeitskonzept zu einer weitreichenderen Bedeutung dieses Begriffs auch im Bundeswaldgesetz[352].

So soll nach § 1 Nr. 1 BWaldG der Wald entsprechend seiner gleichrangig angeordneten wirtschaftlichen Nutzfunktion und seiner Bedeutung für die Umwelt und die Erholung der Bevölkerung (Schutz- und Erholungsfunktion) erhalten und nachhaltig bewirtschaftet werden. Bemerkenswert an dieser Mehrfachausrichtung der Waldfunktionen ist, dass hier ganz im Sinne des Nachhaltigkeitsprinzips der ökonomische Aspekt der Nutzung des Waldes, der ökologische Gesichtspunkt seiner Bedeutung für die Umwelt und seine sozialkulturelle Dimension als Erholungsort für die Menschen mit-

---

[350] Hoppe/Beckmann/Kauch, Umweltrecht, § 1 Rdnr. 133.
[351] Frenz, ZG 1999, 143 (158).
[352] Ketteler, NuR 2002, 513 (517).

einander verknüpft werden und gleichrangige Beachtung finden. Mit der Aufnahme des Nachhaltigkeitsgedankens in die Norm über den Zweck des Bundeswaldgesetzes wird er zum Maßstab aller forstrechtlichen Entscheidungen[353].

Eine weitere positivrechtliche Ausprägung hat das Prinzip der nachhaltigen Entwicklung im Bundesnaturschutzgesetz erfahren. In der bis zum April 2002 geltenden Fassung begegnete es in drei Varianten: Zum ersten verband es sich in § 1 Abs. 1 BNatSchG in der Ausdrucksform der nachhaltigen Sicherung mit dem Zielkatalog des Naturschutzes und der Landschaftspflege. Zum zweiten wurde der Nachhaltigkeitsgedanke in § 2 Abs. 1 Nr. 3 BNatSchG in seiner ursprünglichen forstwirtschaftlichen Bedeutung als Maßstab des Ressourcenverbrauchs in dem Sinne eingesetzt, dass einer Ressource durch Nutzung nicht mehr entnommen werden darf als wieder nachwächst. Zum dritten diente der Nachhaltigkeitsbegriff in § 8 Abs. 1 BNatSchG dazu, unzulässige Eingriffe in Natur und Landschaft nach ihrer Intensität zu klassifizieren. Das Spezifikum von nachhaltigen (im Unterschied zu erheblichen) Eingriffen lag darin, dass erstere eine geringere Eingriffsstärke, dafür aber eine dauerhaftere negative Wirkung aufwiesen[354].

In der novellierten Fassung des Bundesnaturschutzgesetzes lässt sich eine deutliche Zunahme des Begriffs „nachhaltig" in adverbialer und attributiver Form gegenüber dem bisherigen Recht feststellen; insgesamt wird der Begriff 16 mal verwendet. Auch die inhaltliche Bedeutung ist noch vielfältiger: § 1 BNatSchG lehnt sich nunmehr durch die Bezugnahme auf die „Verantwortung für die künftigen Generationen" an die Staatszielbestimmung „Umweltschutz" in Art. 20 a GG an. Dementsprechend zukunftsbezogen und intergenerationell ist Ziel des Gesetzes die dauerhafte Sicherung sowohl der Leistungs- und Funktionsfähigkeit des Naturhaushalts als auch der Regenerations- und nachhaltigen Nutzungsfähigkeit der Naturgüter. Die ursprünglich forstwirtschaftliche und damit ressourcenökonomische Bedeutung von Nachhaltigkeit kommt in § 2 Abs. 1 Nr. 2 BNatSchG zum Ausdruck, wonach nicht erneuerbare Naturgüter sparsam und schonend sowie erneuerbare so zu nutzen sind, dass sie nachhaltig zur Verfügung stehen. Ein zusätzlich wirtschaftliches Verständnis von Nachhaltigkeit enthält § 5 Abs. 4 und 6 BNatSchG, wonach Beeinträchtigungen der Umweltmedien im Rahmen der Land- und Fischereiwirtschaft auf das zur Erzielung eines nachhaltigen Ertrages erforderliche Maß zu beschränken sind. Umfassend im Sinne der integrierten Betrachtung von Umwelt, Wirtschaft und Sozialem wird der Begriff nachhaltig in Kombination mit Tourismus und Regionalentwicklung in § 27 Abs. 1 BNatSchG verwendet, da hiernach ökologische, ökonomische und soziale Belange harmonisiert werden sollen[355].

Der Begriff der Nachhaltigkeit ist ferner im Bundesbodenschutzgesetz zu finden. Dieses bezweckt, „nachhaltig die Funktionen des Bodens zu sichern oder wiederherzustel-

---

[353] Schröder, WiVerw 1995, 65 (68).
[354] Schröder, WiVerw 1995, 65 (69, 70).
[355] Ketteler, NuR 2002, 513 (518).

142

len" (§ 1 BBodSchG). Dieser Zweck wird dann allerdings durch bestimmte Ausgestaltungen des Vorsorge- und des Verursacherprinzips konkretisiert, indem schädliche Bodenveränderungen abgewehrt, Altlasten durch den Verursacher saniert und Vorsorge gegen nachteilige Einwirkungen auf den Boden getroffen werden sollen (§§ 1, 4, 7 BBodSchG). Trotz dieser eher dem Vorsorge- und dem Verursacherprinzip zuzurechnenden Instrumente kommt dem Nachhaltigkeitsprinzip insoweit eigenständige Bedeutung zu, als es in der Zentralnorm über den Gesetzeszweck erwähnt ist. Selbst wenn sich im Bundesbodenschutzgesetz keine ausdrückliche Vorschrift zur Begrenzung der Flächeninanspruchnahme findet, wirkt sich über § 1 BBodSchG das Wort „nachhaltig" in das gesamte Gesetz in der Weise aus, dass es eine gegenwärtige und zukünftige Bodennutzung vorschreibt, die Bodenverbrauch und -zerstörung insbesondere durch Flächeninanspruchnahme begrenzt, Bodenerosion und -verdichtung sowie schädlichen Stoffeintrag in den Boden vermeidet[356]. Nachhaltigkeit bedeutet also in diesem Zusammenhang, Fruchtbarkeit und Leistungsfähigkeit des Bodens durch dessen Nutzung und Bearbeitung nicht zu überfordern, damit diese Funktionen dauerhaft gesichert bleiben und der Boden auch künftigen Generationen als Lebensgrundlage erhalten bleibt[357].

Seit der Novellierung des Wasserhaushaltsgesetzes im Juni 2002 taucht der Begriff „nachhaltig" dort als Attribut oder Adverb sechs Mal auf. Nach Maßgabe der Grundsatzvorschrift des § 1 a Abs. 1 WHG hat die Gewässerbewirtschaftung so zu erfolgen, dass insgesamt eine nachhaltige Entwicklung gewährleistet wird. Die erstmalige und ausdrückliche Erwähnung der nachhaltigen Entwicklung als Zielsetzung des Wasserhaushaltsgesetzes hat allerdings eher klarstellenden Charakter, da das Anliegen der Nachhaltigkeit bereits Gegenstand der ordnungsgemäßen Gewässerbewirtschaftung im Sinne des § 1 a WHG a.F. war und in den Konkretisierungen dieser Grundsatznorm zum Ausdruck kam, die die Erhaltung des Wasserschatzes sowie den sparsamen und schonenden Umgang mit der Wasserressource statuierten (§§ 5 Abs. 1 Nr. 3, § 36 b WHG)[358]. Eine nachhaltige Wasserwirtschaft sollte nun von drei Zielsetzungen geprägt sein: Schutz der ökologischen Funktionen der Gewässer, langfristige Sicherung des Wassers als Ressource für jetzige und nachfolgende Generationen sowie – ganz im Sinne des dreidimensionalen Nachhaltigkeitsgedankens der Agenda 21 – Erschließung von Optionen für eine dauerhaft naturverträgliche, wirtschaftliche und soziale Entwicklung[359].

Gemäß § 1 des Gesetzes für den Vorrang Erneuerbarer Energien ist Ziel des Gesetzes, im Interesse des Klima- und Umweltschutzes eine nachhaltige Entwicklung der Energieversorgung zu ermöglichen und den Beitrag Erneuerbarer Energien an der Stromversorgung deutlich zu erhöhen, um deren Anteil am gesamten Energieverbrauch bis zum Jahre 2010 mindestens zu verdoppeln. Das Gesetz dient damit dem Schutz von Klima und Umwelt und konkretisiert die Staatszielbestimmung des Art. 20 a GG, in-

---

[356] Hipp/Rech/Turian, BBodSchG, Abschnitt A 1 (§ 1) Rdnr. 17.
[357] Ketteler, NuR 2002, 513 (519).
[358] Schröder, WiVerw 1995, 65 (71).
[359] Knopp, ZUR 2001, 368 (370f).

dem es die Markteinführung emissionsfreier und naturverträglicher Energien fördert. Daneben sollen von dem Gesetz Impulse für Handwerk, Gewerbe, Industrie und Landwirtschaft sowie ein Beitrag zur Schaffung von Arbeitsplätzen ausgehen[360]. Insgesamt zielt der Ausdruck „nachhaltige Entwicklung" im Sinne des § 1 EEG demnach auf die integrative Beachtung aller drei Elemente des Nachhaltigkeitsgrundsatzes.

Im Raumordnungsgesetz ist die Nachhaltigkeit nicht nur ausdrücklich genannt, sondern inhaltlich im Sinne der Agenda 21 ausgestaltet als „Leitvorstellung" einer Raumentwicklung, „die die sozialen und wirtschaftlichen Ansprüche an den Raum mit seinen ökologischen Funktionen in Einklang bringt und zu einer dauerhaften, großräumig ausgewogenen Ordnung führt" (§ 1 Abs. 2 ROG). Auch die Elemente, die dabei gleichrangige Berücksichtigung finden und auf das im Mittelpunkt stehende Nachhaltigkeitsprinzip ausgerichtet werden sollen, sowie ihre Verknüpfung miteinander sind von den Ideen der Agenda 21 geprägt[361]. So ist beispielsweise die freie Entfaltung der Persönlichkeit u.a. „in der Verantwortung gegenüber künftigen Generationen" zu gewährleisten (Nr. 1), die natürlichen Lebensgrundlagen sind zu schützen und zu entwickeln (Nr. 2), die Standortvoraussetzungen für wirtschaftliche Entwicklungen sind zu schaffen (Nr. 3), die Gestaltungsmöglichkeiten der Raumnutzung sind langfristig offen zu halten (Nr. 4).

Das Baugesetzbuch schreibt nicht nur den sparsamen und schonenden Umgang mit Grund und Boden vor (§ 1a Abs. 1 BauGB); vielmehr sollen die von den Gemeinden aufzustellenden Bauleitpläne eine sozialgerechte Bodennutzung und eine nachhaltige städtebauliche Entwicklung gewährleisten und dazu beitragen, eine menschenwürdige Umwelt zu sichern und die natürlichen Lebensgrundlagen zu schützen und zu entwickeln (§ 1 Abs. 5 BauGB). Im Rahmen der dabei vorzunehmenden Abwägung sind u.a. die sozialen und kulturellen Bedürfnisse der Bevölkerung (Nr. 3), die Belange des Umweltschutzes (Nr. 7) und die Belange der Wirtschaft (Nr. 8) zu berücksichtigen. An der Pflicht zur Einstellung der – auch und gerade von der Agenda 21 betonten – ökologischen, ökonomischen und sozialen Belange in die Abwägung bei der Aufstellung der Bauleitpläne und an der Ausrichtung der Pläne auf das Ziel der nachhaltigen Stadtentwicklung zeigt sich, dass die Kommunen auch durch das Baugesetzbuch auf die Verwirklichung des Nachhaltigkeitsprinzips verpflichtet sind[362].

Nicht ausdrücklich als solche benannt, wohl aber als Grundgedanke oder Teilelement nachweisbar ist die Nachhaltigkeit schließlich im Bundesjagdgesetz und im Kreislaufwirtschafts- und Abfallgesetz. Die im Bundesjagdgesetz geregelte Hegepflicht des Jagdberechtigten hat mit der Erhaltung eines den landschaftlichen und landeskulturellen Verhältnissen angepassten, artenreichen und gesunden Wildbestandes sowie der Pflege und Sicherung seiner Lebensgrundlagen (§ 1 BJagdG) Ziele zum Gegenstand, die sich mühelos mit dem Nachhaltigkeitsprinzip vereinbaren lassen[363]. Im Kreislauf-

[360] Ketteler, NuR 2002, 513 (519f).
[361] Bückmann/Lee/Simonis, UPR 2002, 168 (170).
[362] Bückmann/Lee/Simonis, UPR 2002, 168 (170); näher dazu noch unter C 1. a).
[363] Schröder, WiVerw 1995, 65 (68).

wirtschaft- und Abfallgesetz geht es zwar vorrangig um die verursacheradäquate und umweltverträgliche Steuerung abfallträchtiger Stoffkreisläufe, aber Zweck dieses Gesetzes ist neben der umweltverträglichen Beseitigung von Abfällen die Förderung der Kreislaufwirtschaft zur Schonung der natürlichen Ressourcen (§ 1 KrW-/AbfG) und damit ein Ziel, das sich durchgängig mit dem Nachhaltigkeitsprinzip verbindet[364].

c) Die Bedeutung des Nachhaltigkeitsprinzips insbesondere für die Kommunen

An der vorstehend aufgezeigten Verankerung des Grundsatzes der nachhaltigen Entwicklung in einer Reihe von Gesetzen wird deutlich, dass dieses Prinzip – unabhängig davon, dass es sich bei der Agenda 21 um ein politisches Aktionsprogramm handelt und die Staaten, Länder und Kommunen deshalb nicht zu ihrer Umsetzung verpflichtet sind – zumindest nominell (§ 1 BBodSchG) und zumeist auch in seiner durch die Agenda 21 vorgegebenen dreidimensionalen Ausrichtung (§ 27 Abs. 1 BNatSchG, § 1 Abs. 2 ROG, § 1 Abs. 5 BauGB) realisiert ist. Daneben steht oft die langfristige Sicherung der natürlichen Ressourcen durch vorausschauende Planung, Pflege und Bewirtschaftung und damit das umweltbezogene Element des Nachhaltigkeitsgrundsatzes im Vordergrund (§ 1 BWaldG, § 1 a WHG, § 1 EEG). Insoweit besteht in der Tat eine partielle Deckungsgleichheit mit einem weit verstandenen Vorsorgeprinzip; denn ein solches ist nicht nur „sicherheitsrechtlich" auf die Abwehr drohender Umweltgefahren ausgerichtet (Gefahrenabwehr, Risikovorsorge), sondern hat wie das Nachhaltigkeitsprinzip auch die „bewirtschaftungsrechtliche" Schonung der Naturgüter im Interesse ihrer Substanzerhaltung zum Ziel (Ressourcenvorsorge)[365].

Auffallend an den meisten der oben aufgeführten, das Nachhaltigkeitsprinzip enthaltenden Regelungen ist zudem, dass es sich – im Gegensatz zu Vorschriften, in denen das Vorsorgeprinzip verankert ist[366] – überwiegend um reine, ausdrücklich oder implizit abwägungsoffene Grundsatznormen handelt, die in dieser Funktion den allgemeinen Zweck des jeweiligen Gesetzes beschreiben. Dies kann als Vor- oder als Nachteil gewertet werden: Die Verankerung des Nachhaltigkeitsgrundsatzes in den Vorschriften über den Gesetzeszweck führt – positiv – dazu, dass er in das gesamte Gesetz ausstrahlt und als Zielvorgabe oder Orientierungsmaßstab Anwendung und Auslegung des gesamten Regelungswerks bestimmt. Das bedeutet aber – negativ – gleichzeitig, dass die jeweiligen Normen keine individuellen Verhaltensregeln begründen und dem Einzelnen damit keine konkrete Verhaltensweise im Sinne eines Ge- oder Verbots vorschreiben; die Grundsatznormen haben insoweit nur geringe Steuerungskraft[367].

Dennoch kommt dem Nachhaltigkeitsgrundsatz neben dem Vorsorgeprinzip und den übrigen Umweltprinzipien eigenständige und darüber hinausgehende Bedeutung zu.

---

[364] Schröder, WiVerw 1995, 65 (72).
[365] Ketteler, NuR 2002, 513 (522); Rehbinder, NVwZ 2002, 657 (660).
[366] Z.B. § 5 Abs. 1 Nr. 2 BImSchG: „Genehmigungsbedürftige Anlagen sind so zu errichten und zu betreiben, dass Vorsorge gegen schädliche Umwelteinwirkungen getroffen wird ...".
[367] Rehbinder, NVwZ 2002, 657 (659); Murswiek, NuR 2002, 641 (646).

Der Vorsorgegrundsatz und die übrigen Umweltgrundsätze beschränken sich auf das Umweltrecht und sind insoweit eindimensional und wenig komplex. Das gilt auch und sogar, wenn man den allgemein anerkannten Querschnittscharakter des Umweltrechts und dessen Bezüge in andere Rechtsgebiete berücksichtigt. Das Neuartige, die Einzigartigkeit und die Stärke des Prinzips der nachhaltigen Entwicklung liegen demgegenüber in seiner Mehrdimensionalität und Komplexität. Es ist – trotz seiner teilweise angenommenen vorwiegend ressourcenökonomischen Ausrichtung – nicht nur ein Umweltprinzip, sondern auch ein Wirtschafts- und ein Sozialprinzip. Während die anderen Umweltgrundsätze trotz Kooperationsgedanken und Anlehnungen an des Ordnungsrecht in erster Linie – um nicht zu sagen: fast ausschließlich – den Schutz und die Erhaltung einzelner Naturgüter zum Ziel haben und dementsprechend einseitig ökologisch akzentuiert sind, greift das Nachhaltigkeitsprinzip sowohl im Umweltrecht selbst als auch insgesamt weiter: Im Umweltrecht strebt es einen integrierten, multimedialen Schutz an, im Übrigen nimmt es wirtschaftliche und soziale Aspekte gleichberechtigt mit ins Blickfeld. Hinzu kommt die breite Thematisierung des Zukunftsbezuges und der gerechten Nutzen- und Lastenverteilung zwischen den verschiedenen Erdteilen sowie zwischen gegenwärtigen und künftigen Generationen[368].

Dabei gebührt keinem der zu schützenden bzw. zu fördernden Güter der Vorrang; das eine ist nicht auf Kosten der anderen zu verwirklichen, sondern jeweils im Einklang mit ihnen. Die bisher überwiegend als gegensätzlich und miteinander unvereinbar betrachteten Interessen einer Verbesserung der wirtschaftlichen und sozialen Lebensbedingungen aller Menschen einerseits und der zukunftsbeständigen Sicherung und Bewirtschaftung der natürlichen Lebensgrundlagen andererseits werden im Nachhaltigkeitsprinzip zusammengeführt. Damit wirkt es auch ein auf die Rahmenbedingungen und Strukturen der Wirtschaft, das Wertesystem der Gesellschaft und auf grundlegende Paradigmen im Verhältnis von Staat und Gesellschaft[369].

Gerade diese umfassende Gesamtbetrachtung der zukünftigen Entwicklung nicht nur der Umwelt, sondern der Menschheit allgemein, ist es, die das Nachhaltigkeitsprinzip nicht nur im Umweltrecht gleichberechtigt neben den dort anerkannten Prinzipien ansiedelt, sondern in die gesamte Rechtsordnung ausstrahlen lässt. Diese Entwicklung soll gleichrangig und gleichzeitig umweltverträglich, wirtschaftlich leistungsstark und sozial gerecht sein und nicht nur den jetzigen Generationen in einem Teil der Erde, sondern auch den zukünftigen Generationen überall in der Welt die gleiche Möglichkeit der Befriedigung ihrer jeweiligen Umwelt-, Wirtschafts- und Sozialbedürfnisse einräumen. Dass die geforderte umfassende „Ausstrahlungswirkung" des Nachhaltigkeitsprinzips in alle Teile der Rechtsordnung in Ansätzen schon erkennbar ist, wurde bereits aufgezeigt: Nicht nur die Aufnahme des Umweltschutzes als eigene Staatszielbestimmung in das Grundgesetz belegt und statuiert die gleichrangige Beachtung der Umweltbelange neben den in anderen Grundgesetznormen verbürgten Wirtschafts- und Sozialbelangen. Auch der Einzug des Nachhaltigkeitsgedankens in zahlreiche

---

[368] Rehbinder, NVwZ 2002, 657 (661); Ketteler, NuR 2002, 513 (522).
[369] Rehbinder, NVwZ 2002, 657 (661).

Umweltgesetze sowie in das Raumordnungs- und Bauplanungsrecht spricht dafür, dass die von der Agenda 21 geforderte integrative Gestaltung der zukünftigen Entwicklung auf verschiedenen Gebieten und allen staatlichen Ebenen erste Formen angenommen hat.

Selbst wenn man der Auffassung sein sollte, dass sich der Nachhaltigkeitsgrundsatz aufgrund seiner teilweise behaupteten „schwammigen" Konturen noch nicht zu einem normativen Konzept in dem Sinne entwickelt hat, dass ihm eine aus sich selbst heraus wachsende Steuerungskraft innewohnt und aus ihm unmittelbar konkrete Handlungspflichten für den Einzelnen hergeleitet werden können, wirkt das Prinzip durchaus „normativ". Es bedarf zu einer praktikablen Operationalisierung zwar der instrumentellen Ausformung und administrativen Konkretisierung, hat aber als umfassende und viele Politik- und Rechtsgebiete betreffende „Leitvorstellung" (vgl. diesen Begriff in § 1 Abs. 2 ROG) oder „Gesamtaussage" gesetzesausrichtende, interpretations- und ermessensleitende Funktion in dem Sinne, dass es anleitet, die Richtung weist und als Material in Abwägungen einfließt[370].

Nicht zuletzt in dieser Eigenschaft begegnet der Nachhaltigkeitsgrundsatz den Kommunen als Teil der vollziehenden Gewalt und als Rechtsanwendern. Nicht alle Kommunen (insbesondere nicht die kreisangehörigen Städte und Gemeinden) sind zwar mit allen oben aufgeführten Gesetzen befasst; so wendet sich beispielsweise das Raumordnungsgesetz an den Bund und die Länder. Aber sowohl durch das in § 1 Abs. 3 ROG normierte Gegenstromprinzip als auch durch die in § 1 Abs. 4 BauGB vorgeschriebene Anpassungspflicht kommt zum Ausdruck, dass die Entwicklung, Ordnung und Sicherung des Gesamtraumes und der jeweiligen Teilräume aufeinander abgestimmt und die örtlichen Bauleitpläne an die Gegebenheiten, Ziele und Erfordernisse der übergeordneten Raumplanung angepasst werden sollen. Die Kommunen werden insofern aufgrund der Pflicht zur Beachtung „höherrangiger" Gesetze bzw. Belange auf das in den entsprechenden Vorschriften statuierte Gebot zu einer nachhaltigen Entwicklung verpflichtet. Daneben betrifft insbesondere die Kreise und kreisfreien Städte der Nachhaltigkeitsgrundsatz auch direkt, wenn sie als untere Vollzugsbehörden der den Bundesgesetzen entsprechenden Landesgesetze tätig werden, so z.B. nach § 34 Abs. 1 LAbfG NRW als untere Abfallwirtschaftsbehörde oder nach § 136 LWG NRW als untere Wasserbehörde.

Insgesamt zeigt sich, dass das Prinzip der nachhaltigen Entwicklung in einer Reihe von Umweltnormen sowie im Planungsrecht seinen Niederschlag gefunden hat. Sowohl neben den anderen Umweltprinzipien als auch in der gesamten Rechtsordnung beansprucht es gleichrangige und eigenständige Bedeutung. Dadurch wird es auch für die Kommunen als Teil der vollziehenden Gewalt und Rechtsanwender verbindlich. Diese sind neben ihren speziellen Agenda-Aktivitäten gehalten, den Nachhaltigkeitsgrundsatz insbesondere bei Ermessensentscheidungen und im Rahmen von Abwägungsvorgängen zu beachten und ihm zur Geltung zu verhelfen.

---

[370] Schröder, WiVerw 1995, 65 (74 ff); Rehbinder, NVwZ 2002, 657 (661).

B. Bürgerbeteiligung, Partizipation

Nach den Umfragen ist die Mitwirkung der Öffentlichkeit der zweite große Schwerpunkt der Agenda-Tätigkeit vor Ort. Danach hält die überwiegende Mehrheit der agenda-aktiven Kommunen es für wichtig, die Öffentlichkeit in ihre Aktivitäten zur Umsetzung der Agenda 21 vor Ort mit einzubeziehen. Diese Prioritätensetzung in der Praxis korrespondiert mit der Bedeutung, die der Beteiligung der Bürgerschaft bereits im Rio-Dokument selbst beigemessen wird. So heißt es dort in der schon des öfteren zitierten Präambel von Teil III, der sich mit der Stärkung der Rolle wichtiger Gruppen befasst, dass „das Engagement und die echte Beteiligung aller gesellschaftlichen Gruppen" wesentliche Faktoren für die Umsetzung der Agenda 21 seien und „die umfassende Beteiligung der Öffentlichkeit an der Entscheidungsfindung eine der Grundvoraussetzungen für die Erzielung einer nachhaltigen Entwicklung" darstelle[371]. Und in dem den Kommunen gewidmeten Kapitel 28 wird gefordert, dass jede Kommunalverwaltung „in einen Dialog mit ihren Bürgern, örtlichen Organisationen und der Privatwirtschaft eintreten" und eine „kommunale Agenda 21" beschließen solle[372].

Offen lässt die Agenda 21 dagegen, auf welche Art und Weise, in welchen Verfahren und mit welcher Verbindlichkeit die Gesellschaft an den Entscheidungsfindungsprozessen zu den verschiedenen Themengebieten beteiligt werden soll. Das Rio-Dokument verwendet für den angesprochenen Beteiligungsprozess zwischen Kommunalverwaltungen und Bürgerschaft den Begriff der „Konsultation", ohne ihn näher zu definieren oder zu konkretisieren; es heißt dazu lediglich, „durch Konsultation und Herstellung eines Konsenses würden die Kommunen von ihren Bürgern und von örtlichen Organisationen ... lernen und für die Formulierung der am besten geeigneten Strategien die erforderlichen Informationen erlangen"[373]. Das hilft für die konkrete Ausgestaltung des Konsultationsprozesses noch nicht viel weiter. Wie also kann er aussehen, was ist rechtlich überhaupt zulässig? Geht die „Konsultation" über das hinaus, was bislang unter Beteiligung in Form beispielsweise von Wahlen oder im formal-verfahrensrechtlichen Sinne (z.B. bei der Bauleitplanung) verstanden wird?

Um sich der Beantwortung dieser Fragen zu nähern, erscheint es sinnvoll, die gesetzlichen Vorgaben und rechtlichen Möglichkeiten im Bereich Bürgerbeteiligung zu untersuchen, die schon jetzt zur Verfügung stehen. Auch wenn die Agenda 21 „nur" eine politische Absichtserklärung ist und ihre Forderungen nach neuen Formen der Partizipation deshalb nicht umgesetzt werden müssen, muss das nicht bedeuten, dass es nicht auch jetzt schon Instrumente der mittelbaren und direkten Mitwirkung gibt, die in Richtung der von der Agenda 21 geforderten Erweiterung partizipativer Elemente zielen könnten. Dazu soll geprüft werden, auf welchen bundes-, landes- und kommunalverfassungsrechtlichen Rahmen die Forderung der Agenda 21 nach mehr Partizipation im Sinne direkter Bürgerbeteiligung stößt. Da – wovon die Agenda 21 auch selbst aus-

---

[371] BMU, Umweltpolitik, Agenda 21, S. 217.
[372] BMU, Umweltpolitik, Agenda 21, S. 231 sowie im Anhang.
[373] BMU, Umweltpolitik, Agenda 21, S. 231 sowie im Anhang.

geht – der Möglichkeit zur effektiven Mitwirkung an Entscheidungen die Erlangung von entscheidungsrelevanten Informationen vorgeschaltet ist, soll zuvor ein Blick auf die „informationsbezogene" mittelbare Bürgerbeteiligung durch die Geltendmachung von Informationsansprüchen geworfen werden, und zwar im Hinblick auf den Umweltbezug der Agenda 21 am Beispiel des Umweltinformationsgesetzes.

1. „Informationsbezogene" Mitwirkung am Beispiel des Umweltinformationsgesetzes

Partizipation kann nicht nur direkt durch Mitwirkung an Willensbildungs- und Entscheidungsprozessen ausgeübt werden, sondern auch mittelbar in deren Vorfeld durch die Geltendmachung von Informationsansprüchen. Dies hat auch die Agenda 21 erkannt und dieser Thematik in zwei Kapiteln breiten Raum gewidmet. So heißt es in Kapitel 23, dass Einzelpersonen, Gruppen und Organisationen Zugang zu umwelt- und entwicklungsrelevanten Informationen haben sollen, die sich bei nationalen Behörden befinden[374]. Und unter der Überschrift „Informationen für die Entscheidungsfindung" bestimmt Kapitel 40, dass die für anstehende Entscheidungen relevanten Daten auf allen politischen Ebenen besser verfügbar sein sollen, und zwar durch die Schaffung von geeigneten Informationssystemen, die eine umfassende Sammlung, intensive Verarbeitung und jederzeitige Abrufbarkeit sowie einen effizienten Austausch von Informationen ermöglichen[375].

Mit diesen Anliegen lässt sich ohne weiteres das am 16.07.1994 in Kraft getretene Umweltinformationsgesetz (UIG) in Verbindung bringen. Dieses Gesetz beruht zwar bereits auf der EG-Richtlinie 90/313/EWG über den freien Zugang zu Informationen über die Umwelt vom 07.06.1990 und hat seine Ursprünge damit schon vor der Rio-Konferenz im Jahre 1992[376]. Dennoch erscheint es als eine Ausprägung gleich mehrerer zentraler Forderungen des Rio-Dokumentes. So gewährt es jedem einen Anspruch auf freien Zugang zu den bei einer Behörde vorhandenen Umweltinformationen und soll deren Verbreitung gewährleisten. Mit dem voraussetzungslosen Zugang zu Umweltinformationen für jedermann, wie die Agenda 21 ihn fordert und das Umweltinformationsgesetz ihn umsetzt, wird deren Anliegen nach mehr Partizipation der Bevölkerung Rechnung getragen. Nach diesem Gesetz soll nicht mehr nur der an einem konkreten Verfahren Beteiligte mit einem nachgewiesenen (berechtigten, wirtschaftlichen oder umweltschützenden) Interesse Zugang zu umweltrelevanten Daten haben, sondern jeder, der sich für Umweltinformationen interessiert[377]. Information wird dabei als Voraussetzung für Aktion verstanden und soll so zu einer Aktivierung bisher passiver Bürger führen.

---

[374] BMU, Umweltpolitik, Agenda 21, S. 217.
[375] BMU, Umweltpolitik, Agenda 21, S. 282 ff.
[376] Vgl. dazu auch schon oben im 1. Teil unter B 4. b) und c).
[377] Röger, UIG, § 4 Rdnr. 14.

Der Regelungszweck des Umweltinformationsgesetzes durchzieht (auch) die Agenda 21 und verbindet die schon genannten Aspekte miteinander: Es ist der Umweltschutz durch die Beteiligung der Öffentlichkeit in Form der Geltendmachung von Informationsansprüchen. Der einzelne und die gesamte Gesellschaft sollen für diese im Gemeinwohlinteresse liegende Aufgabe verstärkt aktiviert werden. Die Verwirklichung des dahinter stehenden Prinzips „Umweltschutz durch Umweltinformation" stellt im deutschen Recht eine zweifache Neuerung dar: Zum einen wird mit der Einräumung des freien Zugangs zu (Umwelt-)Informationen für jedermann der bisher geltende Grundsatz der beschränkten Aktenöffentlichkeit durchbrochen und das damit einhergehende bisherige Regel-Ausnahme-Verhältnis umgekehrt: Während bislang behördliche Daten außer für eng begrenzte Verfahrensbeteiligte mit einem nachgewiesenen berechtigten Interesse grundsätzlich nicht zugänglich waren, bedarf nun die ausnahmsweise Gemeinhaltung vorliegender Informationen der besonderen Rechtfertigung[378].

Zum anderen zielten die rechtlichen Umweltschutzinstrumente vor Inkrafttreten des Umweltinformationsgesetzes auf die unmittelbare Beeinflussung umweltrelevanter Faktoren. Mit dem Umweltinformationsanspruch ist ein Instrument indirekter Verhaltenssteuerung eingeführt worden, indem durch das Zugänglich-Machen umweltrelevanter Daten die Verantwortung jedes einzelnen für den Umweltschutz verstärkt wird. Die damit einhergehende gesteigerte Transparenz des Verwaltungshandelns soll das Bewusstsein für die Erfordernisse eines wirksamen Umweltschutzes bei Bevölkerung und Behörden schärfen und hierdurch mittelbar zu Verbesserungen im Umweltschutz beitragen[379].

Dies soll auf mehreren Wegen geschehen. Durch die Publizität der behördlichen Daten soll zunächst die Kontrolle potentiell umweltschädigender Tätigkeiten intensiviert werden. Diese Kontrollfunktion wirkt auf zwei Arten: Zum einen arbeitet die anspruchstellende Bürgerschaft nicht gegen, sondern mit der Verwaltung an der Aufarbeitung umweltrelevanter Daten, indem sie als „weiterer Wächter des Umweltrechts"[380] neben und damit als „Helfer der Verwaltung"[381] gleichgerichtet für eine möglichst große Transparenz der umweltrelevanten Daten und so für eine effektive Realisierung des „Umweltschutzes durch Umweltinformation" sorgt. Zum anderen werden im Rahmen der Bearbeitung des geltend gemachten Anspruchs mögliche Vollzugsdefizite und bestehende Unzulänglichkeiten innerhalb der Umweltverwaltung aufgezeigt, da die Existenz einer potentiell informierten Öffentlichkeit die Verwaltung zu einer an der Einhaltung und Durchsetzung rechtlicher Umweltschutzvorgaben ausgerichteten Praxis anhalten soll[382].

---

[378] Schomerus/Schrader/Wegener, UIG, § 1 Rdnr. 14, 21.

[379] Röger, UIG, § 1 Rdnr. 4; Schomerus/Schrader/Wegener, UIG, § 1 Rdnr. 14, 15.

[380] Schomerus/Schrader/Wegener, UIG, § 1 Rdnr. 17.

[381] Röger, UIG, § 4 Rdnr. 14.

[382] Röger, UIG, § 1 Rdnr. 4; Schomerus/Schrader/Wegener, UIG, § 1 Rdnr. 16, 17.

Des weiteren soll die mit einer generellen Zugänglichkeit von Umweltinformationen verbunden „Gefahr" des Bekanntwerdens von Umweltbeeinträchtigungen eine deren Entstehung vorbeugende Abschreckung potentieller „Umweltsünder" bewirken. Schließlich kann ein europaweit einheitlicher Informationsanspruch – wie mit der Umweltinformationsrichtlinie intendiert – oder sogar ein weltweit jedenfalls von seinen Grundsätzen her einheitliches Informationssystem – wie letztlich von der Agenda 21 gefordert – zu einer erleichterten einheitlichen Erkennung und Bekämpfung grenzüberschreitender Umweltbeeinträchtigungen führen[383].

Gemäß ihrem umfassenden Ansatz geht die Agenda 21 zwar über die reinen Umweltinformationen noch hinaus und verlangt in Kapitel 40 die Sammlung von Daten auf kommunaler, regionaler, nationaler und internationaler Ebene, die neben dem Zustand und der Entwicklung des Ökosystems Erde, der natürlichen Ressourcen und der Verschmutzung der Umwelt auch die „sozioökonomischen Variablen" beschreiben[384]. Dennoch ist die Zielrichtung der beiden Regelungswerke gleichgerichtet: Durch eine möglichst breite Einbeziehung der Öffentlichkeit soll die im Gemeinwohlinteresse liegende Aufgabe Umweltschutz auf eine breite Basis gestellt werden. Insbesondere mit interessierten Einzelpersonen, Initiativen und Verbänden stehen der (Umwelt)-Verwaltung neue Kooperationspartner zur Verfügung, die Missstände aufdecken und so zu Umweltverbesserungen beitragen[385].

Insgesamt zeigt sich sowohl am Umweltinformationsgesetz als auch an der Agenda 21, dass in der Verknüpfung von Öffentlichkeit und Umwelt, von Information und Kooperation ein wirksames Partizipationsinstrument gesehen wird, um Umweltschutz voranzubringen. Diese Verbindung lässt sich insbesondere auf kommunaler Ebene sachgerecht praktizieren, da hier aufgrund der „kurzen Wege", des unmittelbaren Kontaktes zwischen Bürgerschaft, gesellschaftlichen Gruppen und Verwaltung und dem Interesse zahlreicher Menschen an Zustand und Entwicklung ihres unmittelbaren Umfeldes Informationen effektiv ausgetauscht werden können.

2. Agenda 21 und das Demokratieprinzip des Grundgesetzes

Nach der Erörterung der „informationsbezogenen" mittelbaren Mitwirkung in Form der Zubilligung voraussetzungsloser Informationsrechte geht es nun um die Frage nach der eigentlichen und zudem direkten Mitwirkung an Entscheidungsprozessen: Ob und gegebenenfalls wie lässt sich die Agenda-Forderung nach mehr direkten Beteiligungsrechten mit dem in Art. 20 GG verankerten Demokratieprinzip des Grundgesetzes vereinbaren, das durch Attribute wie „repräsentativ", „parlamentarisch" oder „mittelbar" gekennzeichnet ist? Diese Frage könnte erstaunen, da mit dem Begriff der Demokratie auch immer die Grundvorstellung von der „Volksherrschaft" verbunden ist. Wodurch

---

[383] Röger, UIG, § 1 Rdnr. 4.
[384] BMU, Umweltpolitik, Agenda 21, S. 282.
[385] Schomerus/Schrader/Wegener, UIG, § 1 Rdnr. 18.

könnte diese ursprünglicher verwirklicht sein als durch die unmittelbare Beteiligung der Bevölkerung an politischen Entscheidungsprozessen, so wie die Agenda 21 dies vorsieht?

a) Repräsentative Demokratie

Entscheidend ist im Rahmen der Analyse der aufgeworfenen Frage indessen, dass es nicht auf die Vereinbarkeit der Agenda 21 mit „der" Demokratie „als solcher" oder „als Modell" ankommt, sondern auf ihr Verhältnis zum demokratischen Prinzip, wie es im Grundgesetz seinen Ausdruck gefunden hat. Art. 20 Abs. 1 und Art. 28 Abs. 1 GG sprechen nicht von „der" Demokratie schlechthin, sondern von der Bundesrepublik Deutschland als „demokratischem Bundesstaat" und von den „Grundsätzen des demokratischen Rechtsstaates im Sinne dieses Grundgesetzes".

Die insofern getroffene Grundentscheidung für das Strukturprinzip der Demokratie wird dann durch den in Art. 20 Abs. 2 S. 1 GG festgeschriebenen tragenden Grundgedanken des demokratischen Prinzips konkretisiert: In der Demokratie darf Staatsgewalt nur vom Volk als der einzigen Legitimationsquelle ausgehen. Dieser als Volkssouveränität bezeichnete Grundsatz besagt, dass alle staatliche Gewalt auf die Legitimation durch den Volkswillen zurückführbar sein muss. Dabei ist das Volk als Ganzes der primäre Träger der Staatsgewalt, alle anderen Organe des Staates müssen ihre Legitimation und ihre Gewalt von ihm ableiten (personal-organisatorische Legitimation). Neben den staatlichen Organen müssen auch sämtliche staatlichen Maßnahmen ihre Grundlage letztlich in einer Entscheidung des Volkes finden (inhaltlich-sachliche Legitimation), also wie die Staatsorgane eine – wenn unter Umständen auch mittelbare – ununterbrochene Legitimationskette aufweisen[386].

Damit ist nicht nur die verfassungsgebende Gewalt des Volkes anerkannt; Staatsgewalt darf – wie Art. 20 Abs. 2 S. 2 GG dann weiter vorgibt – auch nur vom Volk ausgeübt werden, und zwar zum einen in Wahlen und Abstimmungen und zum anderen durch besondere Organe der Gesetzgebung, der vollziehenden Gewalt und der Rechtsprechung. Durch diese Festlegung der Art und Weise der Staatsgewaltausübung wird das Demokratieprinzip des Grundgesetzes in zwei Richtungen weiter ausgestaltet: Zum einen wird bestimmt, dass das Volk selbst den Staat maßgeblich gestaltet, indem es bei Wahlen und Abstimmungen als unmittelbar handelndes Organ in Erscheinung tritt und auf diese Weise an der Ausübung der Staatsgewalt direkt mitwirkt. Da dies vorwiegend in Form von Wahlen geschieht, müssen Volksvertretungen existieren und periodisch wiederkehrende Wahlen zu ihnen stattfinden. Sowohl Art. 20 Abs. 2 GG als auch Art. 28 Abs. 1 GG, der Volksvertretungen und Wahlen zu ihnen auch für die Landes- und Kommunalebene vorschreibt, nehmen damit die Wahlrechtsgrundsätze

---

[386] Schnapp in: von Münch/Kunig, GG, Art. 20 Rdnr. 30; Pieroth in: Jarass/Pieroth, GG, Art. 20 Rdnr. 1, 4; Maunz/Zippelius, Deutsches Staatsrecht, § 11 III.

der Art. 38 und 39 GG in Bezug[387]. Während die Vorschriften über die Wahlen als den Personalentscheidungen und zu den aus den Wahlen hervorgehenden Staatsorganen breiten Raum einnehmen, sind Abstimmungen als Sachentscheidungen in Gestalt von Volksbegehren, Volksentscheid und Volksbefragung für die Bundesebene nur in Art. 29 und 118 GG vorgesehen.

Damit ist zum anderen gleichzeitig die zweite Ausgestaltungsrichtung angesprochen. Durch die Vorgabe, dass die Staatsgewalt vom Volk auch durch besondere Organe ausgeübt wird, gibt das demokratische Prinzip des Grundgesetzes Antwort auf die Frage nach der Ausgestaltung der Herrschaftsausübung, deren Einrichtungen und deren Legitimation. Das Volk übt die Staatsgewalt in erster Linie nicht selbst handelnd (durch Volksbegehren und Plebiszite zu einzelnen Sachfragen) aus, sondern durch vom Grundgesetz dafür speziell vorgesehene Institutionen, die ihre Legitimation unmittelbar aus Wahlen herleiten oder jedenfalls mittelbar auf einen Willensakt des Volkes zurückgeführt werden können. Das Grundgesetz entscheidet sich somit nicht für eine identitär-unmittelbare Demokratie, in der die Regierenden mit den Regierten auch in der tatsächlichen Ausübung der Staatsgewalt identisch sind, sondern für eine repräsentative, mittelbare Demokratie, in der staatliche Organe die Staatsgewalt im Namen des Volkes ausüben. Für das Verhältnis des Volkes zu diesen Staatsorganen gilt dabei das Prinzip der Repräsentation[388].

b)   Legitimation durch Verfahren und Mehrheitsprinzip

Die Zwischenschaltung repräsentativer Organe beruht auf der Erkenntnis, dass das Volk eines modernen Massenstaates mit komplexen rechtlichen und wirtschaftlichen Strukturen und Verflechtungen schon aus organisatorischen Gründen nicht über alle Angelegenheiten selbst entscheiden kann. Sollen dennoch Staatsgewalt und deren Ausübung vom Volk abgeleitet sein, wird die Staatsgewalt von den Repräsentativorganen nicht kraft eigenen Rechts ausgeübt, sondern ist vom Volk auf Zeit anvertraut. Der die demokratische Legitimität und die Mitwirkung des Volkes sichernde Akt sind die periodisch stattfindenden Wahlen[389].

Damit verlagert sich das Wesen des demokratischen Prinzips im Sinne des Grundgesetzes von der Identität zwischen Regierenden und Regierten auf die Bestimmung und Legitimation der tatsächlich Herrschenden, der Repräsentanten. Deren Bestellung durch das Volk und die Rückkopplung der Ausübung ihrer Herrschaftsmacht an das Volk sowie die für die entsprechende Legitimationsvermittlung vorgesehenen Instrumente und Verfahren bilden wesentliche Bestandteile des Demokratieprinzips des Grundgesetzes. Der legitimierenden Kraft von Verfahrensnormen und von für die demokratische Entscheidungsfindung bereit gestellten Instrumenten kommt dabei maß-

---

[387] Pieroth in: Jarass/Pieroth, GG, Art. 20 Rdnr. 6; Maunz/Zippelius, Deutsches Staatsrecht, § 11 III 1.
[388] Maunz/Zippelius, Deutsches Staatsrecht, § 11 IV 1; Schnapp in: von Münch/Kunig, GG, Art. 20 Rdnr. 31; Stern, Staatsrecht I, § 18 II 4 b, 5 b.
[389] Stern, Staatsrecht I, § 18 II 5 a; Maunz/Zippelius, Deutsches Staatsrecht, § 11 IV 1.

gebliche Bedeutung zu. In der Ausgestaltung der entsprechenden Prozeduren liegt ein „Essentiale"[390] des demokratischen Systems. „Volksherrschaft" und Demokratie im Sinne des Grundgesetzes bedeuten folglich nicht ein „willkürliches Durcheinander und ungeordnetes Mitbestimmen jedes Bürgers zu jeder Zeit"[391]; vielmehr müssen die Willensbildung im Volk und dessen Mitwirkung an der Ausübung der Staatsgewalt in rechtlich festgelegten Formen und Verfahren geordnet und kanalisiert sein. Das Demokratieprinzip des Grundgesetzes ist demnach durch eine Verzahnung von materiellen und formellen Gehalten gekennzeichnet.

Ein solches Instrument der Legitimationsvermittlung ist das Mehrheitsprinzip. Je größer in einer modernen Massendemokratie die Zahl der an der Willensbildung Beteiligten ist, umso weniger ist zu erwarten, dass die Ausübung der Bestimmungsrechte einheitlich verläuft und die Entscheidungen einvernehmlich getroffen werden. Deshalb bedarf es eines solchen Instrumentes oder rechtlichen Prinzips, das demokratische Entscheidungsfindung möglich macht und nach dem eine Entscheidung verbindlich wird, wenn sich keine Einigung erzielen lässt. Durch das Mehrheitsprinzip gewinnt die Herrschaft des Volkes in der Praxis als „Herrschaft der Mehrheit" ihre funktionsfähige Gestalt[392]. Das Bundesverfassungsgericht zählt es zu den „fundamentalen Prinzipien der Demokratie" und den Mindestbestandteilen der freiheitlich-demokratischen Grundordnung"[393]. Praktisch ist es als Methode zur Entscheidungsfindung unentbehrlich und eine Frage des demokratischen Durchsetzungsvermögens geworden[394].

Mit der Anwendung dieses Prinzips bei Wahlen und Abstimmungen kann zudem sichergestellt werden, dass die Vorstellungen einer kleinen, aber besonders aktiven Gruppe und damit der Minderheit gegenüber der „schweigenden Mehrheit" nicht die Oberhand gewinnen. Anderenfalls würde das oben bereits skizzierte Prinzip der Repräsentation im Verhältnis des Volkes zu „seinen" Staatsorganen im ebenfalls repräsentativen Mehrheitsverhältnissen unterliegenden Verfahren der Legitimationsvermittlung in unzulässiger Weise verdrängt werden; denn der Wille „des Volkes" im Sinne des Willens der Mehrheit muss sich am Ende des staatlichen Willensbildungsprozesses von der Basis hin zu den Repräsentativorganen in deren Zusammensetzung, Meinungsspektrum und Maßnahmen repräsentativ widerspiegeln. Wäre das nicht der Fall, erschiene die von Art. 20 Abs. 2 GG geforderte Wahrung des Erfordernisses der ununterbrochenen Legitimationskette zwischen „Volkswille" einerseits und Herrschaftsgewalt und Herrschaftsausübung andererseits zumindest zweifelhaft.

Die Agenda 21 fordert zwar „das Engagement und die echte Beteiligung" der Bevölkerung an Entscheidungsprozessen und sieht insbesondere „im spezifischeren umwelt-

---

[390] Stern, Staatsrecht I, § 18 II 4 b.

[391] Peters, Geschichtliche Entwicklung und Grundfragen der Verfassung, S. 164.

[392] Stern, Staatsrecht I, § 18 I 4 c, II 5 c; Pieroth in: Jarass/Pieroth, GG, Art. 20 Rdnr. 15; Schnapp in: von Münch/Kunig, GG, Art. 20 Rdnr. 14; Maunz/Zippelius, Deutsches Staatsrecht, § 11 III 1; Schmidt-Bleibtreu/Klein, GG, Art. 20 Rdnr. 13a.

[393] BVerfGE 29, 154 (165); 2, 1 (12f).

[394] Stern, Staatsrecht I, § 18 II 5 c.

und entwicklungspolitischen Zusammenhang die Notwendigkeit neuer Formen der Partizipation"[395], gibt selbst aber keine konkreten Verfahren und rechtlichen Formen für ein Mehr an direkter Beteiligung vor. Das Rio-Dokument verlangt insoweit „lediglich", dass die (Lokale) Agenda im Konsens erarbeitet und beschlossen werden soll. Gerade die Einbeziehung unterschiedlicher Adressaten (aus Umwelt-, Wirtschafts- und Sozialpolitik und den entsprechenden gesellschaftlichen Sparten), der gruppenübergreifende offene, also nicht institutionalisierte Diskussionsprozess und die im Konsens getroffenen Entscheidungen sind wesentliche Charakteristika der Partizipation im Sinne der Agenda 21. Diese will Entscheidungsprozesse bewusst in die Gesellschaft tragen und so auf eine pluralistische und damit breit legitimierte Basis stellen.

Die dabei geforderte Herstellung von Konsens erfordert von allen Beteiligten Kooperation, die Fähigkeit, sich auf ein gemeinsam definiertes Ziel zu einigen und die Bereitschaft, von Maximalforderungen abzurücken. Dies kann nach den (Ideal)-Vorstellungen der Agenda 21 funktionieren, weil alle Beteiligten den Willen und die Fähigkeit besitzen, im sachlichen Dialog Schnittstellen und Gemeinsamkeiten mit Vertretern auch gegenläufiger Interessen zu suchen und sich auf Kompromisse einzulassen. Denn – so wiederum die Idealvorstellung des Rio-Dokumentes – die nachhaltige Entwicklung von Umwelt, Wirtschaft und Sozialem ist als Überlebensinteresse ein übergreifendes, alle betreffendes Anliegen, das alle teilen und verfolgen[396].

Vor diesem Hintergrund erscheint jedenfalls auf Bundesebene fraglich, ob sich die von der Agenda 21 postulierten Forderungen – mehr direkte Bürgerbeteiligung, Einbeziehung unterschiedlicher Akteure in einen offen angelegten Diskussionsprozess, Konsensprinzip – mit den diesbezüglichen Vorgaben des Grundgesetzes – repräsentative Demokratie, Legitimation von Entscheidungsfindung und Entscheidungsträgern durch festgelegte Verfahren, Mehrheitsprinzip – rechtlich miteinander vereinbaren und tatsächlich praktizieren lassen. Indessen erscheint es bezogen auf den Agenda-Begriff des „Konsenses" nicht sachgerecht, diesen im Sinne einer Einstimmigkeit aller einzelnen Akteure auszulegen, sondern eher als grundsätzliche und innerhalb der Beteiligtengruppen auch mehrheitlich gebildete Übereinstimmung der relevanten Gruppen; insofern besteht also kein Gegensatz.

Wenn sich jedoch einerseits das Grundgesetz eindeutig für die repräsentative Demokratie entschieden hat, deren wesentlicher Bestandteil das Vorhandensein von Verfahrensnomen zur Regelung der Legitimationsvermittlung ist, sich die Agenda 21 als politisches Aktionsprogramm andererseits für ein Mehr an Partizipation ausspricht, kann dieser – nicht rechtsverbindlichen – Forderung nur auf eine Weise entsprochen werden: Lässt man die vom Grundsatz her gegebene Möglichkeit einer Verfassungsänderung außer Betracht (die Einführung von Volksbegehren ist jüngst noch im Juni 2002 an der notwendigen 2/3-Mehrheit im Bundestag gescheitert), kann nur versucht werden, den Agenda-Prozess im Sinne eines Mitgestaltens der breiten Öffentlichkeit im

---

[395] BMU, Umweltpolitik, Agenda 21, S. 217.
[396] Hermann/Winkler, Lokale Agenda – Beitrag zu einer neuen politischen Kultur, S. 170ff.

Rahmen der bestehenden rechtlichen Möglichkeiten auszuformen und diese (intensiver) auszuschöpfen. Fraglich ist, ob zu diesen rechtlichen Möglichkeiten auch die Durchführung von Abstimmungen (zu agenda-relevanten Fragen) auf Bundesebene gehört.

c) Abstimmungen auf Bundesebene?

Abgesehen davon, dass die Agenda 21 eine wie auch immer geartete unmittelbare Beteiligung der Bevölkerung auf Bundesebene – im Gegensatz zur kommunalen Ebene – nicht ausdrücklich erwähnt und eine direkte Mitwirkung der gesamten bundesdeutschen Bevölkerung an (agenda-bezogenen) Entscheidungsprozessen rein tatsächlich gar nicht realisierbar sein dürfte, könnte die rechtliche Frage nach der Zulässigkeit von Abstimmungen auf Bundesebene durch die Agenda 21 doch neue Aktualität erfahren.

Nach gemeinhin anzutreffender Auffassung – und in diese Richtung weist auch das Rio-Dokument – wird „Volksherrschaft" ganz allgemein am besten dadurch verwirklicht, dass möglichst die Gesamtheit der Bürgerschaft zur Teilhabe an der politischen Willensbildung berechtigt ist und dieses Recht auch aktiv und direkt ausübt. Was alle angeht, sollen alle unmittelbar entscheiden können, d.h. alle sollen so gleichmäßig wie möglich an der Bildung des Staatswillens teilhaben[397]. Von daher erscheint es naheliegend, die Frage nach der Zulässigkeit von Abstimmungen des Bundesvolkes über ökologische, ökonomische und soziale Themen aufzuwerfen, denn nach der Idee der Agenda 21 gehen diese für die Zukunft der Menschheit grundlegenden Fragestellungen alle an, so dass auch alle direkt darüber entscheiden können sollten.

Problematisch ist, dass das Grundgesetz Abstimmungen konkret nur für zwei Fälle vorsieht, nämlich zum einen in Art. 29 GG zur Frage der Neugliederung des Bundesgebietes. Nach dessen Absätzen 2 und 3 ergehen entsprechende Maßnahmen durch Bundesgesetz, das der Bestätigung durch Volksentscheid bedarf. Dieser findet in den Ländern statt, aus deren Gebieten oder Gebietsteilen ein neues oder neu umgrenztes Bundesland gebildet werden soll. Weiterhin ist in den Absätzen 4 und 5 für bestimmte Fälle die Durchführung einer Volksbefragung vorgesehen ebenso wie zum anderen in Art. 118 GG für die bereits im Jahre 1951 durchgeführte Neugliederung der badischen und württembergischen Bundesländer. Die Besonderheit an allen diesen Abstimmungen ist, dass sie sich jeweils nur auf die Bürger der betroffenen Länder beziehen, nicht dagegen auf das Bundesvolk als ganzes. Das wirft die Frage auf, ob mit den in Art. 20 Abs. 2 S. 2 GG neben den Wahlen ausdrücklich genannten „Abstimmungen" tatsächlich nur die beiden im Grundgesetz geregelten Fälle gemeint sind oder ob – gerade vor dem Hintergrund der Agenda 21 – weitere Abstimmungen durch Art. 20 Abs. 1 S. 2 GG zumindest nicht ausgeschlossen sind. Damit verbunden ist die Frage, ob solche Abstimmungen dann durch den „einfachen" Bundesgesetzgeber ermöglicht werden könnten.

---

[397] Vgl. Stern, Staatsrecht I, § 18 I 4 c.

Befürworter der letztgenannten Ansicht führen für ihre Sichtweise in erster Linie das Wortlautargument an[398]. In der Tat lässt die gleichberechtigte Nennung von Wahlen und Abstimmungen in Art. 20 Abs. 2 S. 2 GG einerseits mühelos den Schluss zu, dass das Grundgesetz generell offen sei für Volksbegehren und -entscheide. Andererseits ist mit dem Sprachgebrauch aber auch eine Auslegung vereinbar, nach der Art. 20 Abs. 2 S. 2 GG nur einen Grundsatz formuliert, der für die konkreten Formen der Ausübung der Staatsgewalt jeweils konkrete Ermächtigungen und Regelungen in der Verfassung voraussetzt. Allein der Text gibt daher nichts her für die Frage, ob Volksabstimmungen nach dem Grundgesetz verboten sind, wenn sie dort nicht ausdrücklich vorgesehen sind[399].

Die historische Auslegung der Norm führt da schon zu eindeutigeren Ergebnissen. Ein dazu zunächst anzustellender Vergleich des Grundgesetzes mit der Weimarer Reichsverfassung macht deutlich, dass diese das Volk durch eine ganze Reihe von Regelungen an der unmittelbaren Ausübung der Staatsgewalt beteiligte. Diese basierten auf einer Art „Macht-Viereck" mit den Eckpfeilern Reichspräsident, Reichstag, Kabinett und Volk. Sie sollten so zusammenwirken, dass jeder von jedem abhängig war, wobei das Volk als Grundlage aller Staatsgewalt zur Korrektur politischer Fehlentscheidungen aufgerufen war[400]. Es hatte nicht nur den Reichstag (Art. 22 Abs. 1 WRV), sondern auch den mit erheblicher Gewalt ausgestatteten Reichspräsidenten zu` wählen (Art. 41 Abs. 1 WRV) und im Konflikt dieser obersten Staatsorgane zu entscheiden: Die Befugnis des Reichspräsidenten zur Auflösung des Reichstages (Art. 25 Abs. 1 WRV) erlaubte es ihm, in politischen Grundsatzentscheidungen gegen den Reichstag an das Volk zu appellieren und damit die Wahl des Reichstages mit Zügen plebiszitärer Sachentscheidung zu versehen. Umgekehrt konnte der Reichspräsident auf Antrag des Reichstages durch Volksabstimmung vorzeitig abgesetzt werden (Art. 43 Abs. 2 WRV). Darüber hinaus waren Volksbegehren mit unter Umständen nachfolgendem Volksentscheid bei Gesetzgebung (Art. 73 WRV) und Verfassungsänderung (Art. 76 WRV) möglich[401].

Bei den plebiszitären Verfahren der Weimarer Reichsverfassung lässt sich demnach differenzieren zwischen denjenigen, die Wahl und Abwahl von Staatsorganen – also Personalentscheidungen – betrafen, und denjenigen, die sich auf die Gesetzgebung bezogen, also auf Sachentscheidungen. Dabei wurden die Gesetzgebungsplebiszite insbesondere in den Jahren von 1926 bis 1929 entgegen ihrer ihnen zugedachten Funktion als Ergänzung zur repräsentativ-parlamentarischen Gesetzgebung von den Initiatoren als „Gegen-Gesetzgebung" zur Brechung des parlamentarischen Willens missbraucht und sollten den Parlamentarismus ad absurdum führen. Als Beispiel kann das im Jahre 1929 von rechtsgerichteten Kräften initiierte Plebiszit gegen den „Young-Plan" angeführt werden, der weitere Reparationen über 59 Jahre vorsah. Der entspre-

---

[398] Stein in: Alternativkommentar zum GG, Art. 20 Abs. 1-3, Rdnr. 39; Löwer in: v.Münch/ Kunig, GG, Art. 28 Rdnr. 19; Bleckmann, JZ 1978, 217.
[399] Ebsen, AöR 110 (1985), 2 (7).
[400] Strenge, ZRP 1994, 271 (272).
[401] Vgl. Krause in: HBStR II, § 39 Rdnr. 7.

chende Gesetzentwurf „gegen die Versklavung des deutschen Volkes" scheiterte zwar an dem erforderlichen Quorum; aber das „Young-Plan"-Plebiszit kann als das erste gegen die Weimarer Republik selbst gerichtete Verfahren in einer Reihe von plebiszitären Vorgängen betrachtet werden, die sich in den Jahren von 1930 bis 1933 in Gestalt von zahlreichen Wahl- und Abwahlplebisziten fortsetzte. Hier ist insbesondere die (Wieder-)Wahl des Reichspräsidenten von Hindenburg im Jahre 1932 zu nennen, dessen Sieg gegen Hitler nur ein letztes schwaches „Stabilitätszeichen" für die Weimarer Republik vor der Machtergreifung Hitlers war[402].

Der Präsidentschaftswahlkampf war aber nur eine der großen fünf Wahlschlachten, die in jener kurzen Zeit ausgetragen wurden. Bezeichnend für die Instabilität der Weimarer Republik ist der schnelle Wechsel der Regierungen: Zwischen 1919 und 1933 arbeiteten 20 Regierungen, davon 13 Minderheitenkabinette. Alle acht Reichstage wurden vom Reichspräsidenten vorzeitig aufgelöst. Insbesondere in den letzten Jahren kam es zu einer Wahlhäufung, die das Volk nicht verstand, nicht billigte und die – zusammen mit der Tatsache, dass letztlich kein Gesetz durch Plebiszit zustande gekommen ist – das Bild von der Weimarer Republik negativ färbt[403]. Während des Nationalsozialismus schließlich wurden die plebiszitären Elemente dazu missbraucht, die Identität des Volkes mit dem „Führer" zu bezeugen. Sie dienten nicht mehr dazu, politische Entscheidungen zu treffen, sondern bestätigten lediglich bereits vollzogene Maßnahmen der Regierung und waren ohne verbindliche, die Staatsführung bindende Kraft[404].

Vor allem diese negativen Erfahrungen mit den plebiszitären Elementen in der Weimarer Zeit und während des Nationalsozialismus wirkten bei den Beratungen über das Grundgesetz im Parlamentarischen Rat nach. Dort ist das Thema der Ausübung von Staatsgewalt durch Abstimmungen zwar mehrfach zur Sprache gekommen; letztlich scheiterten im Hauptausschuss jedoch drei Anträge auf Zulassung von Volksentscheiden[405]. Die ablehnende Haltung der Mehrheit des Parlamentarischen Rates gegenüber plebiszitären Elementen beruhte auch auf der Überzeugung, dass das für kleinräumige Demokratien historisch bewährte und begründete Institut des Volksbegehrens und Volksentscheides für das bevölkerungsreiche Deutschland nicht passe, das mit den Formen unmittelbarer Demokratie zu wenig positive Erfahrungen gesammelt hatte. Solche Formen drohten eine „Prämie auf Demagogie" zu geben, „weil eine komplizierte Sache in vereinfachter Darstellung an das Volk herangetragen" werde, und liefen den gesuchten Strukturen einer „in sich ruhenden Garantie der Stetigkeit" zuwider[406].

Das negative Bild der Weimarer Zeit hat also nicht nur die „Väter und Mütter" des Grundgesetzes beeinflusst, sondern wird bis heute auf das Plebiszit schlechthin und

---

[402] Vgl. Strenge, ZRP 1994, 271 (274 f).

[403] Strenge, ZRP 1994, 271 (274 f).

[404] Krause in: HBStR II, § 39 Rdnr. 10.

[405] Parlamentarischer Rat, Verhandlungen des Hauptausschusses, Stenographischer Bericht, S. 263 ff.

[406] So Theodor Heuss während der 22. Sitzung des Hauptausschusses in: Parlamentarischer Rat, Verhandlungen des Hauptausschusses, Stenographischer Bericht, S. 264.

insgesamt projiziert – zu Unrecht, wie vereinzelte Stimmen meinen. So wird darauf hingewiesen, dass zumindest die Wahl- und Abwahlplebiszite aus der Endphase der Weimarer Republik nicht ohne weiteres als negative Beispiele gegen eine Annahme von weiteren als den im Grundgesetz bislang ausdrücklich vorgesehenen Abstimmungen auf Bundesebene angeführt werden können: Nicht die Zulässigkeit weiterer plebiszitärer Elemente speziell in Form von Wahlen und Abwahlen stehe in aktuellen Diskussionen in Rede, sondern allein diejenige von Gesetzgebungsplebisziten. Die diesbezüglichen Gefahren aus der Weimarer Republik seien auf die Situation des Grundgesetzes jedoch nicht übertragbar, weil das für die gegenteilige Auffassung angeführte Argument der Häufigkeit von Wahlen und Abwahlen und der damit verbundenen Instabilität der Verhältnisse auf Gesetzgebungsplebiszite damals wie heute gerade nicht zutreffe. Für diese Sichtweise wird angeführt, dass das Grundgesetz auf größtmögliche Kontinuität des Parlaments und der Kanzlerschaft bedacht und daher eine Wahlhäufung wie in der Weimarer Zeit nicht möglich sei[407].

Dieser Auffassung ist allerdings entgegenzuhalten, dass sich der Parlamentarische Rat – wie aus den obigen Ausführungen ersichtlich – bewusst dagegen entschieden hat, weitere plebiszitäre Elemente in das Grundgesetz aufzunehmen oder diese generell zuzulassen. Die historische Auslegung des Grundgesetzes zu dieser Frage kann deshalb nur zu dem Ergebnis führen, dass seine „Väter und Mütter" die Ausübung der Staatsgewalt grundsätzlich Repräsentativorganen überlassen und unmittelbar demokratische Entscheidungen nur ausnahmsweise vorsehen wollten. Aus diesen Gründen spricht die Entstehungsgeschichte des Grundgesetzes eher gegen die generelle Zulassung von Abstimmungen allein aufgrund von Art. 20 Abs. 2 S. 2 GG[408].

Ein aussagekräftiges Ergebnis im Hinblick auf die hier zu untersuchende Frage nach der Zulässigkeit von Abstimmungen isoliert aus der weiterhin anzuwenden systematischen Auslegung zu erlangen, erscheint schwierig, denn das Grundgesetz behandelt das Thema der Ausübung der Staatsgewalt durch Abstimmungen nur an den drei schon erwähnten Stellen. Zu den systematischen Überlegungen sollten deshalb parallel teleologische Gesichtspunkte und diejenigen grundgesetzlichen Normen hinzugenommen werden, die sich zwar nicht unmittelbar mit Abstimmungen beschäftigen, die aber Aussagen über das Regierungssystem treffen und damit mittelbar Rückschlüsse auf den Stellenwert von Abstimmungen zulassen. Schon an anderer Stelle wurde dazu erwähnt, dass die grundgesetzlichen Regelungen über Wahlen, über die Bildung der Staatsorgane, über deren Kompetenzen und über die Vermittlung von deren Legitimität im Grundgesetz breiten Raum einnehmen (z.B. Art. 38 über die Wahlen zum Bundestag und die Stellung der Abgeordneten als Repräsentanten des Volkes, Art. 51 über die Zusammensetzung des Bundesrates oder die Art. 63 und 65 über die Wahl und die Kompetenzen des Bundeskanzlers und seiner Minister).

---

[407] Strenge, ZRP 1994, 271 (275).
[408] So die ganz herrschende Meinung, z.B. Ebsen, AöR 110 (1985), 2 (9 ff); Krause in: HBStR II, § 39 Rdnr. 11.

Wenn demnach einerseits Bildung, Kompetenzen und Aufgaben der staatlichen Repräsentativorgane und damit die Ausgestaltung der Herrschaftsausübung durch besondere Organe gemäß Art. 20 Abs. 2 S. 2 GG im Grundgesetz ausführlich und in sich verzweigt festgelegt sind, dann muss dies andererseits auch für die Ausübung der Staatsgewalt unmittelbar durch das Volk selbst gelten. Da dies – abgesehen von den Wahlen – für Abstimmungen konkret nur in den Art. 29 und 118 GG geschehen ist, sind Abstimmungen im Sinne von Art. 20 Abs. 2 S. 2 GG im übrigen nicht zulässig[409].

Diese Feststellung wird speziell für die Frage der Einführung von plebiszitären Elementen durch den einfachen Gesetzgeber bestätigt durch die grundgesetzlichen Regelungen über das Gesetzgebungsverfahren. Ein Volksbegehren ist eine Gesetzesinitiative, die nach Art. 76 Abs. 1 GG nur Mitgliedern des Bundestages, der Bundesregierung und des Bundesrates zukommt. Der Katalog ist abschließend, so dass seine Erweiterung zugunsten einer Volksinitiative auch deshalb der Verfassungsänderung bedürfte. Entsprechendes gilt für einen Gesetzesbeschluss durch Volksentscheid. Art. 77 i.V.m. Art. 78, 79, 113 GG regelt die Voraussetzungen für das Zustandekommen eines Gesetzes vollständig. Nur die nach den Vorschriften des Grundgesetzes zustande gekommenen Gesetze darf der Bundespräsident ausfertigen (Art. 82). Das verbietet es, das Inkrafttreten der Gesetze von einer Zustimmung anderer Staatsorgane, aber auch des Volkes abhängig zu machen, sofern das Grundgesetz dies nicht selbst ausdrücklich vorsieht[410].

An diesem Ergebnis vermag auch die Forderung der Agenda 21 nach mehr unmittelbarer Mitwirkung des Volkes an der politischen Willensbildung nichts zu ändern. Abstimmungen im Sinne von Volksbegehren und Volksentscheid (zu agenda-relevanten Themen) auf Bundesebene wären nur zulässig, wenn sie das Grundgesetz ausdrücklich vorsehen würde. Fraglich ist, ob dies parallel auch auf Länderebene und – im Hinblick auf die Umsetzung der Lokalen Agenda vor Ort – auf kommunaler Ebene gilt.

3. Plebiszitäre Elemente in den Ländern und Kommunen

Die Kommunen gehören im Staatsaufbau der Bundesrepublik Deutschland trotz dezentralisierter rechtlicher Verselbständigung zur Länderebene[411] und unterfallen daher dem Homogenitätsgebot des Art. 28 Abs. 1 S.1 GG. Danach muss die verfassungsmäßige Ordnung in den Ländern – und damit auch in den Kommunen als Bestandteil der Länder – den Grundsätzen des republikanischen, demokratischen und sozialen Rechtsstaates im Sinne des Grundgesetzes entsprechen. Das bedeutet zwar nicht, dass zwischen dem Bund und den Ländern vollkommene Konformität oder Uniformität herrschen muss, wohl aber ein gewisses Maß an Homogenität in den politischen und struk-

---

[409] Degenhart, Staatsrecht I, § 1 Rdnr. 10; Stern, Staatsrecht I, § 18 II 5 a; Herzog in: Maunz/Dürig/Herzog/Scholz, GG, Art. 20 II. Abschnitt Rdnr. 43 ff.
[410] Sommermann in: von Mangoldt/Klein/Starck, GG, Art. 20 Abs. 2 Rdnr. 156; Krause in: HBStR. II, § 39 Rdnr. 16; Stern, Staatsrecht II, § 25 II 1 b.
[411] BVerfGE 22, 180 (210); 39, 96 (109); 52, 95 (112).

turellen Grundentscheidungen. Normativ verbindlich sind dementsprechend die Grundsätze, die Art. 28 Abs. 1 S. 1 GG nennt[412].

Damit stellt sich im Hinblick auf die Forderung der Agenda 21 nach mehr Partizipation und direkter Bürgerbeteiligung die Frage, ob diese – im Gegensatz zur repräsentativen Ausrichtung des Grundgesetzes hinsichtlich der Bundesebene – in den Ländern und Kommunen rechtlich möglich bzw. schon verwirklicht und was dabei zu beachten ist. In der Tat sind in allen Landesverfassungen eine Reihe von plebiszitären Elementen wie Volksbegehren und Volksentscheid verankert[413]. So formuliert beispielsweise Art. 2 der nordrhein-westfälischen Verfassung, dass das Volk seinen Willen durch Wahl, Volksbegehren und Volksentscheid bekundet. Und in fast allen Bundesländern räumt das Kommunalrecht der Bürgerschaft die Möglichkeit ein, mit Hilfe von Bürgerbegehren und Bürgerentscheiden selbst über bestimmte kommunale Angelegenheiten zu entscheiden[414].

Solche plebiszitären Elemente könnten indessen dem Homogenitätsgebot widersprechen, wenn auch die Länder durch die in Art. 28 Abs. 1 S. 1 GG genannten „Grundsätze" auf die parlamentarisch-repräsentative Demokratie festgelegt sind, oder anders formuliert: Es gäbe keinen Widerspruch, wenn die Verpflichtung auf die Repräsentativverfassung in Art. 20 Abs. 2 GG gar kein „Grundsatz im Sinne dieses Grundgesetzes" wäre. Hierüber gehen die Meinungen zwar auseinander. Diejenigen, die in dem Merkmal der Repräsentation einen solchen Grundsatz sehen, erkennen zwischen dem Homogenitätserfordernis einer strikten Repräsentativverfassung und der normativen Lage in den Landesverfassungen folgerichtig eine gewisse Diskrepanz, ohne diese allerdings aufzulösen oder die Zulässigkeit der landesverfassungsrechtlichen Regelungen in Frage zu stellen[415]. Andere sehen kein Konkordanzproblem, da der Wortlaut des Art. 20 Abs. 2 S. 2 GG („Wahlen und Abstimmungen") auch eine Deutung im Sinne einer Offenheit für plebiszitäre Verfahren zulasse und jedenfalls der einfache Gesetzgeber neben den schon vorgesehenen Abstimmungen nach Art. 29 und 118 GG weitere direktdemokratische Strukturen einführen könnte[416].

Im Ergebnis besteht jedoch größtenteils Einigkeit über die Auslegung der Homogenitätsvorschrift des Art. 28 Abs. 1 S. 1 GG dahingehend, dass sie für die Länder und Gemeinden lediglich die Regel des repräsentativen Systems festschreibt, Ausnahmen auf der Ebene des Landesrechts aber möglich und zulässig sind. Die konkrete Ausgestaltung dieser Ausnahmen bleibt dabei den Ländern überlassen. Ihnen wird ein föderativer Freiraum eingeräumt, der nicht nur eine „bloße" Übernahme der repräsentativen Strukturen des Grundgesetzes zulässt, sondern in den Grenzen des Art. 28 Abs. 1 S. 1 GG im Sinne eines föderativen Ansatzes auch die stärkere Betonung plebiszitärer Elemente erlaubt. Aus diesem Grund kann das Landesrecht sowohl für die Landesebene

---

[412] Pieroth in: Jarass/Pieroth, GG, Art. 28 Rdnr. 1; Schmidt-Bleibtreu/Klein, GG, Art. 28 Rdnr. 1 b.
[413] Vgl. den Überblick bei Hartmann, DVBl. 2001, 776 (ebenda, Fußnote 9).
[414] Vgl. den Überblick bei Hartmann, DVBl. 2001, 776 (777, Fußnote 10).
[415] Herzog in: Maunz/Dürig/Herzog/Scholz, GG, Art. 20 Abschnitt II Rdnr. 44, 93, 97.
[416] Löwer in: von Münch/Kunig, GG, Art. 28 Rdnr. 19; vgl. dazu oben unter Ziffer 1. c).

als auch für die Kommunen direkt-demokratische Mitwirkungsmöglichkeiten wie Volksbegehren und Volksentscheid sowie Bürgerbegehren und Bürgerentscheid vorsehen[417].

a) Verfassungslage in den Ländern

Alle Landesverfassungen enthalten plebiszitäre Entscheidungsmöglichkeiten in unterschiedlich weitem Umfang. Volksbegehren können auf den Erlass, die Änderung oder Aufhebung einfachen Landesrechts, des Landesverfassungsrechts und auf eine Parlamentsauflösung gerichtet sein. Das Verfahren nach einem Volksbegehren ist unterschiedlich geregelt. Allgemein führt die Gesetzesinitiative des Volkes nicht zu einem sofortigen Volksentscheid am Parlament vorbei, sondern richtet sich zunächst an dieses. Gleiches gilt für die Verfassungsinitiative des Volkes. Das Volksbegehren wird erst dann zum Volksbescheid gestellt, wenn das Parlament dem Begehren nicht oder nicht unverändert zustimmt. Er ist dann in der Regel obligatorisch. In einigen Ländern kann das Parlament dem Volk mit dem auf der Volksinitiative beruhenden Gesetzentwurf einen eigenen vorlegen. Außerdem finden sich Vorschriften, wonach der dem Volk vorgelegte Gesetzentwurf mit einer Stellungnahme der Landesregierung zu begleiten ist, die sowohl die Begründung der Antragsteller als auch die Auffassung der Landesregierung über den Gesetzentwurf kurz und bündig darlegt[418].

Regelmäßig sind bestimmte Themen allerdings einer Entscheidung durch das Volk von vornherein entzogen. Von besonderer Bedeutung sind dabei die finanzwirksamen Gebiete, die die Landesverfassungen in unterschiedlichen Formulierungen der Entscheidung durch das Parlament vorbehalten. Während einzelne Verfassungen das „Staatshaushaltsgesetz" (Art. 60 Abs. 6 Verf. BW) bzw. den „Haushaltsplan" (z.B. Art. 124 Abs. 1 Verf. Hess.) ausnehmen, erklären andere den Volksentscheid über den „Staatshaushalt" (Art. 73 Verf. Bay.) bzw. den „Landeshaushalt" (z.B. Art. 48 Abs. 1 Verf. Nds.), „Haushaltsangelegenheiten" (Art. 50 Abs. 1 Verf. Hamb.) oder „Haushaltsgesetze" (z.B. Art. 73 Abs. 1 Verf. Sachs.) für unzulässig. Teilweise werden „finanzwirksame Gesetze" (Art. 99 Abs. 1 Verf. Saarl.) bzw. „Finanzfragen" (z.B. Art. 68 Abs. 1 Verf. NRW) ausgeschlossen.

Fraglich ist, ob diese so genannten Finanzausschlussklauseln von der Forderung der Agenda 21 nach mehr direkter Bürgerbeteiligung betroffen sein könnten. Könnte diese möglicherweise dadurch umgesetzt werden, dass über alle ökologischen, ökonomischen und sozialen Maßnahmen, die zwangsläufig auch finanzielle Ausgaben nach sich ziehen, zukünftig das Landesvolk unmittelbar entscheidet? Um dies zu klären, sollte vorab der Sinn und Zweck der zwar unterschiedlich formulierten, letztlich aber doch in dieselbe Richtung zielenden Klauseln ermittelt werden.

---

[417] BVerfGE 60, 175 (208); Herzog in: Maunz/Dürig/Herzog, GG, Art. 28 Rdnr. 34; Muckel, NVwZ 1997, 223 (227); Streinz, Verw 16, 293 (301); Schliesky, ZG 1999, 91 (95).
[418] Krause in: HBStR II, § 39 Rdnr. 21 f.

Finanzwirksame Maßnahmen sollen weitgehend dem parlamentarischen Gesetzgeber zugewiesen sein, weil allein dieser alle Einnahmen und notwendigen Ausgaben insgesamt im Blick hat, diese unter Beachtung der haushaltsrechtlichen Vorgaben der Verfassung und des Vorbehalts des Möglichen sowie eines von ihm demokratisch zu verantwortenden Gesamtkonzeptes in eine sachgerechte Relation zueinander setzen kann und für den Ausgleich von Einnahmen und Ausgaben sorgen muss[419]. Das Bundesverfassungsgericht hat noch im Juli 2000 entschieden[420], dass finanzwirksame Maßnahmen, die gewichtige staatliche Einnahmen und Ausgaben auslösen und damit den Haushalt eines Landes wesentlich beeinflussen, vom Parlament entschieden werden müssen, da nur auf diese Weise dessen Budgethoheit sowie die Leistungsfähigkeit des Staates und seiner Verwaltung gesichert werden können. Haushaltswirksame Entscheidungen seien von komplexer Natur und durch zahlreiche, kaum veränderbare Eckwerte wie Personalkosten, außerbudgetäre Gesetze und vertragliche Bindungen (Stichwort Staatsverschuldung) vorbestimmt, so dass sie durch ein plebiszitäres „Ja" oder „Nein" nicht umfassend und sachgerecht erfasst, abgewogen und entschieden werden können.

Mit dem zitierten Beschluss hat das Bundesverfassungsgericht für die Verfassungsrechtslage in Schleswig-Holstein ebenso entschieden, wie es die Verfassungsgerichte von Bayern[421], Nordrhein-Westfalen[422] und Bremen[423] für ihre Länder schon vor ihm und der Verfassungsgerichtshof Sachsen[424] danach getan haben. Auch nach diesen Entscheidungen sind vom Volk eingebrachte Gesetzesentwürfe zu Finanzfragen unzulässig, wenn sie Einnahmen oder Ausgaben vorsehen, die den Gesamtbestand des Haushalts wesentlich beeinflussen, damit das Gleichgewicht des gesamten Haushalts stören, zu einer Neuordnung des Gesamtgefüges zwingen und zu einer wesentlichen Beeinträchtigung des Budgetrechts des Parlaments führen.

Vor diesem Hintergrund muss es auch im Hinblick auf die Forderung der Agenda 21 nach mehr direkter Teilhabe des Volkes an der politischen Willenbildung bei dem Ausschluss von plebiszitären Entscheidungen über finanzwirksame Maßnahmen verbleiben.

b)   Kommunale Situation

Es hat sich gezeigt, dass sich auch nach dem Demokratieprinzip des Grundgesetzes Elemente unmittelbarer und repräsentativer Demokratie miteinander vereinbaren lassen. Dies belegt als Indiz auch Art. 28 Abs. 1 S. 4 GG. Danach kann in Gemeinden an die Stelle einer gewählten Körperschaft die Gemeindeversammlung treten. Diese

---

[419] Birk/Wernsmann, DVBl 2000, 669 (671).
[420] BVerfGE 102, 176.
[421] BayVerfGH, DVBl. 1995, 419.
[422] NWVerfGH, NVwZ 1982, 188.
[423] BremStGH, NVwZ 1998, 388.
[424] VerfGH Sachsen, Urteil vom 11.07.2002, Az.: Vf 91-VI-01 (www.jurisweb.de).

Norm rückt für (Kleinst-)Gemeinden aus Praktikabilitätsgründen die direkte Herrschaftsausübung durch das zahlenmäßig überschaubare „Gemeindevolk" in den Vordergrund und verzichtet für diesen einen Fall auf das sonst in Art. 28 Abs. 1 S. 2 GG vorgeschriebene Repräsentativorgan in Gestalt einer Vertretungskörperschaft[425].

Das für alle übrigen Fälle in Art. 28 Abs. 1 S. 2 GG statuierte Erfordernis einer Vertretungskörperschaft setzt der dem Grunde nach zulässigen Einführung plebiszitärer Elemente auf Landes- und kommunaler Ebene und insbesondere ihrer konkreten Ausgestaltung wieder Grenzen. Denn danach muss das Volk nicht nur in den Ländern, sondern auch in Kreisen und Gemeinden eine Vertretung haben, die aus allgemeinen, unmittelbaren, freien, gleichen und geheimen Wahlen hervorgegangen ist. Daraus folgt nicht allein die Garantie der Wahl der Repräsentativorgane durch das Volk nach den genannten Grundsätzen, sondern auch und vor allen Dingen – insofern in Ergänzung zum Homogenitätsgebot des Art. 28 Abs. 1 S. 1 GG – die bundesverfassungsrechtliche Verankerung des Repräsentativsystems für die Ebene der Länder und Gemeinden. Direkte Beteiligungsmöglichkeiten der Bevölkerung dürfen die repräsentativen Strukturen demnach lediglich ergänzen, aber weder aushöhlen noch ersetzen[426].

Mit der grundgesetzlich gewährleisteten Existenz einer aus Wahlen hervorgegangenen Vertretungskörperschaft in der Gemeinde finden sich über Art. 28 Abs. 1 S. 2 GG auch auf kommunaler Ebene zum einen die in Art. 20 Abs. 2 S. 2 GG vorgegebenen Herrschafts- und Legitimationsstrukturen wieder; zum anderen ist mit ihr eine Garantie substanzieller Aufgabenzuweisung an dieses Repräsentativorgan verbunden. Die erste Feststellung besagt, dass – trotz der nur eingeschränkten Vergleichbarkeit von staatlichen und kommunalen Verhältnissen – auch auf Gemeindeebene die Herrschaftsgewalt durch „besondere Organe" ausgeübt wird, die selbst und deren Maßnahmen durch einen Willensakt des „Gemeindevolkes" legitimiert sein müssen. Die zweite Aussage bedeutet, dass die wesentlichen Entscheidungen von diesen Repräsentativorganen getroffen werden müssen[427].

Beide Erfordernisse stellen sicher, dass die grundsätzlich zulässigen plebiszitären Elemente die verfassungsrechtlich gebotene Funktionsfähigkeit der repräsentativen Strukturen nicht aushöhlen oder verdrängen. Denn die Übertragung und Verteilung der Herrschaftsgewalt auf verschiedene „besondere Organe" zielt auch darauf ab, dass staatliche bzw. kommunale Entscheidungen möglichst effizient und sachgerecht, d.h. von den Organen getroffen und ausgeführt werden, die dafür nach ihrer Organisation, Zusammensetzung, Funktion und Verfahrensweise über die besten Voraussetzungen verfügen. So existieren auch die Gemeindeorgane als Teil der vollziehenden Gewalt nicht um ihrer selbst willen, sondern zur möglichst reibungslosen und gemeinwohlorientierten Aufgabenerfüllung[428].

---

[425] Schliesky, ZG 1999, 91 (94).
[426] Streinz, Verw 16, 293 (299 ff).
[427] Böckenförde in: HBStR I, § 22 Rdnr. 32; Schmitt Glaeser, DÖV 1998, 824 (828).
[428] Schliesky, ZG 1999, 91 (100, 103 f).

Dazu gehört für die Vertretungskörperschaft Gemeinde- bzw. Stadtrat auch und insbesondere, dass er die verschiedenen Meinungen und Strömungen innerhalb des „Gemeindevolkes", das er repräsentiert, in seinen Meinungsbildungs- und Entscheidungsprozess aufnimmt und berücksichtigt. Nach Abwägung der unterschiedlichen Interessen im Rahmen der dafür vom Kommunalrecht und anderen Rechtsgebieten vorgesehenen Verfahren muss oder sollte am Ende dieses Prozesses eine (Mehrheits-)Entscheidung der Repräsentanten stehen, mit der sich zumindest eine Mehrheit der Repräsentierten identifizieren kann. Die Wahrung des Gemeinwohls durch den Rat umfasst demnach auch, dass durch seine Entscheidungen die gleiche oder jedenfalls die adäquate Gewichtung unterschiedlicher politischer Meinungen und gleiche Chancen politischer Einflussnahme gewährleistet sind[429].

Das Mehrheitsprinzip unter Berücksichtigung der Interessen der Minderheit und die entsprechende effiziente und funktionsfähige Meinungs- und Entscheidungsfindung in dafür gesetzlich vorgeschriebenen Verfahren gehören folglich auch auf kommunaler Ebene zu den Kernbestandteilen des dortigen, durch die Vorgaben der Art. 28 Abs. 1 S. 1, 2, Art. 20 Abs. 2 S. 2 GG und das Kommunalverfassungsrecht abgesteckten Systems. Diese sind also auch bei der Frage nach der Ausgestaltung plebiszitärer Elemente zu wahren.

4. Der Konsultationsprozess

Nachdem die grundlegenden Voraussetzungen für die Zulässigkeit unmittelbarer Beteiligungsmöglichkeiten auf Landes- und insbesondere Gemeindeebene feststehen, stellt sich die Frage, wie der von der Agenda 21 in Kapitel 28 geforderte Konsultationsprozess zwischen Kommunalverwaltung und Bürgerschaft unter dem Gesichtspunkt von mehr direkter Mitwirkung der Bevölkerung an kommunalen Entscheidungen ausgestaltet und in das System der schon vorhandenen Instrumentarien eingepasst werden kann.

Während sich auf Bundesebene mehr direktdemokratische Elemente rechtlich mit dem Argument der repräsentativen Ausrichtung des Grundgesetzes und tatsächlich mit der zahlenmäßigen und strukturellen Komplexität einer modernen Massendemokratie ablehnen lassen, gewinnt auf kommunaler Ebene neben der oben aufgezeigten grundsätzlichen rechtlichen Zulässigkeit weitergehender direkter Beteiligungsmöglichkeiten der Gedanke der tatsächlichen Praktikabilität der Herrschaftsausübung unmittelbar durch das „Gemeindevolk" an Bedeutung. In den Kommunen sind sowohl die Zahl der Betroffenen als auch die Zusammenhänge örtlicher Themenfelder überschaubarer. Die Verwurzelung der Bürgerschaft in einer Region, die gleiche räumliche Vorstellung von Problembereichen, die Kenntnis der lokalen Situation und die Identifikation mit

---

[429] Böckenförde in: HBStR I, § 22 Rdnr. 52; Schliesky, ZG 1999, 91 (96).

dem direkten Umfeld erleichtern direkte Demokratie in Form von unmittelbaren Entscheidungen aller über sämtliche Fragen der örtlichen Gemeinschaft[430].

a) Lokale Agenda und repräsentative Strukturen

Vor diesem Hintergrund ist es mehr als nachvollziehbar, dass sich die Agenda 21 mit ihrer Forderung nach einem Konsultationsprozess zwischen Staat bzw. Gemeinde auf der einen und Gesellschaft bzw. Bürgerschaft auf der anderen Seite gerade an die Kommunen wendet. Hier stellt die beschriebene Nähe zwischen zu entscheidenden Themen und Entscheidungsträgern (im Sinne das gesamten „Gemeindevolkes" selbst) eine Dialogbasis für die überschaubare Zahl der Beteiligten dar, die dazwischen geschaltete Repräsentativorgane – konkret den Rat – überflüssig zu machen scheint. Dieser Eindruck bestätigt sich, wenn man die einschlägige Passage aus Kapitel 28 der Agenda 21 wörtlich nimmt: Danach sollen explizit die Kommunalverwaltungen in einen Dialog mit der Bevölkerung und örtlichen Organisationen eintreten und eine kommunale Agenda 21 beschließen. Außen vor scheint dabei der Rat als das gewählte Vertretungsorgan zu bleiben. Dieser wird nicht ausdrücklich genannt. Obwohl er nach den Gemeindeordnungen für alle Angelegenheiten der Gemeindeverwaltung zuständig ist, scheint die Erstarkung der Bürgerpartizipation nach der Idee der Agenda 21 mit einem Aufgaben- und Machtverlust für die Kommunalpolitiker einherzugehen. Wenn die Bürgerschaft einschließlich der verschiedenen gesellschaftlichen Gruppierungen ihre Vorstellungen über die zukünftige Entwicklung der Kommune diskutiert und in ein gemeinsam beschlossenes Leitbild „gegossen" hat, scheint dieser Beschluss über die Lokale Agenda eine parallele Entscheidung des Rates zu dieser Thematik entbehrlich zu machen.

Ein solches Verständnis der Anliegen der Agenda 21 ist indessen nicht angezeigt. Es widerspricht bereits den oben herausgearbeiteten verfassungsrechtlichen Vorgaben, nach denen es in den Gemeinden eine gewählte Vertretungskörperschaft geben muss, der substantielle Entscheidungsbefugnisse von hinreichendem Gewicht verbleiben müssen. Auch nach den Ideen der Agenda 21 kann es deshalb nicht darum gehen, die Bürgerbeteiligung an die Stelle der Entscheidungen der gewählten Gremien zu setzen. Vielmehr müssen auch weiterhin die grundlegenden Leitentscheidungen – und um solche handelt es sich im Rahmen der Erstellung einer Lokalen Agenda als umfassendes Leitbild für die zukünftige Entwicklung der Gemeinde – durch das gewählte Repräsentativorgan verbindlich getroffen werden[431]. Ebenso deuten die vom Rio-Dokument verwendeten Begriffe der Partizipation und der Konsultation darauf hin, dass es dabei um ergänzende Teilhabe und Mitwirkung der Öffentlichkeit an der Entscheidungsfindung in den dafür vorgesehenen Verfahren und Strukturen geht. Nur auf diese Weise kann die Umsetzung der Agenda 21 in den Kommunen auch der weiteren verfassungs-

---

[430] Müller-Christ, Gestaltung eines beteiligungsorientierten Agendaprozesses, S. 144.
[431] Reschl, Lokale Agenda 21 – Bürgerbeteiligung versus Gemeinderat?, S. 183.

rechtlichen Vorgabe einer geordneten, funktionsfähigen und gemeinwohlorientierten Aufgabenerfüllung durch die Verwaltung gerecht werden.

Diese Erfordernisse schließen allerdings zum einen nicht aus, dass sich vor der letzt-verbindlichen Entscheidung durch den Rat „vor- oder außerrechtliche" Formen der Partizipation im Sinne von nichtinstitutionalisierten, offenen Beteiligungsverfahren etablieren. Nach den Vorstellungen des Rio-Dokumentes sollen die Kommunalverwaltungen, die Bürgerschaft und örtliche Organisationen in einen gemeinsamen Dialog miteinander eintreten. Hierzu haben sich in der Praxis – im Rahmen der Umfragen bereits belegt – zahlreiche und vielfältige Formen wie Runde Tische, Foren, Zukunftswerkstätten, Zukunftskonferenzen oder Planungszellen herausgebildet. Diese Beteiligungsmöglichkeiten sind im Detail zwar unterschiedlich ausgestaltet, zielen im Prinzip aber alle darauf ab, möglichst viele Akteure aus unterschiedlichen gesellschaftlichen Bereichen zusammenzubringen, damit diese ihre Vorstellungen über die zukünftige Entwicklung ihres gemeinsamen Umfeldes in einem offenen Diskurs formulieren[432].

Zum anderen geben diese Partizipationsformen Auskunft über die Art und Weise der Ausgestaltung des von der Agenda 21 geforderten Konsultationsprozesses. Dabei handelt es sich nicht um ein institutionalisiertes Verfahren wie beispielsweise im Rahmen der Bauleitplanung. Dort werden einzelne unmittelbar Betroffene in einem formalisierten Beteiligungsverfahren an einer bestimmten Stelle in die Entscheidungsfindung einbezogen, bei der es um einen begrenzten gemeindlichen Themenausschnitt (Bebauungsplan für einen bestimmten Bereich des Gemeindegebietes) geht. Bei einem Agenda- Konsultationsprozess stehen demgegenüber die Beteiligung vieler örtlicher Akteure aus unterschiedlichen Bereichen und die Entwicklung eines umfassenden Vorstellungsbildes über die Zukunft der Kommune im Vordergrund. Während herkömmliche Beteiligungsprozesse eher auf die Lösung eines konkreten Problems einzelner Betroffener zielen, steht am Ende eines Konsultationsprozesses ein möglichst gruppenübergreifender Konsens über ein häufig noch abstrakt gehaltenes Konzept[433].

Ein solches Konzept bezeichnet die Agenda 21 als Leitbild, das es für das 21. Jahrhundert zu erarbeiten gilt. Dieses Leitbild hat zunächst noch nicht unbedingt konkrete Maßnahmen und Lösungen zum Gegenstand. Vielmehr soll es den künftigen kommunalen Entscheidungen den Orientierungsrahmen dafür geben, wie – im Idealfall – „die" Bürgerschaft sich eine ökologische, ökonomische und sozial-kulturelle Entwicklung ihres Lebensraumes vorstellt. Damit geht es zunächst weniger um eine direkte Mitwirkung an konkreten, unmittelbar anstehenden Einzelfallentscheidungen. Vielmehr sollen im Konsens erst Prämissen für zukünftige Entscheidungen festgelegt werden. In diese Richtung zielt wohl auch die im Rio-Dokument in Kapitel 28 selbst vorgefundene Formulierung, nach der „kommunalpolitische Programme, Leitlinien, Gesetze und sonstige Vorschriften zur Verwirklichung der Ziele der Agenda 21 auf der

---

[432] Vgl. agenda-transfer, Agenda-Tops, Methoden der BürgerInnen-Beteiligung.
[433] Müller-Christ, Die Gestaltung eines beteiligungsorientierten Agendaprozesses, S. 144.

Grundlage der verabschiedeten kommunalen Programme bewertet und modifiziert" werden sollen[434].

Hierbei muss im Sinne der Agenda 21 allerdings durch Einbettung und Verankerung des Agenda-Prozesses in die vorhandenen und gesetzlich vorgeschriebenen Strukturen darauf geachtet werden, dass dieser nicht neben den herkömmlichen Entscheidungsabläufen in einer end- und ergebnislosen Diskussionsrunde ausufert, die womöglich nur unverbindliche Visionen ohne konkrete Umsetzungsmöglichkeiten und damit ohne Bestand beschließt. Denn in diesem Fall würde die Agenda ihr ureigenstes Ziel – die Verwirklichung von Nachhaltigkeit im Sinne von Zukunftsbeständigkeit – nicht erreichen können. Die Überlegungen und Vorstellungen der Agenda-Aktiven würden vielmehr folgenlos „verpuffen" und könnten keine „nachhaltige" (in Zukunft Bestandhabende) Wirkung entfalten. Soll demgegenüber die Umsetzung des abstrakten Programms in konkrete rechtsverbindliche Maßnahmen langfristig sichergestellt werden, muss dies – auch und gerade im Hinblick auf die verfassungsrechtlichen Vorgaben – durch die dafür vorgesehenen Gemeindeorgane in den dafür vorgeschriebenen Verfahren geschehen[435].

Dazu sollten Rat und Verwaltung die Diskussionsergebnisse des Konsultationsprozesses aus den offenen Partizipationsgremien, also den Runden Tischen, den Foren und den weiter oben genannten Zusammenschlüssen (teilweise sind in diesen Gruppen ohnehin Verwaltungsmitarbeiter und Ratsmitglieder vertreten) bündeln und auf der Grundlage des gemeinsam entwickelten Aktionsprogramms in konkrete politische Handlungsaufträge und rechtlich verbindliche Maßnahmen umsetzen[436]. Das kann dann so aussehen, dass die Verwaltung entsprechende Sitzungsvorlagen für die zuständigen Fachausschüsse und den Rat erstellt, die diese Gremien dann unter Abwägung aller Interessen und Wahrung der Gemeinwohlorientierung – hierbei kommen wieder die zu beachtenden Grundsätze des Mehrheitsprinzips und des effektiven Verfahrensablaufs zum Tragen – beschließen. Am Ende des Prozesses stehen damit konkrete Ratsbeschlüsse, Bebauungspläne oder andere Satzungen, in denen sich die Vorstellungen der am Konsultationsprozess Beteiligten zur nachhaltigen Entwicklung „ihrer" Kommune wiederfinden sollten. Auf diese Weise lässt sich „die" Lokale Agenda als zunächst abstraktes Aktionsprogramm und Leitbild schrittweise in konkrete rechtsverbindliche Maßnahmen umsetzen.

b)   Lokale Agenda und plebiszitäre Elemente

Daneben stehen den Agenda-Aktiven selbstverständlich auch die in Ergänzung zu den repräsentativen Strukturen in die Gemeindeordnungen fast aller Bundesländer eingefügten Instrumentarien der direkten Bürgerbeteiligung zur Verfügung. Nach ihrer Auf-

---

[434] BMU, Umweltpolitik, Agenda 21, S. 231.
[435] Klotz, Kommunalpolitik und Lokale Agenda 21 aus der Sicht der politischen Verwaltung, S. 12.
[436] Klotz, Kommunalpolitik und Lokale Agenda 21 aus der Sicht der politischen Verwaltung, S. 12.

nahme in das Kommunalrecht gehören Bürgerbegehren und Bürgerentscheid zu den institutionell geregelten Formen der Mitwirkung an kommunalpolitischen Sachentscheidungen. Von anderen, nicht-formalisierten Artikulations- und Initiativrechten unterscheidet sich das Bürgerbegehren durch die verbindliche Festlegung des Kreises der partizipationsberechtigten Personen sowie der Voraussetzungen, des Ablaufs und des Ergebnisses des Partizipationsverfahrens.

Die entsprechenden Vorschriften binden einerseits die „Begehrenden" an bestimmte formale und materielle Regeln und verpflichten andererseits die Vertretungskörperschaft dazu, sich mit den artikulierten Forderungen (erneut) zu beschäftigen. Bürgerbegehren und Bürgerentscheid dienen demnach dazu, aus Sicht der Bürgerschaft problematische kommunale Themen auf die politische Tagesordnung zu setzen oder sie von ihr zu streichen. Die erste Alternative (also ein Thema auf die Tagesordnung setzen) betrifft vorwiegend Bürgerbegehren, die die Verwaltung zu einer bestimmten Maßnahme veranlassen sollen. Die zweite Alternative (also ein Thema von der Tagesordnung streichen) bezieht sich in erster Linie auf Bürgerentscheide, die einen schon gefassten Ratsbeschluss „kassieren" (vgl. dazu z.B. § 26 Abs. 3 GO NRW)[437].

Trotz einzelner Unterschiede und Abweichungen im Detail weist das in den meisten Bundesländern vorgesehene „Standardverfahren" folgende Merkmale auf: Das Begehren zu einer bestimmten Frage ist schriftlich einzubringen und mit einer Begründung sowie einem Finanzierungsplan zu versehen. Ein bestimmter Prozentanteil der Stimmberechtigten (in der Regel zwischen 10 und 15 %) muss den Antrag mit seinen Unterschriften unterstützen. Bestimmte Angelegenheiten sind durch einen Negativkatalog vom Begehren ausgeschlossen. Die Gemeindevertretung prüft die Zulässigkeit des Antrages; zulässige Bürgerbegehren münden in Bürgerentscheide ein, sofern der Rat nicht entsprechend dem Antrag entscheidet. Bei dem Entscheid beträgt das erforderliche Zustimmungsquorum meist zwischen 20 und 30 %[438].

Die einzelnen Einschränkungen gegenüber einem weniger restriktiven Plebiszit dienen dazu, die direktdemokratischen Regelungen in das Kommunalverfassungsrecht so einzupassen, dass die grundgesetzlich statuierten Grundstrukturen des repräsentativen Systems funktionsfähig erhalten und nicht ausgehöhlt werden. Durch den Negativkatalog beispielsweise wird gewährleistet, dass dem gewählten Repräsentativorgan als verfassungsrechtlich garantierter Institution substantielle Entscheidungsbefugnisse von hinreichendem Gewicht verbleiben[439]. Die Quoren stellen das Mehrheitsprinzip und den Minderheitenschutz sicher. Wenn einerseits die Minderheit die in einer Demokratie garantierte und dazu realistische Chance haben soll, ihre Vorstellungen aufgrund eines sachlichen Diskurses zur Mehrheitsmeinung machen zu können, dürfen die Quoren für das Bürgerbegehren als Initiativantrag und für den Bürgerentscheid, der – mit

---

[437] Gabriel, ZG 1999, 299 (303 f).
[438] Gabriel, ZG 1999, 299 (304).
[439] Schmitt Glaeser, DÖV 1998, 824 (828).

derselben Rechtsqualität wie ein Ratsbeschluss ausgestattet – an dessen Stelle tritt, nicht so hoch sein, dass realistischerweise eine Mehrheit niemals zu erhalten ist[440].

Wenn andererseits die kommunale Verwaltungstätigkeit am Gemeinwohl orientiert sein muss und dies eine Abwägung unterschiedlicher Interessen erfordert, dürfen zu niedrige Quoren nicht dazu führen, dass eine besonders aktive Minderheit ihre einseitigen Interessen und möglicherweise rein eigennützigen Vorstellungen der nicht von der Thematik direkt betroffenen Mehrheit aufdrängt[441]. Nur durch angemessene Quoren kann zudem verhindert werden, dass die Bürgerschaft andauernd zu Abstimmungen „getrieben" wird, um die Verwirklichung von Ideen von Minderheiten zu verhindern[442]. Bei häufigen Bürgerentscheiden bestünde ansonsten die Gefahr, dass die Mehrheit der Bürgerschaft in ihrer Bereitschaft, aber auch in ihren Möglichkeiten zu aktiver politischer Tätigkeit überfordert und die Minderheit so gegen oder jedenfalls ohne den Willen der Mehrheit möglicherweise egoistische Sonderinteressen durchsetzen würde[443].

Hiermit ist ein generelles Problem angesprochen. Ein Großteil der Bevölkerung will sich offenbar gar nicht aktiv an politischen Entscheidungsfindungsprozessen beteiligen und / oder ist uninteressiert. Nicht nur der in der letzten Zeit zu beobachtende Rückgang der Wahlbeteiligung und die Erfahrungen mit Bürgerbegehren und Bürgerentscheid belegen dieses Phänomen. So wurden seit der Einführung der ersten direktdemokratischen Instrumentarien in Baden-Württemberg im Jahre 1956 bis zum Jahre 1999, seit dem es in allen 13 Flächenstaaten der Bundesrepublik entsprechende Regelungen gibt, erst 1.477 Bürgerbegehren durchgeführt. Bei insgesamt etwa 15.000 kommunalen Gebietskörperschaften ist dies eine sehr kleine Zahl[444].

Neben diesen Daten lässt sich auch aus den durchgeführten und analysierten Umfragen ablesen, dass eine Motivation der breiten Bürgerschaft zur Teilnahme an Agenda-Prozessen ebenso schwerlich zu erreichen ist. Die konkreten Probleme des geplanten Neubaus einer Straße am eigenen Grundstück vorbei oder der Schließung eines Kindergartens liegen gerade den unmittelbar von diesen Maßnahmen Betroffenen dann doch näher als die meist abstrakte Diskussion über Leitbilder und die nachhaltige Entwicklung der gesamten Kommune. Gerade aus diesem Grunde rangieren die Themen Öffentlichkeitsarbeit und Bürgerbeteiligung in der Liste der Schwerpunkte und Schwierigkeiten bei der Agenda-Arbeit überwiegend weit oben, weil hier viel Energie investiert und noch viel erreicht werden muss.

Die vorhandenen plebiszitären Elemente in den Gemeindeordnungen stellen Instrumentarien dar, die zur Umsetzung der Agenda 21 vor Ort durch Erstellung einer Lokalen Agenda nur bedingt geeignet sind. Während Bürgerbegehren und Bürgerentscheid

---

[440] Schliesky, ZG 1999, 91 (97).
[441] Reschl, Lokale Agenda 21 – Bürgerbeteiligung versus Gemeinderat?, S. 183.
[442] Muckel, NVwZ 1997, 223 (227).
[443] Streinz, Verw 16, 293 (303 f).
[444] Vgl. Gabriel, ZG 1999, 299 (308 f).

die formalisierte, punktuelle Mitwirkung an konkreten Einzelfallentscheidungen betreffen, stehen bei der Lokalen Agenda eher offene Beteiligungsprozesse und langfristig angelegte Diskussionen über zunächst noch recht abstrakte Konzepte im Vordergrund. Erst in der Phase der Umsetzung des Leitbildes in konkrete Maßnahmen können Bürgerbegehren und Bürgerentscheid wieder wertvolle Hilfestellungen bieten, wenn sich der Rat entweder noch nicht mit einer Maßnahme befasst hat, die es aus Sicht der Agenda-Aktiven als Ausfluss des lokalen Aktionsprogramms umzusetzen gilt, oder die Vertretungskörperschaft schon eine Maßnahme beschlossen hat, die sich nicht an Nachhaltigkeitskriterien orientiert. Insbesondere in diesem Stadium kann der Agenda-Prozess sich demnach auch die institutionalisierten direkt-demokratischen Beteiligungsmöglichkeiten zu Nutze machen und im Sinne der Agenda 21 möglichst viele Adressaten für seine Anliegen ansprechen oder anzusprechen versuchen[445].

Insgesamt zeigt sich, dass die Agenda 21 in den Kommunen die besten Umsetzungschancen hat, wenn sie einerseits neue Formen der (offenen) Partizipation etabliert und auf diese Weise Menschen zum Mitgestalten ihres lokalen Umfeldes motiviert, sich andererseits in die vorhandenen (formalisierten) Entscheidungsstrukturen einbinden lässt und diese nutzt. So kann ihr Ziel der Nachhaltigkeit langfristig am wirkungsvollsten realisiert werden.

C. Stadtentwicklung

Der dritte Themenbereich, der nach den Umfragen im Rahmen der Lokalen-Agenda-Prozesse schwerpunktmäßig behandelt wird, ist derjenige der Stadtentwicklung. Hierunter lassen sich Einzelelemente wie Bauen und Wohnen, Verkehr und Mobilität sowie Arbeit und Freizeit zusammenfassen. Die nachhaltige Entwicklung der (eigenen) Kommune, so wie ihre Bürgerschaft sie sich vorstellt, ist das Hauptanliegen von Kapitel 28 der Agenda 21. Danach sollen sich Kommunalverwaltung, Bürgerschaft und örtliche Gruppierungen gemeinsam Gedanken über die Zukunft ihres Lebensraumes machen und diesen ökologisch, ökonomisch und sozial „nachhaltig" gestalten. Dabei ist die integrative und partizipative Behandlung von Umwelt, Wirtschaft und Sozialem in der Kommune vor Ort nach der Idee der Agenda 21 besonders geeignet, den Gedanken der Nachhaltigkeit zu verwirklichen. Denn hier sind die Auswirkungen der jetzt und hier getroffenen, also aktuellen örtlichen Entscheidungen auf das eigene Umfeld, die regionale und globale Nachbarschaft und die nächsten Generationen der eigenen Kinder und Kindeskinder besonders deutlich sicht- und erfahrbar.

Die Erschließung eines Neubaugebietes, der Bau einer Umgehungsstraße, die Ausweisung einer Fußgängerzone, die Ansiedelung neuer Wirtschafts- und Gewerbebetriebe, die Errichtung von Klär- oder Windkraftanlagen, die Entscheidung für oder gegen ein

---

[445] Empirische Daten hierzu liegen nicht vor: Entsprechende Fälle eines von Agenda-Akteuren initiierten Begehrens wurden weder aus den hier untersuchten Kommunen berichtet noch sind sie allgemein bekannt, wie eine Mitarbeiterin von agenda-transfer dem Verfasser auf schriftliche Nachfrage unter Hinweis auf www.buergerbegehren.de mitteilte.

bestimmtes Müllkonzept und die entsprechenden Gebühren, die Erweiterung oder Einschränkung des Öffentlichen Personennahverkehrs, die Eröffnung oder Schließung städtischer Einrichtungen wie Kindergärten, Schwimmbäder, Kultur- oder Bürgerzentren – alle diese lediglich beispielhaft aufgeführten Maßnahmen bedingen eine Reihe von Diskussions-, Abwägungs- und Entscheidungsprozessen, die weitreichende Folgen haben für die Entwicklung einer Stadt oder Gemeinde, die in ihr lebenden und arbeitenden Menschen und die sonst von ihnen direkt oder mittelbar, jetzt oder zukünftig Betroffenen. So sind in die entsprechenden Überlegungen beispielsweise die Bodenversiegelung, die zu erwartenden Immissionen, das Mobilitätsverhalten der Bürger und die wirtschaftlichen und sozialen Auswirkungen der Maßnahmen einzubeziehen.

Bei allen ihren Entscheidungen haben die Kommunen verfassungs-, bundes- und landesrechtliche Vorgaben und Vorschriften zu beachten, besitzen in den Grenzen der ihnen garantierten Selbstverwaltungsgarantie aber auch erhebliche, vor allen Dingen gestalterische Spielräume. Sind die Gemeinden einerseits auf die nach Art. 28 Abs. 2 S.1 GG vorgegebenen „Angelegenheiten der örtlichen Gemeinschaft" beschränkt, stellen andererseits die durch die genannte Norm gewährleisteten „Gemeindehoheiten" sicher, dass die Gemeinden ihre Angelegenheiten eigenverantwortlich regeln können. Im Rahmen der Stadtentwicklung sind dabei insbesondere die Planungs-, die Finanz- und die Rechtsetzungshoheit zu nennen.

Rechtliche Möglichkeiten und – wie sich im einzelnen noch zeigen wird – Verpflichtungen zur Umsetzung des Nachhaltigkeitsprinzips und der Vorgaben der Agenda 21 ergeben sich städteplanerisch insbesondere aus dem Bauplanungs- und Bauordnungsrecht. Dabei erscheint ein recht allgemein gehaltener Ratsbeschluss, nach dem eine Kommune ihre zukünftige städtebauliche Entwicklung an den Zielvorgaben einer zu beschließenden Lokalen Agenda ausrichten möchte, nur als ein erster Schritt auf dem Weg zu einer nachhaltigen Stadtentwicklung. Darüber hinaus können zum Beispiel durch bestimmte Festsetzungen in Bebauungsplänen oder Gestaltungssatzungen rechtlich verbindliche Regelungen getroffen werden, die ökologische, ökonomische und soziale Zielsetzungen gleichermaßen berücksichtigen und damit integrativ zusammenführen. Wenn im Vorfeld dieser Maßnahmen, die die Gemeindevertretung zu beschließen hat, idealerweise die davon Betroffenen in die Planungen beispielsweise zur (Neu)-Gestaltung eines Stadtviertels mit einbezogen würden, könnte gleichzeitig dem Aspekt der Partizipation Rechnung getragen werden.

Nachfolgend soll im Einzelnen untersucht werden, welche rechtlichen Vorgaben im (Städte-)Baurecht existieren, die die Kommunen auf die Beachtung und Umsetzung des Nachhaltigkeitsprinzips in den Elementen Umwelt, Wirtschaft und Soziales verpflichten. Parallel dazu sollen die rechtlichen Instrumentarien aufgezeigt werden, die den Kommunen zur Verfügung stehen, um die Stadtentwicklung nachhaltig zu gestalten.

1. Bauplanungsrechtliche Grundlagen und Vorgaben

Nach § 1 Abs. 3 BauGB haben die Gemeinden Bauleitpläne aufzustellen, sobald und soweit es für die städtebauliche Entwicklung und Ordnung erforderlich ist. Die Vorschrift wiederholt nicht nur die aus der verfassungsrechtlich gewährleisteten Planungshoheit folgende Planungsbefugnis der Gemeinden, sondern begründet auch deren Planungspflicht im Hinblick auf das „Ob" und das „Wann" der Planung („Sobald"). In dem „Soweit" klingt außerdem schon der Umfang der Planung („Wieviel") und damit der Zusammenhang mit ihrem „Wie" an[446]. Die Planungspflicht bezieht sich auf „die Bauleitpläne", gemäß § 1 Abs. 2 BauGB also auf den Flächennutzungsplan und den Bebauungsplan. Der entsprechende Planungsprozess ist als zweistufige Abfolge ausgestaltet, indem aus dem zunächst als „vorbereitendem Bauleitplan" aufzustellenden Flächennutzungsplan dann als „verbindlicher Bauleitplan" der Bebauungsplan entwickelt werden soll.

Der Flächennutzungsplan soll nach § 5 Abs. 1 BauGB grundsätzlich für das gesamte Gemeindegebiet die sich aus der beabsichtigten städtebaulichen Entwicklung ergebende Art der Bodennutzung nach den voraussehbaren Bedürfnissen der Gemeinde in Grundzügen darstellen. Der Flächennutzungsplan bildet die Schnittstelle zwischen der übergeordneten Raumordnung und Landesplanung einerseits und der nachgeordneten städtebaulichen Planung für das jeweilige Gemeindegebiet andererseits. Seinem programmatischen Charakter als „vorbereitendem Bauleitplan" entsprechend soll er die zukünftige städtebauliche Entwicklung im Gemeindegebiet in ihren Grundzügen darstellen und steuern; er weist deshalb vorwiegend die übergeordneten Nutzungsformen für das jeweilige Gemeindegebiet aus, so z.B. Bau-, Verkehrs- oder Grünflächen (§ 5 Abs. 2 Nrn. 1, 3, 5 BauGB).

Aus dieser Eigenschaft folgt gleichzeitig, dass der Flächenutzungsplan noch der weiteren Konkretisierung durch den Bebauungsplan zugänglich sein muss und ihrer bedarf. Erst dieser Bauleitplan enthält gemäß § 8 Abs. 1 BauGB die rechtsverbindlichen Festsetzungen für die städtebauliche Ordnung, die gegenüber dem Bürger die Bodennutzung detailliert („parzellenscharf") und rechtlich bindend regeln. Die Gemeinde in Gestalt des Stadt- oder Gemeinderates beschließt den Bebauungsplan gemäß § 10 Abs. 1 BauGB als Satzung, so dass ihm rechtssatzmäßige Bindung zukommt[447].

Flächennutzungs- und Bebauungspläne bestimmen also das flächenmäßige und städtebauliche „Gesicht" einer Kommune in ganz erheblichem Maße. Sowohl die Nutzungsformen der Gemeindeflächen im Groben als auch die Gestaltung einzelner Gebiete und Grundstücke werden durch die in den Bauleitplänen getroffenen Festsetzungen maßgeblich geprägt. Mit dem „Ob", „Wann", „Wieviel" und „Wie" der Planung sind Fragen betroffen, deren Art und Weise der Beantwortung in direktem Zusammenhang stehen mit der zukünftigen Entwicklung der jeweiligen Kommune und der Alternative,

---

[446] Krebs in: Schmidt-Aßmann, Besonderes Verwaltungsrecht, 4. Kapitel Rdnr. 89.
[447] BVerwGE 25, 243 (250).

ob diese „nachhaltig" gestaltet wird oder nicht. So stellt sich beim „Ob" das Problem, dass durch die beabsichtigte Bebauung weitere Flächen versiegelt werden. „Wann" Bauleitpläne aufzustellen sind, entscheidet sich beispielsweise bei zu erwartenden Neuzuzügen oder Neuansiedelungen anhand der Erforderlichkeit einer planerischen Konzeption für die Gemeinde. Über die Ausdehnung der Bebauung und das konfliktträchtige oder -freie Neben- bzw. Miteinander der verschiedenen Baukörper und ihrer Nutzer muss beim „Wieviel" und „Wie" der Planung entschieden werden. Im Zusammenhang mit der Nachhaltigkeit sind hier insbesondere die in § 1 Abs. 5 S. 1 BauGB statuierte Pflicht zur nachhaltigen städtebaulichen Entwicklung und das Bodenschutzgebot des § 1 a Abs. 1 BauGB von Bedeutung.

a) Pflicht zur nachhaltigen städtebaulichen Entwicklung

Dass Planung und Entwicklung im Sinne der Agenda 21 „nachhaltig" sein sollen, schreibt das Baugesetzbuch seit seiner Änderung durch das Bau- und Raumordnungsgesetz im Jahre 1998 ausdrücklich vor. Seitdem heißt es in § 1 Abs. 5 S. 1 BauGB, dass die Bauleitpläne eine „nachhaltige städtebauliche Entwicklung" und – insoweit nicht neu – „eine dem Wohl der Allgemeinheit entsprechende sozialgerechte Bodennutzung gewährleisten" und dazu beitragen sollen, „eine menschenwürdige Umwelt zu sichern und die natürlichen Lebensgrundlagen zu schützen und zu entwickeln". Vor der Gesetzesänderung stand an der Stelle des Begriffes „nachhaltig" das Wort „geordnet". Daraus wird teilweise gefolgert, es handele sich ausschließlich um eine rein redaktionelle Änderung[448]. Richtig daran ist lediglich, dass die Streichung des Wortes „geordnet" ausschließlich redaktioneller Natur gewesen sein mag, weil das Planungsziel der städtebaulichen (Entwicklung und) Ordnung bereits in § 1 Abs. 3 BauGB enthalten ist[449]. Demgegenüber kommt jedenfalls der Einfügung des Begriffs „nachhaltig" eine eigenständige inhaltliche Bedeutung zu. Dieser umfasst nicht nur das städtebauliche Ordnungsprinzip, sondern in Anlehnung an das allgemein durch die Agenda 21 geprägte Verständnis von Nachhaltigkeit im Kontext des § 1 Abs. 5 BauGB auch den gerechten Ausgleich zwischen den in die Bauleitpläne einzustellenden ökologischen, ökonomischen und sozialen Belangen[450].

Diese Wertung wird belegt durch das ebenfalls im Jahre 1998 geänderte, bereits an anderer Stelle erwähnte Raumordnungsgesetz. Da nach § 1 Abs. 4 BauGB die Bauleitpläne an die Ziele der Raumordnung anzupassen sind, ist deren Leitvorstellung mit zu berücksichtigen. Diese wird in § 1 Abs. 2 ROG definiert als „nachhaltige Raumentwicklung, die die sozialen und wirtschaftlichen Ansprüche an den Raum mit seinen ökologischen Funktionen in Einklang bringt und zu einer dauerhaften, großräumig ausgewogenen Ordnung führt". In diesem umfassenden Sinne sind auch die Anforderungen an eine „nachhaltige städtebauliche Entwicklung" zu verstehen[451].

---

[448] Schlichter/Stich, BK, § 1 Rdnr. 6.
[449] Schlichter/Stich, BK, § 1 Rdnr. 6; Krautzberger in: Battis/Krautzberger/Löhr, BauGB, § 1 Rdnr. 45.
[450] Krautzberger in: Battis/Krautzberger/Löhr, BauGB, § 1 Rdnr. 45.
[451] Bückmann/Lee/Simonis, UPR 2002, 168 (170); Ketteler, NuR 2002, 513 (520).

Dieser weitreichenden Auslegung könnte entgegen gehalten werden, dass auch vor der Einfügung des Begriffs „nachhaltig" in Satz 1 des § 1 Abs. 5 BauGB die genannten Belange bereits nach Satz 2 der Vorschrift zu berücksichtigen waren. Danach mussten auch bislang schon die sozialen und kulturellen Bedürfnisse der Bevölkerung (Nr. 3), die Belange des Umweltschutzes (Nr. 7) und die Belange der Wirtschaft (Nr. 8) in die Abwägung mit eingestellt werden. Diese Sichtweise griffe allerdings zu kurz, denn sie lässt außer Acht, dass es sich bei dem Planungsziel der nachhaltigen städtebaulichen Entwicklung nicht um irgendeines von mehreren Zielen handelt, sondern um *das* allgemeine und übergeordnete Leitgebot.

Dieser dem Nachhaltigkeitsprinzip zugewiesene herausgehobene Stellenwert lässt sich nicht nur an der Platzierung dieses Planungsgrundsatzes an erster und allgemeiner Stelle in § 1 Abs. 5 S. 1 BauGB ablesen. Gewichtiger ist noch die verfassungsrechtliche Stärkung, die das Gebot der nachhaltigen städtebaulichen Entwicklung erfährt. Da die Bauleitpläne die bauliche und sonstige Nutzung der Grundstücke des Plangebiets regeln und damit Inhalt und Schranken des Eigentums bestimmen, müssen sie – um den Anforderungen des Art. 14 GG zu genügen – gerechtfertigt sein. Dies ist der Fall, wenn die Bauleitpläne – wie von § 1 Abs. 5 S. 1 BauGB gefordert – geeignet sind, eine nachhaltige städtebauliche Entwicklung zu gewährleisten. Diesem Gebot kommt deshalb eine von Verfassung wegen vorrangige, die anderen Leitsätze überlagernde und sie umfassende Bedeutung zu[452]. In die gleiche Richtung deutet Art. 20 a GG, der das Nachhaltigkeitsprinzip zwar nicht explizit nennt, mit dem Gebot des Schutzes der natürlichen Lebensgrundlagen „auch in Verantwortung für die künftigen Generationen" aber ebenfalls auf die Verwirklichung von Nachhaltigkeit abzielt[453].

Mit seiner vorrangigen und die anderen Planungsgrundsätze überlagernden Bedeutung ist gleichzeitig das Verhältnis des Nachhaltigkeitsgebotes zu den übrigen Planungszielen geklärt: Während die Gewährleistung einer sozialgerechten Bodennutzung, die Sicherung einer menschenwürdigen Umwelt und der Schutz der natürlichen Lebensgrundlagen nach der früheren Fassung des Baugesetzbuches als eigenständige Planungsziele explizit neben der „geordneten städtebaulichen Entwicklung" aufgeführt werden mussten, wäre dies nach der Einfügung des alle diese Ziele umfassenden Begriffs „nachhaltig" an sich nicht mehr erforderlich. Da die genannten Grundsätze aber nicht gestrichen worden sind, können sie heute als Konkretisierungen und Ausformungen des Nachhaltigkeitsgebotes ausgelegt werden[454].

b) Bodenschutzgebot

Für die herausgehobene Stellung und Bedeutung des Nachhaltigkeitsgebotes spricht weiterhin die ebenfalls im Zuge des Bau- und Raumordnungsgesetzes im Jahre 1998

---

[452] Finkelnburg/Ortloff, Öffentliches Baurecht, Bd. I § 5 VI 3 a) (1).
[453] Vgl. dazu schon oben unter A 3.
[454] Krautzberger in: Battis/Krautzberger/Löhr, BauGB, § 1 Rdnr. 47.

eingefügte Vorschrift des § 1 a BauGB. Diese Norm konkretisiert die nach § 1 Abs. 5 Nr. 7 BauGB in die Abwägung einzustellenden Belange des Umweltschutzes. In die Vorschrift ist als Absatz 1 aus dem früheren § 1 Abs. 5 S. 3 BauGB (1986) das Bodenschutzgebot übernommen worden, nach dem mit Grund und Boden sparsam und schonend umgegangen werden soll. Tragender Gedanke dieses Gebots ist die dauerhafte Sicherung der natürlichen und zugleich endlichen Ressource Boden[455].

„Sparsam" bedeutet, dass vor allem noch naturhafter Boden für Zwecke, die mit seiner teilweisen oder vollständigen Versiegelung verbunden sind, nur in dem Umfang verplant und in Anspruch genommen werden darf, wie es unter sorgfältiger und sachgerechter Abwägung aller planungserheblichen öffentlichen und privaten Belange dem Wohl der Allgemeinheit entspricht. „Schonend" besagt, dass bei einer – trotz des Gebotes zum sparsamen Umgang – unvermeidbaren Inanspruchnahme naturhaften Bodens nach Möglichkeiten zu suchen ist, die Versiegelung gering zu halten und schon einmal „verbrauchten" Boden bei der städtebaulichen Wiedernutzung wieder „naturaktiv" aufzuwerten[456]. Diese Vorgaben verlangen also eine quantitative Beschränkung des Bodenverbrauchs für Siedlungs- und Verkehrszwecke[457].

Neu ist zum einen der explizite Zusatz, dass bei der Bauleitplanung Bodenversiegelungen auf das notwendige Maß zu begrenzen sind; hierdurch wird das Gebot zum sparsamen und schonenden Umgang noch einmal bekräftigt, sein Gewicht wird deutlich zum Ausdruck gebracht und dadurch besonders unterstrichen[458]. Eingefügt worden ist zum anderen als Absatz 2 die Pflicht zur Berücksichtigung bestimmter Belange des Umweltschutzes, die in speziellen „Umweltgesetzen" eigenständige Regelungen erfahren haben (Eingriffsregelung nach dem Bundesnaturschutzgesetz, Umweltverträglichkeitsprüfung). Die Pflicht zur Beachtung in anderen Gesetzen geschützter Umweltgüter im Rahmen der Bauleitplanung bewirkt, dass diese wichtigen Umweltgüter und die entsprechenden umweltschützenden Belange in ihrer Erheblichkeit für die städtebauliche Entwicklung umfassend ermittelt, sachgerecht bewertet und mit dem ihnen zukommenden Gewicht in der Abwägung bei der Entscheidung über den Planinhalt berücksichtigt werden[459].

Mit der Neupositionierung und Erweiterung der Bodenschutzklausel im Baugesetzbuch hat das Leitbild der Nachhaltigkeit ein weiteres Standbein im Städtebaurecht erhalten: Einerseits war das Bodenschutzgebot zwar bereits in der alten Fassung des Baugesetzbuches verankert und ist nur einer von mehreren Belangen, die bei der Bauleitplanung zu beachten sind. Die Klausel ist auch nicht als „Ist-Vorschrift", sondern lediglich als „Soll-Vorschrift" ausgestaltet, so dass Bodenversiegelungen auch weiterhin nicht verboten sind (sie sollen eben nur auf das notwendige Maß begrenzt werden); sie enthält somit auch keine „Baulandsperre" in dem Sinne, dass eine Neuausweisung

---

[455] Bunzel, NuR 1997, 583 (584).
[456] Schlichter/Stich, BK, § 1 a Rdnr. 6.
[457] Bunzel, NuR 1997, 583 (584).
[458] Bunzel, NuR 1997, 583 (ebenda).
[459] Schlichter/Stich, BK, § 1 a Rdnr. 4.

von Bauland in bisher unbebautem Bereich nicht oder nur dann möglich ist, wenn in-nerörtliche Entwicklungsmöglichkeiten wie beispielsweise die Schließung von Baulü-cken (siehe dazu nachfolgend unter 2.) ausgeschöpft sind[460].

§ 1 a Abs. 1 BauGB begründet daher weder eine unüberwindbare Grenze noch einen absoluten gesetzlichen Vorrang in dem Sinne, dass dem Bodenschutzgebot auf Kosten der anderen Belange auf jeden Fall und bevorzugt zum Durchbruch zu verhelfen ist[461]. Es ist vielmehr der Abwägung zugänglich, denn wie für alle anderen für die städtebau-liche Entwicklung und Ordnung erheblichen Belange ergibt sich das Gewicht auch des Bodenschutzgebotes vom Grundsatz her aus den Umständen und Anforderungen des jeweiligen Planungsfalles und dem planerischen Ermessen der Gemeinde[462].

Das Bodenschutzgebot in der aktuellen Gesetzestextfassung hat aber andererseits mit den übrigen umweltschützenden Belangen zusammen durch die gesonderte Normie-rung in § 1 a BauGB eine rechtliche Aufwertung erfahren. Während die anderen Be-lange in der Liste des § 1 Abs. 5 BauGB gleichgeordnet und gleichsam „unauffällig" neben- bzw. hintereinander aufgeführt sind, haben die umweltschützenden Belange mit der aus der Liste „herausgelösten" Vorschrift des § 1 a BauGB eine exponierte Regelung und Stellung erhalten, die für eine herausgehobene Beachtung des Boden-schutzgebotes auch im Rahmen der Abwägung der Belange nach § 1 Abs. 6 BauGB sprechen könnten[463]. Dagegen sowie gegen eine (zu) starke Betonung der umwelt-schützenden Belange könnte zwar – zunächst losgelöst vom eigentlichen Städtebau-recht – allgemein vorgebracht werden, damit werde dem integrativen Ansatz des Nachhaltigkeitsprinzips in Form der gleichrangigen und gleichberechtigten Verknüp-fung von ökologischen, ökonomischen und sozialen Interessen nicht gebührend Rech-nung getragen.

Eine solche Sichtweise würde indessen vernachlässigen, dass die Bodenversiegelung nicht nur ein ökologisches, sondern auch ein ökonomisches und soziales Problem ist. Gerade den Ursprüngen des Nachhaltigkeitsgedankens entspricht es, dass von einer Ressource nicht mehr verbraucht werden soll als wieder nachwachsen bzw. reprodu-ziert werden kann oder – entsprechend seiner Ausprägung im Sinne der Agenda 21 – dass eben nicht nur die Bedürfnisse der jetzigen Generationen befriedigt werden sol-len, sondern auch diejenigen der künftigen – und diese Bedürfnisse sind auch und in besonderem Maße ökonomischer und sozialer Natur. Die Menschen und andere Lebe-wesen leben nicht nur auf dem Boden, sondern auch von ihm, seinen Schätzen und Früchten. Der Boden erfüllt demnach nicht nur ökologische, sondern auch wirtschaft-liche und soziale Funktionen.

Deshalb kann und muss der Nachhaltigkeitsgedanke in seiner umfassendsten Bedeu-tung im Städtebaurecht in besonderem Maße greifen und gelten, denn die Ressource

[460] Krautzberger, ZUR Sonderheft 2002, 135 (137).
[461] Bunzel, NuR 1997, 583 (584).
[462] Schlichter/Stich, BK, § 1 a Rdnr. 10.
[463] Krautzberger, ZUR Sonderheft 2002, 135 (136).

Boden ist zum größten Teil unwiederbringlich verloren, wenn sie einmal verplant, verbaut und versiegelt ist. Da die Kommunen im Rahmen der Bauleitplanung über das „Ob", „Wann", „Wieviel" und „Wie" der Bodennutzung und damit über den Umfang und die räumliche Verteilung der Flächeninanspruchnahme entscheiden, tragen sie erhebliche Verantwortung für die Art und Weise der Siedlungsentwicklung und die damit verbundenen Auswirkungen für die Ressource Boden.

Vor diesem Hintergrund erscheint es gerechtfertigt, das Bodenschutzgebot des § 1 a BauGB nicht lediglich als einen Belang unter vielen zu betrachten, sondern ihm – auch und gerade in der Zusammenschau mit dem Gebot zu einer nachhaltigen städtebaulichen Entwicklung in § 1 Abs. 5 BauGB, mit dem Bundesbodenschutzgesetz und nicht zuletzt mit Art. 20 a GG[464] – zumindest insoweit einen gewissen Vorrang einzuräumen, als dass es in der Abwägung nur überwunden werden kann, wenn den entgegenstehenden Belangen im Einzelfall ein besonderes Gewicht zukommt. Ein Zurückstellen der mit der Bodenschutzklausel verfolgten Zielsetzung erfordert demnach eine der besonderen Begründung und Rechtfertigung bedürfende erhebliche Bedeutung der konkret zu benennenden anderen Belange. Das Bodenschutzgebot gibt deshalb trotz der prinzipiellen Abwägungsüberwindbarkeit der sich daraus ergebenden Erfordernisse die Tendenz für eine prioritäre Ausnutzung anderer Entwicklungspotentiale vor und verlangt eine dementsprechend differenzierte Auseinandersetzung mit den Möglichkeiten, die Ausweisung neuer Bauflächen auf ein Minimum zu beschränken[465].

2. Konkrete Umsetzungsmöglichkeiten

Für die Praxis stellt sich die Frage, wie und mit welchen rechtlichen Instrumentarien der Pflicht zur nachhaltigen städtebaulichen Entwicklung und dem Bodenschutzgebot wirksam zum Durchbruch verholfen werden kann. Da bei der zunächst zu treffenden grundlegenden Entscheidung über das „Ob" der Planung das Bodenschutzgebot in besonderer Weise gefordert ist, soll darauf zuerst eingegangen werden, während einzelne Aspekte einer nachhaltigen städtebaulichen Entwicklung als Fragen zum „Wie" der Planung im Anschluss daran behandelt werden.

a) Bezüglich des Bodenschutzgebotes

Zur frühzeitigen Beachtung und wirksamen Durchsetzung des Bodenschutzgebotes muss schon zu Beginn der Planungen gefragt werden, ob die Inanspruchnahme bisher unbebauter Bereiche städtebaulich überhaupt notwendig ist. Diese Frage steht in engem Zusammenhang mit § 1 Abs. 3 BauGB, nach dem die Gemeinden Bauleitpläne aufstellen müssen, sobald und soweit es für die städtebauliche Entwicklung und Ordnung – wobei aufgrund von § 1 Abs. 5 BauGB das Wort „nachhaltig" mitzulesen ist –

---

[464] Krautzberger, ZUR Sonderheft 2002, 135 (137).
[465] Krautzberger, ZUR Sonderheft 2002, 135 (136 f); Bunzel, NuR 1997, 583 (584 f).

erforderlich ist. Sollen im Rahmen der geplanten Aufstellung der Bauleitpläne neue Siedlungs- und Verkehrsflächen ausgewiesen werden, muss dies im Lichte des Bodenschutzgebotes besonders begründet werden. Dazu muss dargelegt werden, warum Bauflächen in dem beabsichtigten Umfang für die städtebauliche Entwicklung erforderlich sind. Der entsprechende Bedarf kann – wenn auch nur ungenau und als grober Anhaltspunkt – anhand von Prognosen zur Bevölkerungs- und Siedlungsentwicklung ermittelt werden. Solche und andere Planungsgrundlagen müssen zunächst zusammengetragen werden, um von vorneherein eine sachgerechte Abwägung und Gewichtung der Belange des Bodenschutzes zu gewährleisten[466].

Dabei können ein sparsamer Umgang mit Grund und Boden und die Begrenzung der Versiegelung beispielsweise darin ihren Ausdruck finden, dass statt der Neuausweisung von Baugebieten im Siedlungsbestand vorhandene Baulücken geschlossen, bestimmte (Brach-)Flächen (z.B. ehemalige Militär- oder Gewerbeflächen) wieder genutzt und locker bebaute Wohngebiete mit nur geringer Grundstücksausnutzung nachverdichtet werden[467]. Damit kann gleichzeitig eine fortschreitende Zersiedelung der Landschaft vermieden werden. Alle diese Möglichkeiten zur vorrangigen Ausnutzung von Entwicklungspotentialen im vorhandenen Siedlungsbestand bilden dabei einzustellende Abwägungskriterien mit besonderem Gewicht.

Sollte die im Rahmen der Prognose ermittelte Entwicklung dennoch eine Neuausweisung von Baugebieten notwendig machen, sollte eine flächensparende Bauweise unter Berücksichtigung der Wohnqualität bevorzugt werden. Hierzu kommen beispielsweise Mehrfamilienhäuser in Form von Geschossbauten mit zugeordneten Mietergärten oder verdichtete Einfamilienhaustypen mit zugehörigem Garten in Betracht. So erfordert eine traditionelle Reihenhausbebauung (Grundstücksgröße 250 qm, Geschossflächenzahl[468] 0,6) bereits 60 % weniger Bauland als eine Bebauung mit frei stehenden Einzelhäusern (Grundstücksgröße 600 qm, Geschossflächenzahl 0,25)[469]. In diesem Stadium bedeutet dann schonender Umgang mit Grund und Boden die Nutzung bzw. Anordnung von Ausgleichsmaßnahmen beispielsweise durch Darstellung und Ausweisung von unbebaubaren „Ausgleichsflächen" (Flächen für Maßnahmen zum Schutz, zur Pflege und zur Entwicklung von Boden, Natur und Landschaft gemäß §§ 5 Abs. 2 Nr. 10, 9 Abs. 1 Nr. 20 BauGB) oder durch Festsetzung von Grünflächen und Bepflanzungen gemäß § 9 Abs. 1 Nrn. 15 und 25 BauGB[470].

Weitergehende Überlegungen setzen schon „vorher" an den übergeordneten Plänen an. So soll bereits im Flächennutzungsplan die weitere Entwicklung auf bestimmte Flä-

---

[466] Bunzel, NuR 1997, 583 (585).
[467] Troge/Hülsmann/Burger, DVBl. 2003, 85 (87, 89); Bunzel, NuR 1997, 583 (585); Krautzberger, ZUR Sonderheft 2002, 135 (137).
[468] Die Geschossflächenzahl ist das Verhältnis aller Geschossflächen des Gebäudes zur gesamten Grundstücksfläche; sie gibt gemäß § 20 Abs. 2 BauNVO an, in welchem Ausmaß ein Baugrundstück baulich ausgenutzt wird bzw. werden darf.
[469] Troge/Hülsmann/Burger, DVBl. 2003, 85 (88).
[470] Krautzberger, Sonderheft ZUR 2002, 135 (137).

chen konzentriert werden, um unnötige, über den tatsächlichen Bedarf hinausgehende Flächenversiegelungen zu vermeiden. Dazu kann im Flächennutzungsplan als textliche Darstellung beispielsweise festgesetzt werden, dass Bauflächen der nächsten Entwicklungsstufe nachrangig sind, d.h. erst dann entwickelt werden dürfen, wenn die Bauflächen der vorherigen Entwicklungsstufe ausgeschöpft sind[471]. Weiterhin sollen in Raumordnungs- und Regionalpläne (§§ 8, 9 ROG) raumordnerische Mengenziele zur Begrenzung des Siedlungs- und Verkehrsflächenwachstums aufgenommen werden. Mit diesem Instrument sollen den Planungsträgern, darunter auch den Kommunen, flächenmäßige Höchstgrenzen der Umwidmung von Freiraum in Siedlungs- und Verkehrsflächen in einem bestimmten Zeitraum gesetzt werden[472].

Solche planerischen Instrumente können darüber hinaus mit raumrelevanten ökonomischen Anreizen zur Begrenzung der Inanspruchnahme von Freiflächen verbunden werden. So wird beispielsweise über die Möglichkeit von handelbaren Flächenausweisungsrechten nachgedacht. Grundgedanke dieses Instrumentes ist es, die maximal ausweisbare Fläche auf Landesebene festzulegen. Jede Gemeinde enthält nach einem festzulegenden Schlüssel und für einen bestimmten Zeitraum ein Kontingent an Baurechten gratis. Nicht benötigte Rechte können an andere Gemeinden verkauft werden. Braucht eine Gemeinde zusätzliche Rechte, muss sie diese erwerben oder angesparte Rechte aus früheren Perioden einsetzen[473]. In diesem Zusammenhang wird ferner die Ablösung der Grundsteuer durch eine „Flächennutzungssteuer" diskutiert. Während die Grundsteuer bislang nur zum Teil und indirekt über fiktive Ertragswerte („Einheitswert") an der Fläche anknüpft, wäre bei einer Flächennutzungssteuer die Steuerbelastung explizit nach Art und Umweltverträglichkeit gestaffelt, indem versiegelte Flächen höher besteuert würden als unversiegelte Flächen[474].

Bei der rechtlichen Beurteilung der Festlegung von flächenmäßigen Mengenzielen und der Kontingentierung von Flächenausweisungsrechten drängt sich die Frage nach deren Vereinbarkeit mit der Selbstverwaltungsgarantie des Art. 28 Abs. 2 S. 1 GG auf. Denn durch die übergeordneten Begrenzungen könnte der Planungs- und Gestaltungsspielraum der Kommunen in unzulässiger Weise eingeschränkt werden. Für eine solche Annahme spricht zwar, dass gegenüber der mengenmäßig unbeschränkten Planungshoheit im gesamten Gemeindegebiet durch die quantitativ begrenzte Menge an Flächen bzw. Ausweisungsrechten in die gemeindliche Planungsfreiheit tatsächlich eingegriffen wird[475].

Gegen die Unzulässigkeit eines solchen Eingriffs spricht aber, dass die gemeindliche Planungshoheit lediglich „im Rahmen der Gesetze" gewährleistet ist und daher durch überörtliche Gesichtspunkte und überragende Gründe des Gemeinwohls begrenzt wer-

[471] Bunzel, NuR 1997, 583 (585).
[472] Einig/Spiecker, ZUR Sonderheft 2002, 150 (151); Köck, ZUR Sonderheft 2002, 121 (123).
[473] Schmalholz, ZUR Sonderheft 2002, 158 (161); Troge/Hülsmann/Burger, DVBl. 2003, 85 (91); Köck, ZUR Sonderheft 2002, 121 (124).
[474] Troge/Hülsmann/Burger, DVBl. 2003, 85 (91); Köck, ZUR Sonderheft 2002, 121 (123).
[475] Einig/Spiecker, ZUR Sonderheft 2002, 150 (156); Schmalholz, ZUR Sonderheft 2002, 158 (161).

den kann. Ein solches vorrangiges Gemeinwohlinteresse kann mit Blick auf das Bodenschutzgebot und die Staatszielbestimmung des Art. 20 a GG in einem effektiven und zielführenden Boden-, Natur-, Arten- und Klimaschutz gesehen werden. Der Eingriff lässt sich also durchaus rechtfertigen und ist deshalb auch nicht unverhältnismäßig, weil die Kommunen in ihren planerischen Vorstellungen nicht qualitativ-inhaltlich beschränkt werden und ihnen aus quantitativer Sicht ein ausreichender Planungs- und Gestaltungsspielraum zumindest innerhalb der festgesetzten Höchstmengen erhalten bleibt[476].

Es zeigt sich, dass es eine Reihe vorhandener und zulässigerweise zu schaffender Instrumente zur Durchsetzung des Bodenschutzgebotes gibt.

b) Bezüglich der Pflicht zur nachhaltigen städtebaulichen Entwicklung

Zur Umsetzung des Gebotes einer nachhaltigen städtebaulichen Entwicklung können insbesondere in für neue Baugebiete aufzustellende Bebauungspläne bestimmte Festsetzungen aufgenommen werden, die dem Nachhaltigkeitsprinzip Rechnung tragen. So sollte die in früheren Jahren häufig in Bebauungsplänen bewusst angelegte Trennung zwischen Wohnen, Arbeiten, Versorgung und Freizeit vermieden werden. Eine solche Gestaltung wurde zwar den gewachsenen Wohn- und Freizeitansprüchen mit gestiegenen Mobilitätsmöglichkeiten gerecht, machte aber weite und damit ressourcenintensive Wege zwischen den einzelnen Bereichen erforderlich[477].

Dies kann durch eine wohngebietsverträgliche Nutzungsmischung vermieden werden. Dazu sollten verstärkt Allgemeine Wohngebiete ausgewiesen werden, in denen gemäß § 4 BauNVO neben Wohngebäuden auch der Versorgung des jeweiligen Gebietes dienende Läden, Wirtschaften und nicht störende Handwerksbetriebe sowie Anlagen für kirchliche, kulturelle, soziale, gesundheitliche und sportliche Zwecke zulässig sind. Dadurch und durch die Anlegung von Fußwegen und Radfahrwegen (vgl. § 9 Abs. 1 Nr. 11 BauGB), die kurze fußläufige und mit dem Fahrrad bequem zu bewältigende Strecken zu angrenzenden Allgemeinen Wohn- oder Gewerbegebieten ermöglichen, kann Kraftfahrzeugverkehr vermieden werden. Gleiches wird durch eine günstige Anbindung von neuen Baugebieten an den Öffentlichen Personennahverkehr erreicht[478]. Positiv ist in diesem Zusammenhang – sowie im Hinblick auf die oben unter a) aufgeführten Umsetzungsmöglichkeiten des Bodenschutzgebotes –, dass in § 164 b Abs. 2 Nr. 2 BauGB „die Wiedernutzung von Flächen, insbesondere der in Innenstädten brachliegenden ... Flächen, zur Errichtung von Wohn- und Arbeitsstätten, Gemeinbedarfs- und Folgeeinrichtungen unter Berücksichtigung ihrer funktional sinnvollen Zuordnung (Nutzungsmischung) sowie von umweltschonenden, kosten- und flächenspa-

---

[476] Einig/Spiecker, ZUR Sonderheft 2002, 150 (156); Schmalholz, ZUR Sonderheft 2002, 158 (161 f).
[477] Köck, ZUR Sonderheft 2002, 121 (122).
[478] Troge/Hülsmann/Burger, DVBl. 2003, 85 (92).

renden Bauweisen" als Schwerpunkt beim Einsatz von Finanzmitteln im Rahmen der städtebaulichen Sanierung genannt wird.

Darüber hinaus können Bebauungspläne an den Erfordernissen einer umweltfreundlichen Sonnenenergienutzung ausgerichtet werden. Dazu kann beispielsweise nach § 9 Abs. 1 Nr. 1 BauGB die Dachneigung auf das für Fotovoltaikanlagen und Warmwasserkollektoren optimale Maß von 30 bis 45 Grad festgelegt werden. Nach § 9 Abs. 1 Nr. 2 BauGB kann hinsichtlich der Stellung der Gebäude eine Nord-Süd-Ausrichtung (First in Ost-West-Richtung) vorgegeben werden. Und mit Hilfe von § 9 Abs. 1 Nr. 3 BauGB, der für Größe, Breite und Tiefe von Wohnbaugrundstücken die Festlegung von Mindestmaßen und im Hinblick auf den sparsamen und schonenden Umgang mit Grund und Boden auch von Höchstmaßen ermöglicht, kann die Verschattungsfreiheit von Gebäuden reguliert werden.

Ein weiteres interessantes, gleichwohl rechtlich nur vereinzelt beachtetes und in der Praxis eher selten genutztes Instrument zur Verwirklichung einer nachhaltigen städtebaulichen Entwicklung ist das der Fassadenbegrünung. Diese kann in den drei Zieldimensionen der Nachhaltigkeit zu zahlreichen positiven Auswirkungen führen. So trägt die Gebäudebegrünung in ökologischer Hinsicht zur Luftreinhaltung bei, die Kombination unterschiedlicher Kletterpflanzen erhöht die Artenvielfalt der Stadtflora, begrünte Bauwerke bieten als sogenannte „Trittsteinbiotope" vor allem vielen Vogelarten Nahrung, Brutplätze und Schutzräume. In sozialer Hinsicht kann die Verankerung von Naturelementen nicht nur die Wohnzufriedenheit der Bewohner erheblich steigern, sondern auch deren Identifikation mit ihrem unmittelbaren Wohnumfeld fördern. In wirtschaftlicher Hinsicht schließlich ist von Bedeutung, dass für die Betriebe der Begrünungsbranche ein gewisser Markt entstehen kann, Immobilien durch Begrünungen aufgewertet werden und der „weiche" Standortfaktor Grün verstärkt wird[479].

Rechtlich können Fassadenbegrünungen gemäß § 9 Abs. 1 Nr. 25 lit. a BauGB festgesetzt werden, nach dem im Bebauungsplan für einzelne Flächen oder für ein Bebauungsplan(teil)gebiet sowie für Teile baulicher Anlagen nicht nur das Anpflanzen von Bäumen und Sträuchern, sondern auch von sonstigen Bepflanzungen festgesetzt werden. Dazu zählt vor allem die Begrünung von Hauswänden, Mauern und Dächern[480]. Der Einleitungssatz von § 9 Abs. 1 BauGB schreibt vor, dass die Festsetzungen aus städtebaulichen Gründen zu erfolgen haben. Sie sind also für Teile von Bebauungsplänen oder bestimmte Flächen nur dann zulässig, wenn das Erscheinungsbild beispielsweise von dort befindlichen Straßenabschnitten oder Siedlungsbereichen für die städtebauliche Ordnung von Bedeutung ist[481]. Daneben stellen zwar die oben genannten ökologischen Vorteile von Fassadenbegrünungen aus sich heraus noch keine städtebaulichen Gründe für eine Festsetzung im Sinne des § 9 Abs. 1 Nr. 25 BauGB dar; im Hinblick auf die gesunden Wohn- und Arbeitsverhältnisse des § 1 Abs. 5 S. 2 Nr. 1

[479] Chilla/Stephan/Röger/Radtke, ZUR 2002, 249 (250 f).
[480] Löhr in: Battis/Krautzberger/Löhr, BauGB, § 9 Rdnr. 94.
[481] Chilla/Stephan/Röger/Radtke, ZUR 2002, 249 (252).

BauGB kann jedoch insbesondere der Gesichtspunkt der Luftreinhaltung im belasteten urbanen Bereich auch planungsrechtlich relevant werden. Das folgt auch aus § 1 Abs. 5 S. 2 Nr. 7 i.V.m. § 1 a BauGB, nach dem solche Belange des Umweltschutzes in die planungsrechtliche Abwägung mit einzustellen sind.

Festsetzungen zur Fassadenbegrünung können ergänzend zu den genannten Möglichkeiten im Bebauungsplan auch auf bauordnungsrechtliche Vorschriften gestützt werden. So sehen verschiedene Landesbauordnungen (z.B. § 86 Abs. 1 Nr. 4 BauO NRW) die Begrünung baulicher Anlagen durch örtliche Bauvorschriften in Form von gemeindlichen Satzungen vor. Dabei stehen „ästhetisch befriedigende Bepflanzungsmaßnahmen"[482] aus allgemeinen gestalterischen Erwägungen im Vordergrund. Der Gestaltungsbereich einer Begrünungssatzung braucht daher im Gegensatz zu einem Bebauungsplan nicht auf ein begrenztes Teilgebiet beschränkt zu werden und bietet somit eine wesentlich großflächigere Festsetzungsmöglichkeit[483].

Zur Umsetzung des Gebotes zur Gewährleistung einer nachhaltigen städtebaulichen Entwicklung stehen nach allem ebenfalls genügend rechtliche Instrumente zur Verfügung.

c) Politische und statistische Aspekte

Es zeigt sich, dass insbesondere das Bauplanungsrecht eine Reihe von rechtlichen Möglichkeiten und Instrumentarien bereit hält, mit deren Hilfe den Geboten zur nachhaltigen städtebaulichen Entwicklung gemäß § 1 Abs. 5 S. 1 BauGB und zum Bodenschutz gemäß § 1 a Abs. 1 BauGB Rechnung getragen werden kann. Ein Teil dieser Instrumente (insbesondere die nach § 9 BauGB möglichen Festsetzungen in Bebauungsplänen) stehen zwar nicht in unmittelbarem Zusammenhang mit dem Prinzip der nachhaltigen (Stadt)Entwicklung, denn diese Festsetzungsmöglichkeiten gab es auch bereits vor Aufnahme des Nachhaltigkeitsprinzips in das Baugesetzbuch. Ihre verstärkte Anwendung erscheint aber vor dem Hintergrund der beiden genannten Verpflichtungen sinnvoll und geboten; ihre Anwendung muss deshalb auf diese beiden Gebote ausgerichtet werden, da – wie oben unter 1. a) und b) gezeigt – der Pflicht zur nachhaltigen städtebaulichen Entwicklung gegenüber den übrigen Planungsgrundsätzen vorrangiges und dem Bodenschutzgebot im Rahmen der Abwägung besonderes Gewicht zukommt.

Neben die rechtlich vorrangige Bedeutung des Nachhaltigkeitsgrundsatzes kann eine politisch motivierte herausgehobene Beachtung dieses Leitprinzips treten: Wenn sich eine Kommune durch einen verbindlichen Ratsbeschluss zu den Zielen der Agenda 21 bekannt, sich zur Erstellung einer Lokalen Agenda verpflichtet und ein bestimmtes Leitbild zur nachhaltigen Stadt- bzw. Gemeindeentwicklung beschlossen hat, kann

---

[482] Böckenförde in: Gädtke/Böckenförde/Temme/Heintz, BauO NRW, § 86 Rdnr. 29.
[483] Chilla/Stephan/Röger/Radtke, ZUR 2002, 249 (254).

auch daraus eine Verpflichtung zur konkreten Umsetzung des Nachhaltigkeitsprinzips resultieren, die die in den untersuchten Vorschriften des Baugesetzbuches verankerten Gebote noch verstärken kann. Soll nämlich ein durch das Gemeindevertretungsorgan beschlossenes Leitbild als übergeordnete städtebauliche Zielvorstellung nicht lediglich als abstrakter Programmsatz auf dem Papier existieren, wird die Kommune bei der Planung und Umsetzung konkreter Einzelprojekte ein Interesse daran haben (müssen), sich nicht zu ihren eigenen Beschlüssen in Widerspruch zu setzen, sondern dem selbst vorgegebenen Maßstab zu genügen. Der Beschluss zur Erstellung einer Lokalen Agenda kann demnach einerseits mit Hilfe der aufgezeigten Instrumente in rechtlich konkrete Maßnahmen umgesetzt werden, andererseits deren intensivere Anwendung politisch fördern und verstärken[484].

Dass eine vorrangige Beachtung der Gebote zur nachhaltigen Siedlungsentwicklung und zum Bodenschutz nicht nur rechtlich begründbar und politisch wünschenswert, sondern auch tatsächlich notwendig ist, zeigt schließlich ein Blick auf die Zahlen zum Flächenverbrauch in der Bundesrepublik: 11,8 % der gesamten Fläche des Bundesgebietes sind heute für Siedlungs- und Verkehrszwecke in Anspruch genommen. Dies entspricht gegenüber dem Jahre 1950 einem Anstieg um über 80 %. Die Siedlungs- und Verkehrsfläche in den Kernstädten der großen Agglomerationen hat heute bereits im Durchschnitt einen Anteil von mehr als 50 %, vereinzelt sogar bis zu 75 %. Während jedem Bewohner 1950 im früheren Bundesgebiet 350 qm Siedlungsfläche zur Verfügung standen, waren es 1997 bereits 500 qm. Im selben Zeitraum stieg die individuelle Wohnflächeninanspruchnahme von 15 qm je Einwohner auf 38 qm. Seit den neunziger Jahren ist der Flächenverbrauch mit bundesweit mehr als 120 ha pro Tag konstant hoch[485].

---

[484] Vgl. auch Troge/Hülsmann/Burger, DVBl. 2003, 85 (93), die sich ausdrücklich für eine weitere Förderung und Unterstützung der Lokalen-Agenda-Prozesse aussprechen, da sie einen „wesentlichen Beitrag" zur Verwirklichung der hier angesprochenen Gebote leisten.

[485] Zahlen zitiert nach Bunzel, NuR 1997, 583 (584); Köck, ZUR Sonderheft 2002, 121 (ebenda); Troge/Hülsmann/Burger, DVBl. 2003, 85 (86).

Schlussbetrachtung

Die Agenda 21 und das in ihr auf der Konferenz der Vereinten Nationen für Umwelt und Entwicklung im Jahre 1992 in Rio de Janeiro niedergelegte Prinzip der Nachhaltigkeit haben insbesondere im gesellschaftspolitischen Raum große Aufmerksamkeit und Resonanz hervorgerufen, aber auch auf juristischer Ebene einige Veränderungen gebracht. Sie können und sollten für die öko-soziale Entwicklung der Erde nach wie vor wegweisend sein.

A. Fazit

Noch kein anderes UN-Dokument hat es wie die Agenda 21 vermocht, so viele verschiedene Akteure auf internationaler, nationaler, regionaler und lokaler Ebene für ein bestimmtes Thema und Ziel, nämlich das der nachhaltigen ökologischen, ökonomischen und sozialen Entwicklung der Menschheit und unseres Planeten, zu gewinnen. Das Prinzip der Nachhaltigkeit ist zu einem – wenn nicht zu *dem* – zukunftsweisenden Leitbild für die mögliche Lösung der öko-sozialen Probleme geworden, mit dessen Hilfe die Verbesserung der ökonomischen und sozialen Lebensbedingungen aller Menschen mit der langfristigen Sicherung der natürlichen Lebensgrundlagen in Einklang gebracht werden kann.

Die integrative Betrachtungsweise von Umwelt, Wirtschaft und Sozialem, der partizipative Ansatz von mehr Teilhabe der Bevölkerung an politischen Willensbildungs- und Entscheidungsprozessen, der eingeforderte Ausgleich zwischen Nord und Süd und die Erkenntnis von der Erforderlichkeit einer intergenerationellen Gerechtigkeit – alle diese Ideen der Agenda 21 sind Leitmotive, die bisher als gegensätzlich und unvereinbar betrachtete Themenfelder in Beziehung gesetzt und miteinander verknüpft haben und nach wie vor aktuell sind. Auch wenn der „Geist von Rio" zu einem Großteil verflogen zu sein scheint und die Bilanz der Nachfolgekonferenz in Johannesburg, des Weltgipfels für Nachhaltige Entwicklung im Jahre 2002, eher nüchtern ausgefallen ist, fühlen sich die meisten Staaten der Erde dem Leitbild der Nachhaltigkeit nach wie vor verpflichtet und haben die grundlegenden Zielsetzungen von Rio bestätigt und weiter entwickelt. Alle diese positiven Auswirkungen dürfen natürlich nicht darüber hinweg täuschen, dass bisher noch lange nicht alle Ziele erreicht sind. Wenn es an die konkrete rechtliche Umsetzung der beschlossenen Zielsetzungen geht, sind viele Staaten nicht bereit, sich zu konkreten Zielvorgaben zu verpflichten.

Ähnliches gilt auf kommunaler Ebene für die Umsetzung der Lokalen Agenda. Viele Kommunen in der Bundesrepublik haben sich zu den Leitvorstellungen der Agenda 21 bekannt und die Erstellung einer eigenen Lokalen Agenda beschlossen. Entsprechende Aktivitäten sind vielfältig, bei einer Reihe von Beispielen ist die Verknüpfung von ökonomischen, ökologischen und sozialen Aspekten vor Ort gelungen. Aber auch auf lokaler Ebene gibt es Schwierigkeiten: Die Agenda-Prozesse verlaufen mancherorts neben der „eigentlichen" Rats- und Verwaltungsarbeit und werden als Konkurrenz zur herkömmlichen Kommunalpolitik gesehen. Oft fehlen personelle Ressourcen und finanzielle Mittel, so dass die Kontinuität der Agenda-Arbeit nicht gesichert ist. Ein Großteil der Bürgerschaft kann mit der relativ abstrakten Agenda 21 mangels Kenntnis oder mangels Präsenz in der Öffentlichkeit nichts anfangen oder ist einfach uninteressiert.

Neben dieser Ambivalenz in der Bewertung der praktischen und politischen Umsetzung der (Lokalen) Agenda 21 ist auch beim Fazit zu den rechtlichen Auswirkungen dieses Rio-Dokumentes zu differenzieren. Auf der einen Seite ist bemerkenswert, in wie viele Normen auf internationaler, europäischer und nationaler Ebene der Nachhaltigkeitsgedanke Eingang gefunden hat. Das „Kyoto-Protokoll", der EU-Vertrag und die bundesdeutschen Regelungen insbesondere im Umwelt- und Planungsbereich sind nur einige Beispiele dafür. Hier ist in jüngster Zeit in einer Reihe von auch für die Kommunen relevanten Gesetzen das Nachhaltigkeitsprinzip ausdrücklich verankert worden. Diese Entwicklung ist um so bedeutsamer, wenn man sich vor Augen hält, dass es sich weder bei der Agenda 21 noch der Rio-Deklaration, in der das Prinzip der Nachhaltigkeit näher beschrieben und ausgestaltet ist, um verbindliche völkerrechtliche Verträge handelt, sondern „nur" um politische Absichtserklärungen, also um „soft-law"-Dokumente.

Auf der anderen Seite ist das „sustainable development"-Prinzip auf internationaler Ebene noch nicht zu einem Grundsatz des Völkergewohnheitsrechts und zu einem normativen Konzept in dem Sinne erstarkt, dass es die Staaten unmittelbar zu einem bestimmten Handeln verpflichtet. Auch auf europäischer und nationaler Ebene findet sich der Nachhaltigkeitsgedanke meist in Normen wieder, die relativ abstrakt übergeordnete Leitlinien für eine bestimmte Entwicklung vorgeben (Art. 2 EUV, § 1 BBodSchG, § 1 BauGB), die aber selten so konkret gefasst sind und deren Auslegung durch Rechtsprechung und Literatur selten schon derart gefestigt und anerkannt ist, dass sämtliche Rechtsanwender mit ihnen dasselbe verbinden. Schließlich gibt es auf kommunaler Ebene Ansätze für eine Auslegung und Anwendung auch schon vorhandener Regelungen „im Lichte" des Nachhaltigkeitsgrundsatzes, insbesondere im Rahmen von Ermessens- und planerischen Abwägungsentscheidungen, die insgesamt jedoch noch relativ zurückhaltend ausfallen.

Alle diese verschiedenen Befunde machen eines deutlich: Bei der Agenda 21 und den von ihr angestoßenen Aktionen sowie bei dem Prinzip des „sustainable development" und den darauf zurück gehenden Maßnahmen handelt es sich sowohl in praktisch-politischer wie auch in normativ-rechtlicher Hinsicht nicht um einen statischen Zustand, nicht um ein vollkommen fertiges oder fest stehendes Konzept, nicht um einen einmaligen und schon abgeschlossenen Vorgang. Vielmehr geht es um eine dynamische Entwicklung, um einen sich im Fluss befindlichen und offenen Prozess, um ein auf Dauer angelegtes und sich mitten in der Realisierungsphase befindliches Projekt. Das Rio-Dokument und der Nachhaltigkeitsgedanke sind keine Allheilmittel für die

Lösung aller öko-sozialen Probleme der Erde, aber Ansporn und Herausforderung, Richtschnur und Leitziel sowie Anspruch und Maßstab, an Hand derer die weitere Entwicklung gemessen werden kann.

B. Ausblick

Die beschriebenen Eigenschaften sollten nicht nur stets bedacht werden, bevor vorschnell über den Erfolg oder den Misserfolg von Rio, der Agenda 21 und ihrer Leitbilder geurteilt wird; sie können auch helfen, wenn es um die nächsten Schritte auf dem Weg zu einer nachhaltigen Entwicklung geht. Wenn man die Agenda 21 ernst nimmt und sie im oben beschriebenen Sinne versteht, bietet sie eine Chance für weitreichende zukünftige Veränderungen. Sowohl in organisatorischer als auch in thematischer Hinsicht können alte Strukturen aufgebrochen werden, ein neues Verständnis von Politik, von Kommunikation, von Gesellschaft könnte sich etablieren. Dieses könnte zum einen räumlich dazu beitragen, die bisher vorwiegend praktizierte Unterteilung in einen lokal, national und international abgegrenzten Raum und die damit verbundene, meist negativ empfundene Aufteilung der entsprechenden politischen Handlungsebenen zu überwinden. Der globale Fluss und Austausch von Informationen, Produkten, Kapital und Personen bringt alle diese Ebenen in neue gegenseitige Abhängigkeiten. So hat das, was „an einem Ende" der Welt geschieht und entschieden wird, ökologische, ökonomische und soziale Auswirkungen auch „am anderen Ende" der Welt[486].

Zum anderen könnte das neue Verständnis auch zeitlich zu anderen Handlungsweisen führen. Bisher bezieht sich politisches Handeln in erster Linie auf das Vorgefundene der Gegenwart, das es eher reagierend modifiziert als gestaltend entwickelt. Demgegenüber sollten die möglichen Folgen politischen Handelns, die erst in der Zukunft auftreten, mit in die jeweiligen Überlegungen mit einbezogen werden. Erst wenn die Folgewirkungen ermittelt und die Risiken abgeschätzt worden sind, können entsprechende Entscheidungen sachgerecht getroffen werden. Der Handlungsbedarf richtete sich dann nicht mehr nur an den Bedürfnissen der Gegenwart aus, sondern auch an den Anforderungen der antizipierten Zukunft[487].

Der umfassende, globale und langfristige Ansatz der Agenda 21 und des Leitbildes der Nachhaltigkeit soll und kann einen Perspektivenwechsel bewirken weg von einer eher ortsgebundenen und gegenwartsbezogenen Politik- und Rechtsgestaltung hin zu einer Verhaltensweise, die Folgewirkungen in anderen Bereichen, an anderen Orten und zu späteren Zeiten mit berücksichtigt. Der dem Nachhaltigkeitsprinzip immanente Gedanke der intra- und intergenerationellen Gerechtigkeit in ökologischer, ökonomischer und sozialer Hinsicht bringt diese Vieldimensionalität besonders zum Ausdruck.

---

[486] Hermann/Winkler, Lokale Agenda – Beitrag zu einer neuen politischen Kultur, S. 169.
[487] Hermann/Winkler, Lokale Agenda – Beitrag zu einer neuen politischen Kultur, S. 169.

Dem Verfasser dieser Arbeit ist durchaus bewusst, dass zwischen dem soeben skizzierten Anspruch und der Wirklichkeit erhebliche Lücken klaffen. Das diesen Lücken zugrunde liegende Problem scheint gleichzeitig die größte Schwierigkeit bei der Umsetzung der Agenda 21 zu sein: Die Präambel zu Teil III des Rio-Dokumentes (das schon oft zitierte Kapitel 23) geht von einer Grundannahme aus, die offenbar nicht zutrifft bzw. nicht zu erfüllen ist. Danach ist „eine der Grundvoraussetzungen für die Erzielung einer nachhaltigen Entwicklung ... die umfassende Beteiligung der Öffentlichkeit an der Entscheidungsfindung". „Die" Öffentlichkeit im Sinne einer Mehrheit der Bevölkerung beteiligt sich zum Großteil aber weder an dem Diskurs über die zukünftige Entwicklung noch scheint sie dies im Sinne von mehr Mitwirkung an politischen Entscheidungsprozessen überhaupt zu wollen.

Es gibt zwar entsprechende Ansätze; bei den entweder von Berufs wegen Interessierten oder den sonstigen Aktiven handelt es sich aber zumeist um ohnehin in politischen Parteien oder sonstigen Gremien Engagierte, die die Agenda 21 als eine von mehreren Aktivitäten oder Programmen betrachten. Zu einer großen und umfassenden gesellschaftlichen Bewegung, die sich allein oder zumindest vorrangig den Zielen der Agenda 21 und ihrer Umsetzung verpflichtet fühlt, ist es trotz der weltweiten Resonanz auf dieses Rio-Dokument nicht gekommen. Dies wird es letztlich auch den Lokalen-Agenda-Prozessen schwer machen, langfristige Erfolge zu erreichen.

Diese könnten und sollten in rechtlicher Hinsicht dadurch gefördert werden, dass der Nachhaltigkeitsgedanke an Konturen gewinnt und – nicht nur im Umweltbereich – zu einem allgemein anerkannten Rechtsprinzip erstarkt. Dazu sollte das Nachhaltigkeitsprinzip sowohl international als auch national noch stärker rechtlich verankert werden, die Kommunen sollten rechtlich relevante Entscheidungen (Ratsbeschlüsse, Verwaltungsakte, Satzungen) mit Blick auf die schon vorhandenen gesetzlichen Vorgaben zur Berücksichtigung der Nachhaltigkeit stärker und bewusster an diesem Prinzip ausrichten. Anwendung und Auslegung von mit diesem Grundsatz in Zusammenhang stehenden Normen sollten im Sinne der Agenda 21 intensiviert werden. Zu alledem mag die vorliegende Arbeit einen Beitrag leisten.

Anhang: Auszug aus der Agenda 21

Kapitel 28

Initiativen der Kommunen zur Unterstützung der Agenda 21

Handlungsgrundlage

28.1 Da viele der in der Agenda 21 angesprochenen Probleme und Lösungen auf
Aktivitäten auf der örtlichen Ebene zurückzuführen sind, ist die Beteiligung
und Mitwirkung der Kommunen ein entscheidender Faktor bei der Verwirklichung der in der Agenda enthaltenen Ziele. Kommunen errichten, verwalten
und unterhalten die wirtschaftliche, soziale und ökologische Infrastruktur, ü-
berwachen den Planungsablauf, entscheiden über die kommunale Umweltpolitik und kommunale Umweltvorschriften und wirken außerdem an der Umsetzung der nationalen und regionalen Umweltpolitik mit. Als Politik- und Verwaltungsebene, die den Bürgern am nächsten ist, spielen sie eine entscheidende
Rolle bei der Informierung und Mobilisierung der Öffentlichkeit und ihrer Sensibilisierung für eine nachhaltige umweltverträgliche Entwicklung.

Ziele

28.2 In diesem Programmbereich sind folgende Ziele vorgesehen:

a) Bis 1996 soll sich die Mehrzahl der Kommunalverwaltungen der einzelnen
Länder gemeinsam mit ihren Bürgern einem Konsultationsprozess unterzogen
haben und einen Konsens hinsichtlich einer „kommunalen Agenda 21" für die
Gemeinschaft erzielt haben;

b) Bis 1993 soll die internationale Staatengemeinschaft einen Konsultationsprozess eingeleitet haben, dessen Ziel eine zunehmend engere Zusammenarbeit
zwischen den Kommunen ist;

c) Bis 1994 sollen Vertreter von Verbänden der Städte und anderer Kommunen
den Umfang der Zusammenarbeit und Koordinierung intensiviert haben, deren
Ziel die Intensivierung des Austausches von Informationen und Erfahrungen
zwischen den Kommunen ist;

d) Alle Kommunen in jedem einzelnen Land sollen angehalten werden, Programme durchzuführen und zu überwachen, deren Ziel die Beteiligung von Frauen
und Jugendlichen an Entscheidungs-, Planungs- und Umsetzungsprozessen ist.

189

Maßnahmen

28.3 Jede Kommunalverwaltung soll in einen Dialog mit ihren Bürgern, örtlichen Organisationen und der Privatwirtschaft eintreten und eine „kommunale Agenda 21" beschließen. Durch Konsultation und Herstellung eines Konsens würden die Kommunen von ihren Bürgern und von örtlichen Organisationen, von Bürger-, Gemeinde-, Wirtschafts- und Gewerbeorganisationen lernen und für die Formulierung der am besten geeigneten Strategien die erforderlichen Informationen erlangen. Durch den Konsultationsprozess würde das Bewusstsein der einzelnen Haushalte für Fragen der nachhaltigen Entwicklung geschärft. Außerdem würden kommunalpolitische Programme, Leitlinien, Gesetze und sonstige Vorschriften zur Verwirklichung der Ziele der Agenda 21 auf der Grundlage der verabschiedeten kommunalen Programme bewertet und modifiziert. Strategien könnten auch dazu herangezogen werden, Vorschläge für die Finanzierung auf lokaler, nationaler, regionaler und internationaler Ebene zu begründen.

28.4 Partnerschaften zwischen einschlägigen Organen und Organisationen wie etwa dem Entwicklungsprogramm (UNDP), dem Zentrum für Wohn- und Siedlungswesen (Habitat) und dem Umweltprogramm (UNEP) der Vereinten Nationen, der Weltbank, regionalen Banken, dem Internationalen Gemeindeverband (IULA), der Word Association of the Major Metropolises, dem Summit of Great Cities of the World, der United Towns Organization und anderen wichtigen Partnern sollen gefördert werden, um vermehrt eine internationale Unterstützung für Programme der Kommunen zu mobilisieren. Ein wichtiges Ziel in diesem Zusammenhang wäre, bereits vorhandene Institutionen, die mit der Stärkung der Handlungsfähigkeit der Kommunen und dem kommunalen Umweltmanagement befasst sind, vermehrt zu fördern, auszubauen und zu verbessern. Zu diesem Zweck
a) sind Habitat und andere einschlägige Organe und Organisationen des Systems der Vereinten Nationen aufgefordert, ihre Bemühungen um die Beschaffung von Informationen über Strategien von Kommunen, insbesondere derjenigen, die internationaler Unterstützung bedürfen, zu verstärken;
b) könnten im Rahmen regelmäßiger Konsultationen unter Beteiligung internationaler Partner sowie auch der Entwicklungsländer Strategien überprüft und Überlegungen angestellt werden, wie eine solche internationale Unterstützung am besten mobilisiert werden könnte. Eine derartige sektorale Absprache würde als Ergänzung zu parallel dazu auf Länderebene geführten Konsultationen, wie etwa den im Rahmen von Beratungsgruppen und Rundtischkonferenzen stattfindenden Beratungen, dienen.

28.5 Vertreter von Verbänden der Kommunen werden aufgefordert, den Austausch von Informationen und Erfahrungen und die gegenseitige technische Hilfe zwischen den Kommunen zu intensivieren.

Instrumente zur Umsetzung

(a)   Finanzierung und Kostenabschätzung

28.6   Es wird empfohlen, dass alle Beteiligten ihren Finanzbedarf in diesem Bereich
        neu bewerten. Die durchschnittlichen jährlichen Gesamtkosten (1993 – 2000)
        für die vom internationalen Sekretariat zu erbringenden Mehrleistungen im
        Rahmen der Durchführung der im vorliegenden Kapitel genannten Maßnahmen
        werden vom Sekretariat der UNCED auf etwa eine Million Dollar veranschlagt,
        in Form von Zuschüssen oder in Form konzessionärer Kredite von der interna-
        tionalen Staatengemeinschaft. Es handelt sich dabei nur um überschlägige, von
        den betroffenen Regierungen noch nicht überprüfte Schätzungen der Größen-
        ordnung.

(b)   Entwicklung der menschlichen Ressourcen und Stärkung der personellen und
        institutionellen Kapazitäten

28.7   Dieses Programm soll die Stärkung der personellen und institutionellen Kapazi-
        täten und Ausbildungsmaßnahmen erleichtern, die bereits in anderen Kapiteln
        der Agenda 21 enthalten sind.

Peter Lang · Europäischer Verlag der Wissenschaften

Danyel Reiche (Hrsg.)

Grundlagen der Energiepolitik

**Mit einem Vorwort von Klaus Töpfer
Unter Mitarbeit von Mischa Bechberger, Ruth Brand,
Matthias Corbach, Stefan Körner, Ulrich Laumanns
und Annika Sohre**

Frankfurt am Main, Berlin, Bern, Bruxelles, New York, Oxford, Wien, 2005. 330 S.
ISBN 3-631-52858-2 · br. € 39.80*

Dieses Buch vermittelt Grundlagen deutscher und internationaler Energiepolitik. Es soll für Neueinsteiger, etwa Studierende, allgemein verständlich den Themenbereich erschließen, aber auch für Experten – ob nun in Verbänden, Wissenschaft oder Journalismus – eine wertvolle Informationsquelle und ein nützliches Nachschlagewerk sein. Diese Einführung ist dabei extra so verfasst, dass sie auch abschnittsweise gelesen werden kann. Wie ist der Entwicklungsstand einzelner Energieträger, beispielsweise von Kohle, Windkraft oder Meeresenergie? Welche Akteure wirken in der Energiepolitik, auf welche energiepolitischen Instrumente kann der Gesetzgeber zurückgreifen? Auf solche Fragen will dieses Buch eine Antwort geben. Durch die Gliederung, viele Abbildungen und Tabellen ist dabei auch versucht worden, eine möglichst hohe Lese- und Benutzerfreundlichkeit zu erreichen.

Aus dem Inhalt: Geschichte der Energie · Status quo des deutschen und weltweiten Energieverbrauchs · Technische Grundlagen der Energiepolitik · Darstellung der weltweiten Nutzung der einzelnen Energieträger (Erdöl, Erdgas, Kohle, Atomenergie, Wasserkraft, Biomasse, Windenergie, Solarenergie, Geothermie, Meeresenergien) · Energieeffizienz · Energieszenarien · Instrumente der Energiepolitik · Governance und Energiepolitik · Akteure der Energiepolitik · Determinanten der Energiepolitik · Geoökonomie des Weltenergiemarktes · Informationsquellen zur Energiepolitik

Frankfurt am Main · Berlin · Bern · Bruxelles · New York · Oxford · Wien
Auslieferung: Verlag Peter Lang AG
Moosstr. 1, CH-2542 Pieterlen
Telefax 00 41 (0) 32 / 376 17 27

*inklusive der in Deutschland gültigen Mehrwertsteuer
Preisänderungen vorbehalten
Homepage http://www.peterlang.de